작물의 고향

작물의 고향

초판 1쇄 펴낸날 | 2020년 8월 10일
초판 2쇄 펴낸날 | 2020년 11월 20일

지은이 | 한상기
펴낸이 | 류수노
펴낸곳 | (사)한국방송통신대학교출판문화원
　　　　　주소 서울특별시 종로구 이화장길 54 (03088)
　　　　　전화 1644-1232
　　　　　팩스 (02) 741-4570
　　　　　홈페이지 http://press.knou.ac.kr
　　　　　출판등록 1982. 6. 7. 제1-491호

출판위원장 | 이기재
편집 | 신경진 · 이명화
편집 디자인 | (주)성지이디피
표지 디자인 | 이상선

ISBN 978-89-20-03755-9　93520

값 23,000원

THE BIRTHPLACES OF CULTIVATED PLANTS

작물의 고향

한상기 지음

에피스테메
EPISTEME

파리에서 활동하는 화가
정택영 화백(정지용 선생의 손주)의 드로잉

아프리카 삼수갑산 가자 하니 선뜻 따라나서서

23년간 무진 고생하며 나를 뒷바라지해 준

고마운 나의 아내 김정자 필로메나에게

이 책을 바친다.

This Book is Dedicated to My Dear Wife
Philomena Jung Ja Kim
Who Faithfully Accompanied
For 23 years in Africa.

우리 조상들을 먹여 살렸고 입혀 살렸고
우리를 먹여 살렸고 입혀 살린 것이
무엇일까?

그것을 아는가?

그게
어디서 생겼는지 아는가?

그게
어떻게 하여
우리에게 왔는지 아는가?

그게
언제쯤
우리에게 왔는지 아는가?

이것을
알아보자!

이것을 아는 것이
우리의 근본을 아는 것이리라!

사람에게 근본적으로 제일 중요한 것이 무엇일까?

그것 없으면 살 수 없는 것, 그것이 나에게 제일 중요한 것이다.

태어나서는 젖을 주는 어머니가 나에게 제일 중요하고,

살면서는 밥을 주는 이가 나에게 제일 중요하다.

양식 없으면

가정 지킬 수 없고, 나라 지킬 수 없고, 백성 지킬 수 없고,

평화 지킬 수 없고, 번영 지킬 수 없고, 생명 지킬 수 없다.

인간 생존의 기본 조건인 양식을 주는 것이 작물이다.

그런 작물이 어디서 어떻게 생겨났을까?

어떻게 우리에게 왔을까?

언제쯤 왔을까?

이 세상 수많은 식물 중에서 우리가 먹고 살아가는 작물은

200 내지 300 종류 정도다.

이 세상에서

제일 중요한 것이 식량이고

제일 아쉬운 것이 사랑이다.

The Most Important to the World are Foods.
The World Needs Very Much Love.

진화(進化)는

생긴 다음의 변화(變化)이지

창조(創造)가 아니다.

Evolution is Not Creation
but About Changes.

차례

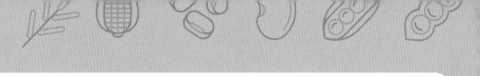

3부 몇 가지 중요 작물   231

인간은 존재의 시원, 생명의 시원, 사상의 시원, 문명의 시원, 종족의 시원 등을 찾아 헤맸다. 그러는 사이에 새로운 것을 발견하고 발전시켰다. 찰스 다윈이 종의 기원(Origin of Species)을 찾아 나섰고, 리빙스턴과 스탠리도 유럽 문명을 낳아 준 나일강의 시원지(始原地)를 찾아 아프리카를 헤매고 다녔다. 미국의 작가 알렉스 헤일리(Alex Haley)는 그의 조상을 찾아 아프리카 감비아에 갔다. 그리고 바빌로프(Vavilov) 박사는 식물의 발상지를 찾아 10년간 5대주를 헤매고 다녔다.

지구상에는 6대주가 있다. 6대주는 매우 넓고도 광활하다. 드넓은 땅 위에 콩, 팥, 녹두 등이 아시아의 동북부(한국 포함)에서, 사과와 배 등은 중앙아시아에서, 보리와 밀 등이 중동 지역에서, 감자와 고추 등은 페루 안데스에서, 참외와 수박이 서부 아프리카에서 발상(發祥)했다. 이 작물들은 전 세계 각 지역에서 골고루 발상하지 않고, 오직 특정 지역에서만 나타났다. 그리고 각 지역에 한 작물만 발상하지 않고, 여러 작물이 한꺼번에 발상했다. 인간도 넓은 6대주에서 똑같이 균일하게 발생하지 않고 오직 아프리카에서만 발생했다. 왜 그랬을까? 자연의 법칙은 매우 불가사의하다.

수천 년 수만 년 전에 발상한 작물들은 오늘날 우리가 재배하고 있는 작물과 같은 형태가 아니라 야생 형태였다. 밀을 예로 들어 보자. 밀의 조상은 알이 작고 까락이 길며 껍질이 있고 탈곡성이 컸다. 그리고 키(草長)가 크고 가지를 치지 않았으며 이삭당 알갱이 수가 적었다. 게다가 이삭이 작고 이삭 수가 적었으며 생육 기간이 길고 무엇보다 품질이 좋지 않았으며

11

수량이 적었다. 이런 야생종을 인간이 오랜 세월 재배하면서 인간에게 필요한 형질로 선발하고 바꾸어서 개량종으로 만들었다. 다시 말해서 밀알이 더 크고 까락이 없고 껍질이 없으며(裸麥), 성숙해도 밀알이 떨어져 나가지 않고(탈곡성이 아닌) 키가 작은 단간성이었다. 이삭의 크기가 크고 이삭 수가 많고 생육 기간이 짧아지자 재배가 용이하고 품질과 수량이 훨씬 증가되었다.

하지만 이렇게 탄생한 개량종은 여러 환경에 쉽게 적응하지 못했다. 개량종은 개량된 지역에서만 잘 자랐고, 거기에서만 품질이 좋고 수량이 많았으며, 다른 지역에서는 제 능력을 발휘하지 못했다. 그 후 인간의 활동 범위 폭이 넓어져 다른 지역으로 이동해 살게 되면서, 이들이 가져간 개량종을 옮겨 간 지역의 환경 조건에서 심어 그곳에 적응하는 새 개량종을 재배하게 되었다. 그렇게 하여 작물의 적응 폭도 함께 증가되었다.

이렇게 인간이 작물을 계속 개량하면서 작물은 갖고 있던 고유의 야생 특성이 사라져 자력으로 전파할 능력을 잃어버리고 인간에게 의존하게 되었다. 따라서 작물은 스스로 종을 전파할 수 없고, 인간의 이동에 따라 옮겨지게 되었다.

우리는 작물이 순화·개량된 지역이 인간 문명의 발상 지역과 일치함을 볼 수 있다. 인간이 정착지를 정해 정착 농업을 하기 시작한 곳이 바로 인간 문명이 시작된 곳이다. 예나 지금이나 농업은 경제 활동인 동시에 문화 활동이기 때문이다. 서부 아프리카 니제르강 주변, 이집트 나일강 하구, 중국의 황하 지역, 이라크의 유프라테스강과 티그리스강 유역, 페루의 마추픽추 안데스가 이러한 지역이다. 작물이 있는 곳에 인간이 있었고, 인간이 있는 곳에 반드시 작물이 함께 있었다.

작물은 무엇보다도 귀중한 문화유산이다. 세세만년 무수한 인간을 살려 준 은총의 선물이다. 선조들이 만들어 대대손손 우리에게 전해 준 골동품보다 몇 갑절, 몇 백배, 몇 천배 더 귀중한 문화유산이다. 우리를 살게 해

준 작물보다 더 귀중한 유산이 또 어디에 있겠는가?

그런데 우리는 이것을 모르고 산다. 우리의 생명과 건강을 지키고 우리에게 활력을 주는 벼, 보리, 밀, 콩, 감자, 목화 등이 어디서 어떻게 발상했고, 어떠한 경로를 통해 우리나라에 전해져 우리 조상들을 먹이고 입히고 살렸고 또한 우리를 살게 해주었을까? 묻고 또 물어본다.

우리는 이것을 모르면서도 당연하게 여기며 아무 생각 없이 하루 삼시 세끼를 먹으면서 살아가고 있다. 이것을 모르면 나의 존재를 모르는 것이고, '나는 먹기 때문에 살아 있다. 고로 존재한다'는 말의 뜻을 모르는 것이다. 선조들의 지혜와 노고를 모르는 것이고, 생명의 원천(뿌리)과 소중함을 모르는 것이며, 먹을거리를 주신 하늘을 모르는 것이고, 그 고마움을 모르는 것이다.

우리 조상들도 우리도 하루 세 끼 밥을 먹고 살아가면서, 벼가 어디에서 어떻게 언제쯤 우리에게 왔는지 전혀 모르고 살아왔다. '그냥 먹으면 되는 것이지 골치 아프게 그걸 알아서 무엇 하나? 돈이 나오나? 밥이 나오나?' 이렇게 생각할 수도 있다. 그러나 조상들과 자신들의 목숨을 살리고 지켜준 은덕을 모르고 산다면 그게 사람의 도리인가? 한번 곰곰이 돌이켜 생각해 볼 만한 과제다. 작물의 고향을 찾아 우리 존재의 시원, 생명의 근원, 우리 조상들의 슬기와 노고, 고마운 하늘의 섭리를 알아보자.

한국과 미국, 그리고 아프리카의 나이지리아 국제열대농학연구소에서 여러 작물을 실제로 연구한 저자는 반세기 동안 지구를 몇십 바퀴 돌면서, 세계의 농업 실태와 작물의 중요성을 신앙인의 마음으로 감탄하고 농학인의 눈으로 관찰하고 이 책을 썼다. 저자가 못 가본 센터 세 군데의 나라 베트남, 볼리비아, 키르기스스탄에는 저자의 사위가 가게 되어 인연의 공백을 메웠다. 그리고 부부가 치과 의사인 둘째네 가족이 선교 지원을 위해 지난 5년간 남미의 볼리비아에 가서 1,000여 명의 현지인들을 치료하며, 저자가 작물의 근원을 밝히는 데 많은 도움을 주었다.

작물의 원산지에 대한 관심사는 고고학, 생물학, 육종학, 지리학 등의 분야별로 나뉘어 이룩되었다. 가축 및 재배 식물의 변이를 쓴 다윈(C. Darwin, 1868), 《재배 식물의 기원》으로 유명한 캉돌(A. de Candolle, 1778)과 식물생태학자 구요(L. Guyot, 1964) 등이 있지만, 저자가 작물의 고향을 밝히는 데 무엇보다도 크게 도움을 준 것은 러시아의 니콜라이 바빌로프(Nikolai Ivanovich Vavilov) 박사가 1923년부터 1933년까지 10년 넘게 직접 5대주를 두루 다니면서 헌신적으로 연구해 집대성한 《재배 식물의 8대 발원지(8 Centers of Origin of Cultivated Plants)》라는 책이다. 이는 식물 유전육종에서 기본이 되는 바이블 같은 책이다.

평생 식물 유전육종을 연구한 저자는 이 책을 1960년대 미국에서 구해 한국에 갖고 와서 보다가 1971년 아프리카에 가지고 갔고, 1994년 은퇴하여 미국에 가면서 갖고 갔다가 2015년 한국에 귀국하며 많은 것을 다 버리면서도 이 책은 갖고 왔다. 바로 《작물의 고향》이라는 책을 쓰고 싶어서였다. 《재배 식물의 발원, 변이, 면역 그리고 육종(The Origin, Variation, Immunity and Breeding of Cultivated Plants)》의 저자 바빌로프 박사에 감사한다.

그러나 애석하게도 바빌로프 박사는 아마 서부 아프리카는 답사하지 않은 것 같다. 서부 아프리카는 인류의 발상지로 여기에 자생하는 여러 중요 재배 식물이 있는데, 그 책에는 빠져 있기 때문이다. 그래서 서부 아프리카에서 23년간 농학을 연구한 저자가, 바빌로프 박사의 8개 센터에 9번째 센터로 '서부 아프리카 센터(The West African Center of Origin of Cultivated Plants)'를 외람되이 추가해서 작물의 기원 센터는 총 9개가 되었다.

사람이 살아가기 위해 기본적으로 먼저 해야 할 일은 식량을 확보하는 것이다. 개인도 그렇고 국가도 그렇다. 식량을 확보하지 않으면 빈곤과 파멸과 죽음에 이를 뿐이다. 식량을 잘 생산해야 국가가 부강해지고 평화롭고 안전해지며 문명과 경제도 윤택해진다. 가정도 부자가 되고 국가 역시 평화와 안전을 기할 수 있다. 그래서 예부터 '농자천하지대본(農者天下之大本)'이라고 한 것이다.

그러나 미국과 러시아, 호주는 광대하고 기름진 땅덩어리를 갖고 있으면서도 작물 자원이 빈곤한 지역이었다. 이런 나라들이 어떻게 부강해졌을까? 19세기와 20세기에 국가가 원대한 비전과 계획을 갖고 세계 여러 곳에 산재해 있는 좋은 작물 자원을 찾아 발굴하고 도입해서 잘 이용했기 때문이다. 반면에 좋은 작물 자원이 발상한 나라들은 대체로 가난한 편이다. 왜 그럴까? 그들은 좋은 자원을 귀하게 여겨 개발하거나 이용하지 않고 그저 당연한 것으로만 여겼기 때문이다. 물론 그 이유만 있는 것은 아니지만.

지구상의 여러 곳에서 발상한 작물들을 여기 한군데 모아 살펴보고 알아보고자 한다. 전체 속에서 하나를 바라보고, 하나 속에서 전체를 바라보고자 한다. 한국에 와서 훌륭한 네 분의 제자들을 만나 이 책을 쓸 수 있었다. 한 분은 서학수 박사로 이미 고인이 되어 저서로 만났고, 다른 두 훌륭한 제자 분인 구자옥 박사와 안완식 박사는 운이 좋게도 저자가 살고 있는 인근에서 반세기 만에 다시 만났다. 그리고 또 한 분의 제자는 서울대학교 명예교수 김병동 박사다. 그 분의 제자인 서울대학교 양태진 교수와 함께 원고를 꼼꼼히 읽어 수정해 주셨고, 최근의 좋은 연구 결과를 알려 주셨다. 나의 친우 김영진 박사에게도 감사한다. 네댓 번 초고부터 읽으며 좋은 조언과 함께 격려를 아끼지 않았다. 그리고 처음부터 끝까지 내 지식의 공백을 메워 주고, 원고를 수정해 주고, 좋은 조언을 건네며 감수해 주신 구자옥 박사에게 감사한다. 또 훌륭한 연구 성적과 문헌을 제공해 주신 토종 작물 연구가 안완식 박사에게도 감사한다. 더욱이 이 책이 나오게 주선해 주고 원고를 읽어 살펴주신 이종훈 박사님께 감사한다. 소중한 사진을 친절히 제공해 주신 유인걸 성천문화재단 이사장님, 이한복 님, 석재규 님, Henry Seo 님, 심재후 박사님, Sookie Navacco 님, Rony Swennen 교수

님, 조원대 님, 이현수 박사님, 성백주 박사님, 김석태 사진작가님, Sung do Song 박사님, 서학수 박사님, 한동억 선생님께 감사한다. 지도를 꼼꼼하게 드로잉해 주신 김용재 님에게도 감사하며, 그로부터 사진을 전재한 위키피디아에도 감사한다. 이런 분들 덕분에 이 책을 펴낼 수가 있게 되었다. 모두 감사하다.

마지막으로 이 책을 출판해 주신 한국방송통신대학교 류수노 총장님께 감사하고 졸렬한 원고를 편집해 준 한국방송통신대학교 출판문화원에 감사한다.

2020년 여름
까만 나라 노란 추장
한상기
Sang Ki Hahn

1부

작물의 발상과 문명

01

작물이 발상한 고향과 인간 문명이 태동한 시원지

원초적 인간은 채집 생활을 하다가 특정지에 정착하게 되었고, 정착한 곳에서 야생 식물 가운데 좋은 식물들을 선택해서 재배했다. 이를 개량·재배하면서 농작물이 생겼고, 농작물을 바탕으로 인간 문명이 생기기 시작했다. 인류 최초 문명 탄생의 첫째 조건이 농업 경작의 시작이었다(신용하, 2018). 즉 작물이 생겨난 곳에서 인간 문명도 생긴 것이다. 그러므로 인간 문명의 고향은 작물의 고향과 일치한다. 인간 문명이 정착 농업 문명에서부터 시작했기 때문이다. 식물의 고향을 찾아 이 책을 쓰면서 인간 문명의 고향도 함께 엿보게 되었다. 여기서는 작물 발원 센터의 지리, 역사, 문화 등에 대해서 알아볼 것이다.

🌱 아프리카 니제르강 상류 말리 문명과 수수, 조, 벼, 동부, 얌(마)의 발상

최초의 인간은 아프리카에서 태어났다. 원초적 인간은 숲이 없고 탁 트인 사하라 사막 주변에 물이 있는 서부 아프리카 니제르(Niger)강 상류인 오늘날의 말리와 니제르에 정착하고, 기원전 5000년 내지 4000년 전에 (Murdock, 1959; 형기주, 1993) 야생 수수와 조, 동부와 얌(마), 그리고 벼[1]를 선택해 순화하고 재배하면서 식량을 생산했고 삶의 터전을 잡았다(이보

---

1 서부 아프리카 니제르강 상류 주변에 위치한 말리에서 우리가 재배하고 있는 벼와 가장 가까운 다른 종류의 벼, 즉 *Oryza glaberrima*가 순화·재배되어 왔다.

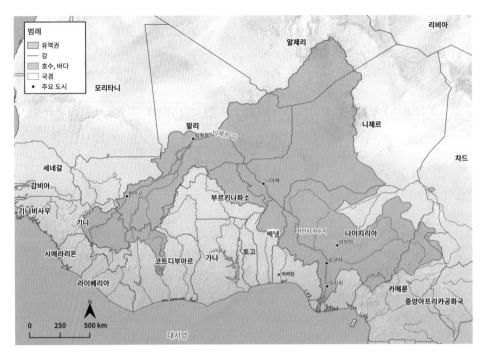

[그림 1] 시에라리온에서 출발해 메마른 서부 아프리카 전역을 관통하면서 지역 주민들에게 생명의 물을 주는 니제르강. 세계 장강 중의 하나다. 옛날에는 이 지역이 지금처럼 건조하지 않았고 비가 상당히 많이 내렸다고 한다. 니제르강 주변에서 수수, 동부, 벼, 조, 얌이 순화·재배되었다. 여기에서 말리·니제르 농경 문명이 발전했고, 나이지리아 '이보' 문명이 철을 생산해 교역했다.

[그림 2] 서부 아프리카의 건조한 사바나 지역을 관통하며 아프리카에 물을 주는 니제르강 상류

다 훨씬 이전일 것이다). 그리고 넓은 초원에서 가축을 사육했다. 여기 사하라 사막 주변에는 가축과 인간에게 유해한 체체파리(tsetse fly)의 피해가 적어서 가축 사육이 보다 용이한 이점도 있다. 이 작물들은 여기에서 에티오피아로 가서 테프(teff)와 밀, 보리와 함께 재배되다가 중동으로 옮겨져 인도를 거쳐 동남아로 전래되었고, 이후에 중국과 한국에 전해졌을 것이다(Murdock, 1959; 형기주, 1993).

상고의 역사는 주로 인간 유물로 추정하는데, 그렇다고 그 이전의 역사가 없었을 리 없다. 특히 인간이 발상한 아프리카에는 인간 유해와 암벽화 외에는 유물이 없을뿐더러 기록도 없다. 그래서 아프리카 역사, 아니 인간의 역사를 유물로만 따져서는 상고사를 알 길이 없다. 하지만 아프리카 역사는 그들이 먹고 살았던 작물의 기원으로 추정해 볼 수 있다. 작물 안에 살아 있는 역사와 문화가 기록되어 있기 때문이다. 이것이 산 역사요 산 문화의 증거라고 볼 수 있는데, 작물의 역사와 문화는 인간의 살아 있는 역사요 문화이기 때문이다.

정착 농업이 성행하기 시작한 곳은, 아마도 적도를 중심으로 40° 이내

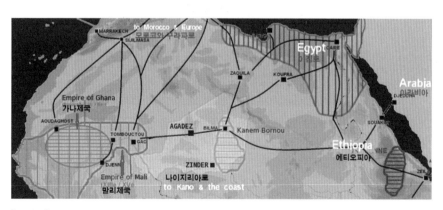

[그림 3] 아프리카 교역로, 아프리카 실크로드인 골드로드다. 서부 아프리카 니제르와 말리를 중심으로 나이지리아 '이보' 사람들이 만든 철제품(鐵製品)을 이집트나 인도에 판매해, 그 철제품으로 피라미드를 만들었고 신전을 건립했다고 한다. 분명 에티오피아의 랄리벨라(Lalibela)에 암반을 쪼아 만든 교회도 이 길을 통해 전달된 쇠끌로 만들어졌을 것이다. 또 이슬람교가 이 길을 통해 아프리카에 전파되었다.

[그림 4] 말리 젠네(Djenné) 모스크. 찰흙으로 지어졌다.

[그림 5] 씨를 심고 거둘 때 농업을 들여온 치와(Chiwa)신에게 감사하기 위해, 신을 상징하는 노루 모양의 조각을 머리에 쓰고 나타나 밤바라 춤(Bambara dance, Chiwara dance)을 춘다(코펜하겐 박물관 소장, 위키피디아). 저자도 이런 조각품을 하나 갖고 있다.

[그림 6] 나이지리아 북쪽에 위치한 니제르 사람들은 소를 몰고 수백 킬로미터나 되는 먼 길을 걸어서 시장에 내다 판다. 사하라 사막 주변은 초지가 넓고 체체파리가 적어서 동물 사육이 잘되고 사람이 잠자다 죽는 병에 잘 걸리지 않는다.

의 열린 지역 또는 고랭지(高冷地)였을 것이다. 왜냐하면 이들 지역은 큰 나무가 빽빽이 있는 숲이 아니라 하늘이 뚫려 있어서 원초적 인간이 살아가기에 가장 적합한 환경이었기 때문이다. 게다가 먹을 수 있는 식물들이 가까이에 있어 원초적 인간들은 거기에 정착해서 그 식물들을 먹거리로 살아

[그림 7] 강물이 흐르고 탁 트인 고랭지대. 이런 곳이 태초의 인간들이 터를 잡아 정착 농업을 시작한 곳일까?

가기 시작했고, 또 그런 곳에는 인간의 질병도 적었다.

　어느 학자는 인간 문명이 강과 깊은 연관이 있다고도 한다. 태초의 인간이 강가에 정착해서 정착 농업을 시작하고, 유용한 식물을 선택해서 작물로 순화했으리라고도 한다.

　그리고 이곳은 원초적인 사람들이 정착해 아프리카를 횡단하면서 교역하기에 매우 적합했다. 왜냐하면 나무가 빽빽이 들어서 있는 밀림을 통해서는 아프리카 횡단이 불가능하기 때문이다. 그래서 옛 아프리카 사람들은 위험하고 어렵지만 나무가 없어 뻥 뚫린 사하라 사막을 낙타로 횡단하며 교역할 수 있는 길을 텄다. 이게 아프리카의 실크로드인 '골드로드'였다. 여기에서 아프리카 문명의 꽃이, 아니 인간 문명의 꽃이 피었다.

🌱 조, 기장, 보리, 벼, 콩, 팥, 들깨 재배 기술의 태동지, 세계 최초의 농업 기술서《범승지서》를 낸 중국 산시성 지역 문명

　세계 최초의 농업 기술서(農業技術書)인《범승지서(氾勝之書, B.C. 1세기에서 2000년경에 쓰였다고 추정됨)》가 태동한 곳은, 중국 산시성(山西省, Shanxi)의 광활한 고원 지대이다(저자는 1996년에 씨감자 일로 기차를 타고 가

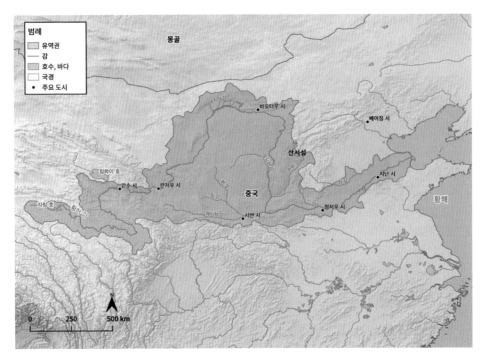

[그림 8] 중국 황하와 산시성 지도

본 적이 있다). 산시성은 전국시대 진나라가 세워졌던 중국 고대 문명 발상지의 한 곳이다. 연간 강수량이 고작 350~700mm 남짓하지만, 강우의 60% 이상이 여름 한철에 집중적으로 오는 지역이다(구자옥 외 옮김, 2007a). 토질이 좋고 경작할 만한 땅이 풍부한 곳이다. 대체로 건조한 지역이지만 바옌카라산맥에서 발원하는 황하(黃河)가 돌고 돌아서 산시성으로 흘러내

[그림 9] 중국 황하

리면서, 세세만년 이 지역 주민들에게 식수와 농수를 풍부히 제공해서 잘살게 해주었고 훌륭한 문명을 이룩하게 해주었다.

저자가 1996년 이곳에 가서 농업 실태를 살펴보았지만, 여기가 바로 동양 농업 기술이 태동한 곳임

24

을 그때는 몰랐다. 다만 좋은 토질과 기후 조건이 필요한 옥수수와 감자가 잘 자라는 모습을 보았으니, 밭농사 짓기에 매우 좋은 곳임을 알았다. 여기에서 고급 한약제(황기)가 생산되기도 한다. 토굴에서 살고 있는 사람들도 보았고, 고급 석탄이 생산되는 거대한 석탄광도 가보았다. 산시성 성장의 집무실을 방문해 환담도 나누었다.

🌱 엠머 밀과 보리의 발상지, 이집트 나일강 유역 고대 문명

고대 이집트 문명이 발전한 것은, 땅이 기름져서 풍부한 양식을 생산하고 그 양식을 바탕으로 많은 인구를 수용해서 문화 발전에 이용할 수 있었기 때문이다. 이집트의 농작업은 나일강의 범람 주기에 따라 진행되었다. 이집트인들은 계절을 범람(Akhet), 심기(Peret), 수확(Shemu)의 셋으로 나

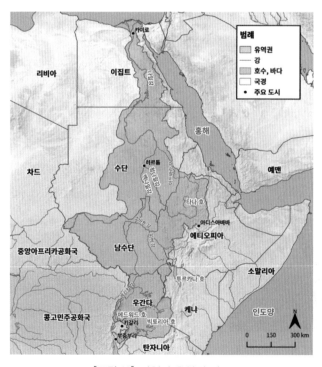

[그림 10] 나일강 유역권 지도

누었다. 나일강의 범람 시기는 6월에서 9월까지다. 이때 나일강 상류에서 내려온 기름진 흙이 모여 비옥한 퇴적층이 형성되면서 거름이 풍부한 땅을 만들어 작물 재배에 매우 좋은 조건이 된다.

나일강의 범람 시기가 끝나면, 10월부터 다음 해 2월까지 작물 심기에 접어든다. 이때 농부들은 쟁기로 밭을 갈고 씨를 뿌리고 관수하며 가꾼다. 이집트는 비가 적게 내리지만 나일강에서 물을 끌어 올려 성공적으로 작물을 재배한다. 더욱이 햇빛이 쩅쩅하게 쪼여서 작물이 무병하게 잘 자랄 수 있는 매우 좋은 조건을 갖고 있다.

3월부터 5월까지 농부들은 작물을 수확해서 탈곡하고 제분한 다음 빵을 만들어 먹는다. 이집트는 작물 재배에 매우 천혜적인 조건을 갖춘 곳이다. 이집트 고대인들이 에티오피아에서 엠머 밀(emmer wheat)과 보리를 도입·순화해서 재배했고, 엠머 밀을 발효해서 빵을 만들어 먹는 기술을 최초로 발견했다고 한다.

🌱 감자, 고구마, 강낭콩, 호박의 발상지이자 배수로를 건설한 남미 잉카 문명

[그림 11] 잉카 배수로(排水路, Inca aqueducts, 위키피디아)

옛 남미의 화려했던 잉카 문명국(1438~1572)은 매우 넓고 건조한 지역에 위치해 있어 먹을 물과 농사 관수용 물이 부족했다. 그래서 잉카인들은 먹을 물, 목욕할 물, 농사 관수용 물을 고산지에서 끌어올 수 있는 배수로를 매우 과학적인 방법으로 건설해서 태평양 연안까지 물을 날랐다. 경우에 따라 산을 뚫어 물을 유도하기도 했고, 산에서 눈이 녹아 생긴 물이 남아돌면 커다란 저수지를 만들어 저장해 두었다가 사용했다. 이렇게 훌륭한 방법으로 물 관리를 할 수 있게 되자, 건조 지역에서도 작물을 재배해 잉카인들을 잘살 수 있게 했다.

물은 주로 인근 강에서, 그리고 물이 고이는 산속 우물에서 공급받았다. 이렇게 해서 잉카인들은 먹을 물과 농사지을 물 걱정 없이 살아갈 수 있었다. 햇빛이 쨍쨍 내리쬐고 물이 풍부하니 감자, 고구마, 채소 등의 작물이 잘 자랐다. 높은 산의 눈이 녹아서 흘러내리는 물을 749km의 배수로를 통해 고지대에 위치한 마추픽추(Machu Picchu, 2,430m)까지 공급했고, 그 물을 우물에 저장하면서 많은 인구를 살렸으니 놀랄 만한 일이다(위키피디아).

🌱 보리, 밀, 호밀, 귀리, 렌틸, 칙피, 참깨, 양배추, 당근, 양파, 마늘의 발상지, 이라크 고대 문명

오늘날 중동의 대부분은 40mm 정도의 강수량을 가진 건조하고 고온인 지역이지만, 옛날에는 그렇게 건조한 사막 지역이 아니었다. 고대의 메소포타미아는 땅이 기름졌고 간간이 비가 내려서 많은 식물들이 무성하게 자라는 늘 푸르른 곳이었다.

고대인들은 유용한 식물을 채집해서 먹었는데, 유프라테스강과 티그리스강 사이의 지역은 기원전 8000년에 고대인들이 식물을 순화해 재배하기 시작한 곳으로 인간 최초의 정착 농업이 시작되었다. 그곳이 인류 농경업의 출발점이 된 중요한 이유는 유용한 야생 식물이 존재했기 때문이다. 특히 보리, 밀, 호밀, 귀리, 렌틸(lentils), 칙피(chickpeas), 참깨, 양배추, 당근, 양파, 마늘 등의 야생 식물이 있었다. 그리고 이 지역에서 양, 염소, 소, 당나귀, 돼지 등 여러 동물들이 가축화되었다.

식량이 풍부해지자 더 많은 사람들이 이 지역에 몰려들어 부락을 형성했고, 훗날 큰 도시를 만들었다. 기원전 3500년부터 필요 이상의 작물이 생산

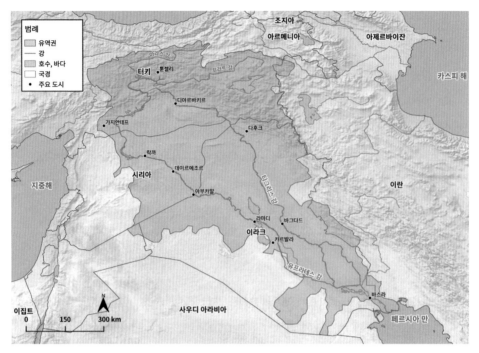

[그림 12] 이라크의 티그리스강과 유프라테스강. 기원전 8000년에 이 두 강변의 물 좋고 땅 좋은 곳에서 현지인들이 최초로 보리와 밀을 작물로 순화해 재배하기 시작했다고 한다. 인류 농경업이 출발한 곳이다.

되기에 이르렀으며, 이때부터 분업이 이루어지기 시작했다. 기원전 3000년에 문자를 만들었고, 이렇게 문화를 발전시켜 나갔다. 그들은 마차를 만들고 농기구를 만들어 운반과 농작업에 이용했으며, 60 단위로 숫자를 만들어 오늘날 우리가 1분을 60초, 1시간을 60분으로 쓰게 되었다. 또 12달의 달력을 만들었고, 1주일을 7일로 만들었다. 그리고 양식이 풍부해서 잘살게 되자 다른 곳을 찾아 이주하면서 활동 폭을 넓혀 가기에 이르렀다.

❦ 문화와 문명

문화(文化, culture)는 라틴어 'cultura', 즉 '토지를 경작한다'는 말에서 시작되었다. 다시 말해 인간이 작물을 경작함으로써 문화가 태동한 것이다. 인간이 작물을 경작하기 이전에는 그저 야만인(barbarian)이었다. 인간이 정착 농업을 시작하고 작물을 경작한 이래로 야만 생활을 면하게 되었다. 인간 문화와 문명(文明, civilization)은 주거니 받거니 하며 연속적으로 발생·발전했다. 따라서 인간의 문화와 문명은 서로 이어지는 시공간의 연속체(continuum) 위에서 이루어지는 상호작용의 환류(feedback)다. 이와 같이 문화와 문명은 서로 독립적으로 진화하는 것이 아니라 원운동을 하면서 상호 개량·진화하는 것이다. 이처럼 서로 긴밀한 연관성이 있으므로 함께 다루어야 한다.

문화와 문명은 사고와 행동, 즉 생각해 보고 실제로 해보는 것에서 시작된다. 그러므로 사고의 산물과 행동의 산물이 각각 상태로서의 문화와 문명이다. 사고의 산물은 자생적 가치를 의미하고, 행동의 산물은 타생적 가치를 의미하는 것이다. 자생적 가치의 발생 원인은 사고에 의한 내포적 자체(自體)에 있고, 타생적 가치의 발생 원인은 행동에 의한 외연적 타체(他體)에 있다. 따라서 문화는 자생적 가치를 배양하는 방식의 실천이라 하고, 문명은 타생적 가치를 개발하는 방식의 실현이라고 정의된다.

문화와 문명의 두드러진 차이는 무엇보다도 문화가 미세 진화(microevolution)라면 문명은 거시 진화(macroevolution)라는 데 있다. 즉 문화가 자연적·불가시적(invisible)·내생적인 미시 변화라면, 문명은 인공적·가시적(visible)·외생적인 가시 변화라고 할 수 있다. 주어진 조건하에서 더 좋은 사고, 즉 정신적·관념적·예술적 개선으로서의 문화는 더 좋은 행동, 즉 물질적·실재적·기술적 개선으로서의 문명으로 이어지고 문화는 문명으로 이어지는 시공간의 연속체(continuum) 위에서 상호작용의 환류로 계속된다(김찬규, 2019). 문화와 문명은 퇴보하지 않고 전진한다. 인류는 아프리카에서 태동했다. 그리고 인류문화와 문명도 아프리카에서 태동했다. 인류가 아프리카에서 다른 대륙에 이동하면서 아프리카에서 태동한 문화와 문명이 함께 전달되어 발전했다.

최근의 진화론

진화(進化)에 대해 최근 영국 생물학자들이 게놈 분석으로 새로운 학설을 냈다. 이제까지는 인간이 원숭이 또는 단세포에서 진화하면서 하나 둘 여러 유전인자를 더해서 오늘날과 같은 복잡한 형태의 인간이 되었다고 했다. 그런데 새로운 진화 학설은 그와 반대다. 하나하나 보태어 진화된 것이 아니라 하나하나 덜어서 오늘날의 인간이 되었다는 것이다. 따라서 다음 그림과 같이 인간이 발전해 왔다는 인간의 진화는 틀렸다는 주장이다.

벼와 보리의 야생종은 원래 초장(草長)이 길었고 알에 기다란 까락(awn)이 있었으며 탈곡성이 심했다. 이런 벼와 보리를 인간이 초장이 짧고(단간) 까락이 없으며(naked), 또 탈곡성이 없는 것으로 만들었다. 즉 인간이 벼와 보리에서 키를 크게 하고 까락이 있게 하며 탈곡성이 심한 유전인자를 제거한 것이다. 그러므로 벼와 보리는 원래 있던 이런 형질들이 없어져서 오늘날 초장이 짧고 까락 없으며 탈곡성이 없는 품종이 된 것이다.

02

작물에도 고향이 있을까?

만물은 모두 태어난 곳이 있는 법이니, 작물인들 태어난 고향(birthplace)이 없겠는가? 작물에도 그들이 태어난 고향이 분명히 있다.

작물의 발원지(發源地) 또는 시원지(始原地), 원산지(原産地), 곧 고향은 수만 년 전 원초적 인간들이 자생하는 야생 식물을 선택해서 원하는 형태로 순화[2]했고, 그들의 후대에도 계속 개량에 개량을 거듭하면서 오늘날의 작물로 태어나게 한 곳이다. 그곳에는 원초적 인간들이 만든 작물 조상들의 여러 자손과 또 다른 작물들의 여러 자손이 함께 어울려 부락을 이루어 대대손손 살고 있다. 그리고 거기에는 아직도 그들의 4촌, 6촌, 8촌들이 오손도손 잘살고 있다. 이런 곳이 바로 작물의 고향이다.

인류는 타지로 이동하면서 그들이 만든 작물을 가지고 여러 곳으로 옮겨 갔다. 따라서 작물들도 고향에만 머물러 있지 않고 고향을 떠나 멀리멀리 타지로 가서 살아야 했다. 스스로 떠난 경우도 있지만 주로 사람을 따라 5대주에 옮겨 가서 아들 낳고, 딸 낳고, 손주 낳아 새로운 부락을 이루어 잘살고 있다. 이것은 주로 작물 스스로가 아니라 인간이 작물을 가져다 재배했기 때문이다. 다시 말해서 작물 자의가 아니라 타의로, 곧 인간의 의도에

---

2 순화(馴化): 인간이 다양한 식물 가운데 원하는 식물을 선택해 오랜 기간 여러 단계를 거쳐 식물을 인간 욕구에 맞도록 새로운 유전적 구성의 작물로 만드는 활동이다.

따른 것이다. 작물도 그들 조상이 태어난 고향에 가보고 싶지 않겠는가? 하지만 작물은 그들이 태어난 곳을 모를 뿐만 아니라 고향에 가고 싶어도 갈 수가 없다.

러시아의 바빌로프 박사는 1923년부터 1933년에 걸쳐 10여 년간 세계 작물의 고향을 찾아 5대주를 두루 다니면서 탐험하고 수집·연구한 결과, 사상 처음으로 전 세계 작물의 8대 기원 센터인 작물의 고향을 밝혔다. 저자는 이 8대 작물의 기원 센터에 서부 아프리카를 추가해서 9대 작물의 기원 센터, 즉 9대 작물의 고향을 제시했다.

🌱 동양과 서양, 벼와 밀, 보리와 호밀, 그리고 밥과 빵

동양인을 살린 작물은 벼와 보리였고, 서양인을 살린 작물은 밀과 보리 그리고 호밀이었다. 하지만 동서양의 음식 문화는 벼와 밀이 결정지었다. 동양인의 음식은 밥이 위주였고, 서양인의 음식은 빵이 위주인 식생활을 해왔다. 동양인에게는 쌀로 지은 밥이 가장 중요했고, 다음이 보리로 지은 밥이었다. 서양인에게는 밀로 만든 빵이 가장 중요했고, 다음이 보리와 호밀로 만든 빵이었다. 따라서 동양인에게는 벼와 보리가 식량 작물로 중요한 위치를 차지했고, 서양인에게는 밀과 보리 그리고 호밀이 식량 작물로서 중요한 위치에 있었다.

[그림 13] 밀로 만든 빵과 쌀로 지은 밥 (ⓒ픽스타)

벼는 주로 물이 풍부한 논에서 재배되고, 밀과 보리는 비교적 건조한 밭에서 재배된다. 벼는 물로 보호되고 지력이 잘 유지되어 밀보다 안전하게 생산할 수 있다.

그리고 벼는 가공하기 가장 쉬운 작물이며, 밀은 제분해야 하는 까다로운 가공 수순을 거쳐야 한다.

동양인에게는 벼가 있어 밥의 문명이 이루어졌고, 서양인에게는 밀이 있어 빵의 문명이 이루어졌다. 밀로 빵을 만드는 기술은 중동인, 특히 이집트인이 처음으로 발명해서 유럽에 전해졌다. 밥은 매번 만들어 먹어야 하는 단점이 있고, 빵은 한 번 만들어 며칠간 먹을 수 있어 편리한 이점이 있다. 빵을 예수 그리스도와 비견해서, 빵이 사람을 살리듯이 예수 그리스도가 사람을 살린다고 믿었다. 이것이 기독교 사상의 핵심이 되었다(하인리히 E. 야콥, 2005). 빵은 이처럼 중동인과 서구인을 살게 해주는 데 중요한 역할을 했다.

동양에서는 벼가 부족할 때 보리로 밥을 지어 먹을 수 있어, 쌀이 부족한 자리를 보리가 메워 주었다. 그래서 보리는 벼 다음으로 중요한 곡식이다. 서양에서 보리와 호밀은 대개 밀이 부족할 때 보리빵이나 호밀빵을 만들기 때문에, 밀이 부족한 자리를 보리와 호밀이 메워 주었다. 그래서 동양인에게는 보리가 벼 다음으로 중요한 곡식 작물이 되었고, 서양인에게는 보리와 호밀이 밀 다음으로 중요한 곡식 작물이 되었다.

동양에서는 벼가 있어 밥이 생겼고, 서양에서는 밀이 있어 빵이 생겼다. 동양에서는 밥이 먼저 있어 벼가 있게 된 것이 아니라 벼가 먼저 있어 밥이 있게 되었고, 서양에서는 빵이 먼저 있어 밀이 있게 된 것이 아니라 밀이 먼저 있어 빵이 있게 되었다. 밥이 동양인을 지배한 것이 아니라 벼가 동양인을 지배했고, 빵이 서양인을 지배한 것이 아니라 밀이 서양인을 지배한 것이다.

그런데 중국에 밀의 제분 기술이 도입되어 밀가루로 국수를 만들면서 국수 문화가 발전했고, 호떡과 만두 문화가 발전했다. 중국에서 밀로 국수를 만들어 먹기 시작한 시기는 한나라 때(B.C. 206~A.D. 220)라고 한다. 이때부터 밀이 보리를 밀어내고 벼 다음으로 제2의 자리를 차지하게 되었다.

그러나 우리나라에서는 쌀이 부족했을 때 밀가루로 수제비를 만들어 먹었을 뿐, 만드는 데 특별한 기술이 필요한 국수는 잔치 같은 때 특식으로 먹었을 정도였지 일반화되지는 못했다. 우리는 보리가 쌀 다음으로 계속 중요한 곡식의 자리를 차지했다. 쌀이 부족했을 때 보리가 있어 우리 조상들을 살려 주었다. 가을에 벼를 수확하여 겨울에 쌀밥을 먹다가, 봄에 쌀이 다 떨어져 먹을 것이 없어진 춘궁기에 보리가 익어 쌀 대신 밥(보리밥)이 된다. 그러나 보리마저 부족해 배고팠던 시기를 넘기기 어려웠고, 양식 부족으로 고생했던 시기가 바로 '보릿고개'다.

서양에서는 일반 밀이 아니라 더럼 밀(durum wheat)로 스파게티와 파스타를 즐겨 만들어 먹는다. 요즘은 우리나라에도 밀로 만드는 서양의 빵 문화가 도입되어 벼의 자리를 위협하기에 이르렀다. 그러나 동양에서 밀이 벼의 권좌를 밀어내기는 어려울 것이다. 만약에 그렇게 된다면 동양의 미래는 위태로울 것이다. 동남아에서는 쌀로 국수를 만들어 먹는 문화가 발전해 밀이 벼의 자리를 침범하는 것을 막아 내고 있다.

🌱 쟁기

유사 이래 인간의 발명품 중에서 소를 이용하는 쟁기(plough)보다 더 중요한 것은 없다. 인력에만 의존했던 농경업이 축력을 이용하는 농법으로 전환된 것이다. 이렇게 소를 이용해 쟁기질을 하면서 인간은 땅의 손님에서 주인으로 바뀌었으니, 가히 혁명적인 일이다. 쟁기질을 해서 땅을 뒤집어 풀을 방제하고, 땅을 부드럽게 하여 곡식의 뿌리가 잘 내리도록 하며, 이랑을 내어 거기에 씨를 뿌릴 수 있게 되었다.

1930년대 미국에서 트랙터와 콤바인이 개발되었고 비료가 생산되기 시작했으며, 동시에 작물 품종 개량이 현저히 발전하면서 대농화가 가능해져 생산성이 증대되었다. 이로써 농업 대혁명이 일어났다. 중국의 쟁기가

[그림 14] 최초의 쟁기는 인간이 끄는 것이었다(Cesarini, G. & Kundborg, Gun., 1995).

[그림 15] 이집트에서는 기원전 2000년에 이미 소를 이용하여 밭을 가는 농법이 사용되었다(Cesarini, G. & Kundborg, Gun., 1995).

[그림 16] 기원전 1250년경의 이집트 농경. 이집트에서는 이때 역우를 이용해 밭을 갈았다는 것을 알려 준다(위키피디아).

[그림 17] 이집트의 고대인들이 밭을 갈고, 씨를 심고, 가꾸고, 거두어들이는 농작업을 하고 있다(이집트의 Nakht 무덤 벽화, 기원전 1500년, 위키피디아).

[그림 18] 한(漢)의 쟁기(畫像石), 중국에서의 쟁기질은 이집트에서보다 훨씬 뒤의 일이지만 발전한 형태이다(구자옥 외 옮김, 2007a).

이집트의 쟁기보다 훨씬 발전된 형태인 것으로 보아, 중국의 쟁기는 이집트의 쟁기보다 나중에 만들어졌을 것이다. 왜냐하면 기술은 퇴보하는 일이 없기 때문이다(하인리히 E. 야콥, 2005). 고대 서양 농경에서, 또 얼마 전의 우리 농경업에서도 소가 없이는 쟁기질을 하는 것이 불가능했다. 농사를 지으려면 소가 절대적으로 필요했다. 그래서 소를 귀히 여겨 신성시하게 되었고 소를 가축으로 사육하기에 이르렀다.

🌱 아프리카 중심부에 흐르는 콩고강(자이르강)

강은 생물의 젖줄이요, 인간 생명 그리고 문명과 깊은 관련이 있다. 나는 여러 대륙의 여러 나라를 다니면서 강을 찾았다. 아마존강, 나일강, 콩

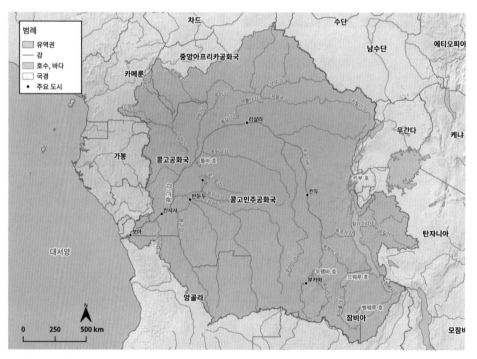

[그림 19] 아프리카의 콩고강, 꼭 생명을 유지해 주는 심장과 혈관과 같다. 세계에서 아마존강 다음으로 빗물을 많이 받아 바다로 흘려보내는 강이다.

고강, 미시시피강, 황하, 양쯔강, 라인강, 갠지스강, 메콩강을 보았다. 이 중에서 가장 오랫동안 지켜본 강은 콩고강이다.

콩고강은 아프리카의 심장과 대동맥과도 같이 아프리카 중심부를 지키며 흘러 가는, 세계에서 아마존강 다음으로 (수량면에서) 큰 강이다. 콩고강은 수량이 많고 군데군데 급류가 있는 것이 특색이다. 아프리카의 중심부에 내리는 많은 비를 받아 1초에 3,800만 리터의 물을 대서양으로 흘려보낸다. 이 콩고강은 1,500종의 개화 식물과 125종의 동물, 400종의 새, 100종의 파충류, 60종의 양서류 등을 살게 하는 생명의 탯줄이다.

나는 이 강을 수십 번 다녀 보았다. 한때는 이 강의 하구 가까이에 있는 항구 도시인 마타디에서 무서워 떨며 하루 밤을 지샌 적도 있었고, 콩고 공화국의 수도 킨샤사에서는 아마 수백 날을 보냈는지도 모른다. 한때 나는 콩고강의 상류에 있는 벽촌으로 배를 타고 건너가기도 했고, 선교사들과 함께 강물을 마시기도 했으며, 땀에 젖은 몸을 강물에 씻기도 했다. 열대우(熱帶雨)가 퍼붓고 지나간 어느 날 오후, 콩고강 상류 강변도로를 자동차로 달리다 미끄러져 하마터면 강물에 휩쓸려 떠내려갈 뻔한 적도 있다. 또 이 강을 횡단하기 위해 페리를 반나절이나 기다려 가까스로 도강한 적도 있었다.

이 강의 상류에는 늪지대가 많다. 늪지대에는 여러 가지 수생 식물이 서식하고 있지만, 그중 특히 나의 눈에 띈 것은 수초인 물 히야신스(water hyacinth)이다. 히야신스는 늪지대에서 자라다가 우기가 되어 비가 많이 오면 넘쳐흐르는 강물을 따라 많은 양이 둥실둥실 떠내려간다. 이렇게 강물을 타고 둥실둥실 떠내려가는 부초(浮草)

[그림 20] 부초. 아프리카 중심부를 흘러 내리는 콩고강(자이르강) 상류에서 자란 수많은 부초가 급류에 떠내려간다.

를 보며 나는 경이로움을 느꼈다.

콩고강은 나의 이전에도 있었고 나의 이후에도 무궁히 흘려보낼 것이다. 진리를 담고 진리를 흘려내릴 것이다. 콩코강의 상류에서 발생해 거기서 자라다가 홍수가 나자 어쩔 수 없이 그렇게도 길고 긴 강을 따라 급류에 쓸려 바다로 흘러가야 할 그 부초를, 나는 강 언덕에 서서 멀거니 바라보며 무상함을 느꼈다. 부초는 필경 큰 바다로 떠내려가면 바닷물의 짠 염분 때문에 생존할 수 없을 것이고, 또 바다의 거센 파도에 이리저리 부닥쳐서 산산조각이 되어 결국에는 물고기의 밥이 될 것이다. 그러면 그가 나고 자란 콩고강 상류에는 영영 돌아올 수 없지 않을까?

이와 관련해 아프리카 사람들의 의미심장한 내세관(來世觀)을 살펴보자. 아프리카에서는 사람이 죽으면 그의 혼령이 자기 자녀나 친척 그리고 친지와 함께 머물다가, 그를 기억해 줄 수 있는 사람들이 다 죽으면 그때 '자마니(태고)'로 다시 돌아간다고 믿고 있다. 과연 그렇게 될까? 여하튼 나는 무한한 시간 가운데 현재 그 강물 위에서 흘러내리는 부초를 목격했고, 이로써 나 자신의 위치와 현재를 한번 더 느끼고 확인해 볼 수가 있었다. 그리고 존재의 신비를 새삼 체험해 보았다. 또 이 진리의 강은 내가 알 수는 없지만 떠내려가는 부초에 무한한 진리를 실어 강물과 함께 끊임없이 진리의 보고인 바다로 떠내려 보내고 있다고 느꼈다.

🌱 작물의 발상지와 인간 문명의 발상지 요약

서늘하고 해가 잘 드는 산간 지역이든지, 물이 흐르는 강가든지, 태초의 인간들이 그곳에 정착해 살며 주위에 있는 여러 야생 식물 가운데 자기들에게 이로운 식물을 골라 먹어 보고, 쓸 만한 것을 선택해 오랫동안 재배하면서 순화·개량하는 과정을 거쳐 야생 식물들이 작물로 자리잡았을 것이다. 그리고 부족이 생겨나고, 부락이 형성되고, 더 나아가 문화가 번창했을 것이다. 이런 곳이 바로 작물의 발상지이고 또 인간 문명이 시작된 곳이라고 할 수 있다. 인류 문명은 모두 독특한 농경 문화를 기초로 하여 시작되었다(신용하, 2018).

❖ 작물의 발상과 지구상의 문명

작물	문명
벼	중국 황하 문명, 말리 문명, 한국·일본·인도·미얀마·태국 문명
보리, 밀, 귀리	메소포타미아 문명(수메르 문명), 에티오피아 문명, 이집트 문명
콩	중국 문명, 한국 문명
옥수수	멕시코 아스테카/마야 문명, 페루 잉카 문명
감자	페루 잉카 문명
고구마	멕시코 유카탄 문명
얌(마)	말리 문명, 나이지리아 이보 문명, 요루바 문명

작물의 유전적 변이와 적응

참으로 놀라울 만큼 지상의 생물은 변한다. 종류, 형태 또는 유기적으로 엄청 난 변이를 보이고 있다. 그것은 창조의 신비다. 진화의 산물이라고도 한다. 오랜 세월 동안, 수억 년 동안, 형성과 개발로 이루어진 것이다. 작물 육종이라는 것은 이런 유기적 변이, 특히 유전적 변이(有機的變異)를 이용해 작물을 개량하는 학문이다. 이런 유전적 변이가 없으면 작물 육종은 불가능하다.

다윈은 그의 저서 《종의 기원》에서 환경 변화에 따른 유전적 변이의 생성에 대해 최초로 기술했다. 환경 변화에 따라 생물이 보이는 적응성은 참으로 놀랍다. 생물은 구조, 기능, 살아가는 방법 등을 환경의 조건에 알맞게 변화시키며 적응해 간다. 그렇게 해서 각 생물은 특수 생육지(生育地)에 잘 적응하게 되는 것이다. 이러한 진화를 통해 생육지에 맞도록 생물의 변이가 일어나는 것이다. 생육지가 달라지면 그에 적응하기 위해 생물의 변이가 생성된다. 그리고 새로운 종(種)이 나타난다.

❦ 일장감응성(日長感應性)과 저온감응성(低溫感應性)

식물에는 일장(day length)에 따라 다르게 반응하는 것이 있고, 북반구에서는 온도, 특히 저온에 따라 다르게 반응하는 것이 있다. 열대작물을 온대에 가져가면 겨울에 얼어 죽는다. 그리고 온대 작물을 열대에 가져가면 저온을 겪지 않아 꽃이 피지 않고 결실하지 않는다. 온대 사과 또는 배를 열대 지방에 가져다 심으면 이 때문에 소기의 결과를 얻을 수 없다. 열대 바나나는 온대에 가져다 심으면 얼어 죽기 때문에 하우스 재배를 한다.

해가 짧은 열대 적도상의 감자를 해가 긴 온대 지역으로 가져가면, 일장에 매우 민감한 감자가 지상부는 무성히 자라지만 우리가 원하는 감자 괴경을 형성하지는 못한다. 이렇게 일장에 매우 민감한 작물들이 있다. 해가 긴 온대 지방의 들깨를 해가 짧은 열대 지방에 가져가면 자라지 못하고 종자를 맺지 못한다. 이렇게 일장과 온도는 작물의 환경 적응을 좌우하는 중요한 요인이다.

🌱 작물의 번식 방법에 따른 변이

작물의 번식 방법은 크게 두 가지로 나뉜다. 하나는 영양 번식이고 다른 하나는 생식 번식(종자 번식)이다. 영양 번식을 하는 작물은 유전적 변이가 크지 않다. 감자와 고구마는 영양 번식을 하는 작물이고, 벼와 보리는 생식 번식을 하는 작물이다. 영양 번식을 하는 것 중에서 완전 영양 번식을 하는 작물이 있고, 영양 번식을 하면서 생식 번식도 함께 하는 작물이 있다. 후자는 전자보다 상당히 변이가 크다. 우리 주위에 완전 영양 번식을 하는 작물은 흔치 않은 것 같다. 재배종 바나나가 그런 예의 하나다. 재배 상태에서는 고구마와 감자가 그런 예에 속할 것이다. 저자가 연구한 카사바는 영양 번식도 하고 생식 번식도 한다. 그래서 변이가 비교적 클 수 있다. 완전히 영양 번식을 하는 경우 아조변이(芽條變異)[3]가 일어나지 않는 한 변이가 생길 수 없지만, 영양 번식을 하면서 생식 번식도 하는 그런 작물은 변이가 더 크다.

---

3 아조변이(芽條變異): 생장점에서 유전자에 돌연변이가 일어나 가지나 줄기의 형질이 달라지는 것.

생식 번식을 하는 작물은 두 가지가 있다. 암수가 한 꽃에 있는 경우와 암수가 다른 꽃에 있는 경우다. 벼와 보리는 암수가 한 꽃에 있고, 오이와 수박, 호박은 암수 꽃이 따로 떨어져 있다. 암수가 한 꽃에 있는 것이 생식 번식을 하는 것 중에서 변이가 가장 적고, 암수 꽃이 따로 있는 것이 변이가 크다. 암수가 한 꽃에 있으면 자가수분(自家受粉, inbreeding)되기 때문에 제 형질을 유지하는 데는 도움이 되지만, 변이를 일으키는 데는 도움이 되지 않는다.

생식 번식을 하는 것 중에서 암수가 따로 있는 것은 다시 두 가지로 나뉘는데, 암수 꽃이 같은 나무에 있는지, 아니면 암수 꽃이 다른 나무에 있는지가 기준이 된다. 암수 꽃이 같은 나무에 있는 것은 오이와 호박, 옥수수 등이고, 암수 꽃이 다른 나무에 있는 것은 우리 주변에서 볼 수 있는 은행나무가 좋은 예다. 암수 꽃이 따로 있으면 타가수분(他家受粉, outbreeding 또는 crossbreeding)되어 자신의 형질 유지에는 도움이 안 되지만 변이를 일으키는 데는 크게 도움이 된다. 암수가 다른 나무에 있는 경우가 암수가 같은 나무에 있는 것보다 변이가 훨씬 크다. 이런 경우에도 돌연변이가 일어나서 변이가 생길 수 있다. 꽃이 있는 경우, 자연 상태에서 이들 간에 교배가 일어나면 변이가 클 수 있다. 물론 인공 교배를 하면 원하는 방향으로 변이를 증가시킬 수 있다.

대학에 있을 때, 미국에서 혼성 보리(composite barley)를 얻어 포장에 심어 관찰·조사·연구한 적이 있었다(1964). 여러 가지 보리를 섞어 다년간 재배하면서 자연 교잡을 유도해 변이를 극대화한 것이다. 참으로 기발한 아이디어였다. 물론 보리는 자가수분 작물이지만 간혹 타가수분할 수도 있어 그렇게 혼성 보리를 만든 것이다(인간으로 치면 미국인이 하나의 혼성 집단이다).

그런데 경우에 따라 소위 웅성불임(雄性不妊)인 경우가 있다. 화분이 불임성인 것이다. 이런 경우는 다른 나무에서 날아오는 화분을 통해 교배되므로 변이가 클 수 있다. 또 소위 자가불화합성(自家不和合性)인 경우가 있다. 제 꽃의 암술이 제 꽃의 수술에서 날아오는 화분을 받아 주지 않는 것이다. 그에 반대되는 경우도 있을 수 있다. 이런 경우 다른 화합성인 것과 교배가 이루어질 수 있으며, 이렇게 되면 변이가 크게 나타날 수 있다.

바나나는 3배체 작물이다. 이런 작물은 종자 번식을 하지 않고 종자도 생기지 않으며 영양 번식을 하므로 변이가 매우 적다. 이러한 유전적 변이체들은 주어진 환경하에서 적자생존해 살아남는 것이 있는가 하면, 도태되어 없어지기도 한다. 또한 이런 변이 가운데 인간에게 필요한 형질을 가진 것은 선택되어 작물로 순화된다.

자연 상태에서 공기로 암수 꽃이 교배되지만 암수 꽃의 교배를 돕는 것은 곤충이다. 특히 암수 꽃이 따로 있는 경우, 교배를 돕는 데 벌이 가장 효율적인 곤충이다. 벌은 작물의 자연변이를 일으켜 주는 일등 공신으로 아프리카에서 처음 발상해 아시아와 유럽으로 전파되었다. 아메리카에는 벌이 없었다. 아프리카 벌은 집을 짓지 않고 밀원이 있는 곳을 찾아 여기저기로 떼지어 이동하며 살아간다. 그래서 꿀을 생산해도 저장을 잘 하지 않는데 게을러서가 아니라 저장할 필요가 없어서다. 저자는 아프리카에서 꿀벌에 대해서도 연구해 봤다. 연구 대상 작물인 카사바 꽃이 오전 10시경에 피면 틀림없이 벌들이 날아든다. 암꽃이 먼저 피고, 수꽃이 뒤에 핀다. 카사바 꽃에 밀원이 가득하고 화분이 있기 때문이다. 특히 암꽃에 밀원이 더

[그림 21] 오전 10시경 카사바 암꽃이 피자 벌이 날아든다. 밀원을 얻기 위해서다. 암꽃에 밀원이 가득하다. 카사바는 한 꽃송이에 암꽃과 수꽃(위 사진에서 아직 피지 않은 것)을 가지고 있다. 암꽃이 먼저 피고 수꽃이 나중에 핀다.

많다. 주사기로 꽃 안에 있는 밀원을 빨아들여 측정해 본 결과다. 카사바 꽃에 밀원이 가득한 것은 벌을 효율적으로 끌어들여 수분하기(교배하기) 위해서다. 세상에는 공짜가 없다고 하지만, 이렇게 자연은 공짜로 모든 것을 주고 우리는 공짜로 모든 것을 받는다.

🌱 작물 육종

작물 육종은 변이를 이용해 작물을 개량하는 것이다. 작물의 변이는 자연적인 변이와 인위적인 변이를 말한다. 자연적인 변이는 인간이 재배하고 있는 여러 품종과 자연에 존재하는 그의 야생종, 그리고 근연종(近緣種) 가운데 존재하는 변이다. 인위적인 변이는 작물 육종가가 기존의 품종 간 또는 이종 간 교배를 통해 변이를 증대함으로써 만들어 내는 변이를 말한다. 최근에는 유전적 변화 접근법(genetical modification approach)으로 변이를 확대한다. 이런 변이 가운데 육종가가 유용한 형질을 가진 것을 선발해 새로운 품종을 만들어 내는 것이 작물 육종이다. 작물 변이의 크기와 방향은 통계적 방법과 벡터(vector)법으로 측정한다.

아프리카 바오바브나무(baobab trees, *Adansonia digitata*)

아프리카의 건조한 사하라 사막 주변에, 모든 식물들이 기피하는 악조건의 환경하에서 발아하고 정착하여 수천 년간 생존하면서 위용을 드러내며 인간과 동물에게 자기의 모든 것을 다 내어 주는 나무가 있다. 그것이 바로 자비로운 바오바브나무다. 원초적 인간은 바오바브나무에서 양식과 옷감을 얻었다. 건조하고 광활한 사하라 사막 주변이지만 비가 오면 뿌리로 수분을 흡수해 거창한 체내에 12만 L의 물을 저장하고 효율적으로 이용하면서 9개월이라는 긴 건계(乾季)를 넘긴다. 뿌리는 깊게 뻗어 심층에 있는 땅속 물을 흡수해서 살아갈 수 있다. 나뭇잎은 크기가 작고 기공도 작아 수분을 아껴 가며 살아간다. 건계에는 잎을 떨구면서 악조건에서도 놀랍도록 잘 적응하며 살아간다. 나무껍질은 불에 저항성이 강해서 산불이 나도

[그림 22] 동부 아프리카 바오바브나무. 수형이 날씬하지 못하고 펑퍼짐하다(ⓒ이영배).

[그림 23] 세네갈의 바오바브 나뭇가지 위에 있는 새집(ⓒ조원대)

[그림 24] 건조 지역 세네갈의 웅장한 바오바브나무. 잎은 채소로, 과일은 식량으로, 껍질은 옷감으로 쓰인다.

[그림 25] 건계에는 잎을 떨군다. 껍질이 벗겨져 있는데 사람이 그 껍질로 옷감을 만들었을 것이다(ⓒ픽스타).

[그림 26] 바오바브나무 꽃. 바오바브나무의 꽃은 노루와 원숭이의 밥이 된다(ⓒ픽스타).

[그림 27] 바오바브나무 열매를 식량으로 한다(위키피디아).

살아남을 수 있다. 나무 밑동 직경이 9m인 것도 있다.

잎은 인간에게 채소로, 동물에게 먹이로, 또 꽃은 동물의 먹이로, 열매는 인간과 동물에게 양식으로, 그리고 껍질은 인간에게 옷감으로 내어 준다. 더운 사하라 사막 주변에서 서식하며 인간과 동물에게 시원한 그늘이 되고, 또 동물에게 서식처를 제공해 주기도 한다.

바오바브나무는 아프리카와 마다가스카르, 아라비아반도, 호주에도 있다. 그러나 이들은 모습도 다르고 종류도 다르다. 또 아프리카 대륙 내에서도 서부 아프리카의 바오바브나무와 동부 아프리카, 남부 아프리카의 바오바브나무는 모습이 좀 다르다.

아프리카에서 가장 신비한 것 중의 하나가 바로 바오바브나무다. 신비한 바오바브나무는 개량이라는 인간의 손길이 닿지 않은 태곳적 모습 그대로다. 원초적이고 순박한 아프리카 사람들에게는 바오바브나무에 얽힌 여러 신화가 있다.

🌱 신비의 바오바브나무

바오바브나무는 땅과 맞닿은 밑동의 직경이 9m나 되는 것이 있을 정도로 큰데, 그 속은 텅 비어 있어 넓은 공간이 존재한다. 세네갈에서는 사람이 죽으면 바오바브나무 밑동을 도려 내고 그 속에 시체를 집어넣은 다음, 도려낸 부분을 다시 봉해 둔다. 몇 해가 지나 바오바브나무가 자라면 도려낸 부분이 아물면서 완전히 꽉 봉해진다. 나중에 죽은 배우자를 다시 이 바오바브나무 속에 함께 넣어 합장으로 장사 지낸다. 이때 그들이 생전에 지니고 있었던 목걸이 등 모든 귀중품을 부장품으로 해서 시체와 함께 이 바오바브나무 속에다 장사를 지낸다.

이렇게 하여 바오바브나무는 그 속에 안장된 인간의 시체를 동물들, 사막의 강한 모래 바람, 또 뜨거운 낮의 햇빛과 사막의 밤 추위로부터 보호해 준다. 생전에 인간은 바오바브나무의 잎을 채소로 먹었고 열매는 식량으로 삼았으며 껍질은 벗겨 옷을 만들어 입고 살다가, 사후에는 이같이 자신의 시체까지도 보호받는다. 이렇게 막중한 은혜를 베푸는 바오바브나무에

[그림 28] 사람이 죽으면 바오바브나무 밑동을 이렇게 도려내어 시체를 넣고 봉한다.

게 보은하는 뜻에서, 인간은 자기 자신을 그 안에서 썩혀 메마른 사막에서 살아가는 바오바브나무에게 귀한 밑거름이 되어 준다. 이 얼마나 오묘한 인간과 자연의 관계인가!

그러나 인간은 바오바브나무가 영원히 살 수 없음을 너무도 잘 알고 있다. 아무리 장수하고 거창한 바오바브나무라도 언젠가는 죽어 쓰러진다. 살아서는 인간에게 양식을 주고 죽어서는 시체의 안식처까지 제공해 주는 바오바브나무가 넘어지면 흰개미 떼가 와서 나무를 다 갉아먹어 치운다. 그러면 바오바브나무가 서 있던 자리에는 인간의 해골과 그가 생전에 아꼈던 귀중품만이 남아, 거센 바람에 쓸려 광활한 사하라 사막의 모래 속에 묻혀 버리든지 아니면 인간과 동물의 발굽에 차여 이리저리 뒹굴게 된다.

이 웅장하고 신비스러운 바오바브나무를 바라보며 나는 옷깃을 여미고 두 손을 앞으로 모아 넋을 잃은 채 서 있었다. 아침에 지평선 너머로 해를 맞고 저녁에 수평선 너머로 해를 떠나 보내는 바오바브나무. 어려운 역경 속에서도 자신의 모든 것을 아낌 없이 무조건적 사랑을 베푸는 자연의 바오바브나무가 참으로 고맙다.

바오바브나무는 시간이 지나 아물면서 그 속에 안치한 시체를 잘 보호하고, 시체는 썩어 바오바브나무의 거름이 된다. 참으로 묘한 인간과 식물의 관계다. 이렇게 인간은 생전에 진 빚을 죽어서 바오바브나무에 갚는다. 참으로 오묘하고 오묘하구나! 이 사실에 대해 저자가 최초로 보고한다.

말리 도곤족의 창조 신화

암마(Amma)는 아프리카 말리 도곤(Dogon)족의 신비로운 창조주다. 암마가 찰흙으로 커다란 단지를 만들어 빨갛게 달아오를 때까지 불에 달구고 단지의 둘레를 구리철사로 여덟 번 감자 밝은 해가 되었다. 그가 다시 그것과 비슷하지만 조금 작은 단지를 만들어 살짝 구워서 둘레를 놋쇠 줄로 감자 뿌얀 달이 되었다.

암마가 찰흙을 더 떼어 이번에는 사람 모양을 만들어 머리는 북쪽에 두고 다리는 남쪽을 향하게 눕혔다. 그러자 번식력이 있는 땅이 되었다. 푹 파인 흰개미집은 그의 음핵(陰核)이 되었고 암마는 이것에 할례를 해주었다. 하늘의 신인 암마는 땅과 성교를 해서 첫 동물로 금색의 자칼(여우와 이리의 중간쯤 되는 교활한 동물)을 낳았다. 이것은 이집트의 아누비스(Anubis)를 연상시킨다.

창조주는 비를 내려 땅을 재차 수정시키고, 이번에는 반은 꼬리를 가진 인간이고 반은 날카로운 혀를 가진 파란 뱀인 쌍둥이를 낳았다. 그들의 이름은 눔모(Nummo, 물을 말하는 것으로 꼬불꼬불 흘러가는 강을 상징)다. 그들은 목초와 나무, 여러 종류의 식물이 되었다. 쌍둥이는 하늘에 있는 자기의 아버지를 찾아갔는데 그곳에서 내려다보니 자신들의 어머니가 벌거벗고 있기에 갈대와 관목으로 옷을 지어 입혀 드렸다. 쌍둥이가 움직이니 바람이 불었고, 풀잎과 나뭇가지가 흔들려 소리가 나자 비로소 지상에 언어가 생겨났다.

암마는 해의 조각들을 하늘에 뿌려서 별들을 만들었다. 그런 다음 찰흙으로 남자와 여자의 형상을 만들었다. 햇빛에 그을려 피부가 검은 사람을 만들었고, 달빛으로는 하얀 사람을 만들었다. 그들에게 생명을 불어넣은 뒤 할례를 해주었다. 할례 때 잘라 낸 남자 음경의 표피는 흰 도마뱀과 까만 도마뱀이 되었고, 여자의 음핵을 잘라 낸 부분은 전갈이 되었다. 첫 남녀가 결합하여 네 번 거듭 쌍둥이를 낳았다. 네 아들을 먼저 낳았고 다음에 네 딸을 낳았다. 말리족은 이 여덟 명의 자녀에게서 비롯된 종족이다(한상기, 1999).

환경 변화에 따른 식물 분포

다양한 식물의 종들은 아무데나 존재하는 것이 아니다. 습성에 알맞는 환경에서만 존재한다. 식물 분포를 결정짓는 중요한 환경 요소로 땅, 빛(빛의 질과 낮의 길이), 수분, 온도를 들 수 있을 것이다. 환경 요소의 변화가 식물 분포를 결정한다.

미국 서남부의 사막 지대에 위치한 애리조나(Arizona)를 육로로 여행하면서, 이 사실을 실감나게 관찰할 수 있었다. 애리조나 중남부의 건조한 사막 저지대에 위치한 피닉스(Phoenix)에서 시작해, 첫날에는 중북부에 있는 세도나(Sedona)와 플래그스태프(Flagstaff)를 거쳐 북부에 펼쳐진 그랜드캐니언(Grand Canyon) 고지(1000~1500m)로 갔다(거리는 대략 600km). 가는 도중 플래그스태프 가까이에 높이 4,223m의 험프리스(Humphreys)산이 있는 곳을 지나갔다. 다음 날은 피닉스에서 다시 출발해 대략 450km 거리의 세도나 고지(1000~1500m)로 갔다. 셋째 날에는 피닉스에서 남쪽으로 100km 지점에 위치한 큰아이의 회사 공장이 있는 사막 지대의 캐사그랜디(Casa Grande)에 가서 프랜시스코 그랜디(Francisco Grande) 호텔(존 웨인이 머물렀고, 샌프란시스코 야구팀 자이언츠의 동계 훈련장이었던 곳)로 옮겼다. 넷째 날은 거기서 150km 남쪽의 투손(Tucson) 가까이에 있는 전형적인 사막 지대인 사구아로 선인장 공원에 갔다. 다섯째 날에는 캐사그랜디에서 피닉스 동쪽으로 있는 아파치 산악 길(Apache trail)과 루스벨트(Roosevelt) 호수 지대로 대략 400km를 갔다. 마지막 여섯째 날에는 캐사그랜디에서 피닉스시 북부에 있는 식물원에 갔다(200km).

이렇게 장황하게 말하는 이유는, 환경 변화가 심한 아열대의 애리조나를 여행하면서 환경 변화에 따른 식물 분포를 관찰한 내용을 토대로, 환경 변화가 식물의 분포를 결정짓는 현상을 설명하기 위해서다.

피닉스에서 그랜드캐니언으로 가면서, 피닉스 지방의 건조한 사막 지대를 거쳐 플래그스태프의 험프리스 고산 지방으로 올라갈 때 기온이 선선해지고 수분이 많아졌음을 체험하고 목격했다. 이것은 플래그스태프의 4,223m 높이 험프리스산의 영향일 것이다. 에티오피아에서 고도와 온도의 관계를 연구한 바에 따르면, 고도가 500m 상승하면 온도가 1.88°C씩 내려간다고 한다. 그러니까 2,000m 높이에 올라가면 대략 8°C 정도 내려갈 것이다. 그리고 아프리카 킬리만자로산 근방은 수분이 많다. 킬리만자로산이 떠가는 구름을 잡아 비를 내리게 하기 때문이다. 어쩌면 킬리만자로산이 구름을 잡아 비를 내리게 하기 때문에 그렇게 많은 동식물이 살아갈 수 있을 것이다.

건조한 저지대인 피닉스 지방에서 볼 수 있는 식물들은 주로 사구아로 선인장 등 사막 식물이었다. 그런데 플래그스태프의 700~1,000m 고지로 올라가면서 기온이 떨어지고 수분이 많아지며 주로 향나무가 서식하는 지대가 나타났고, 더 올라가 1,000~1,500m 고지로 가니 이제는 울창한 소나무 숲이 나타났다. 여기에서 생산되는 소나무는 고품질이라고 하는데, 그 이유는 기온이 낮기 때문이다(남쪽에 있는 저지대인 조지아에서도 소나무가 많이 생산되지만, 목재로서는 부적절해서 주로 종이를 만드는 펄프용으로 쓰인다).

더 북쪽에 있는 1,000~1,500m 고지의 그랜드캐니언 쪽으로 가니 기온은 여전히 낮지만 수분이 적어졌다. 그래서 소나무는 적어지는 대신 향나무가 그득히 나타났다. 물론 사구아로 선인장은 나타나지 않았다. 피닉스 이남 지역은 건조하고 무더운 전형적인 사막 지대여서, 주로 사구아로 선

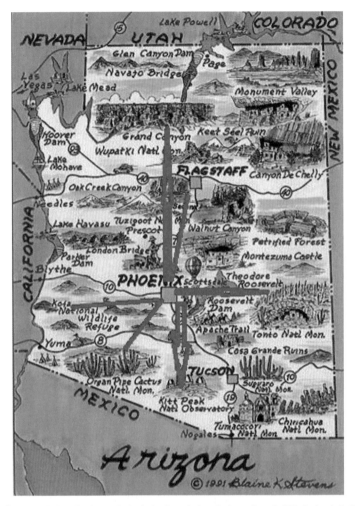

[그림 29] 미국 애리조나 지도. 위의 화살표는 피닉스에서 그랜드캐니언까지, 아래 화살표는 피닉스에서 투손까지를 나타낸다.

[그림 30] 피닉스 근방의 건조하고 더운 사막의 저지대 식물

[그림 31] 피닉스 가까운 사막 지대에는 사구아로 선인장이 서식한다.

[그림 32] 고지대로 올라가면서 온도가 내려가고 비가 적게 오는 지대에 자라는 향나무

[그림 33] 험프리스산이 보이는 고산 지대에는 소나무 숲이 우거져 있다.

[그림 34] 그랜드캐니언 지방에는 이처럼 우거진 향나무들이 서 있다.

[그림 35] 애리조나 투손의 사구아로 선인장 가든에서 저자 부부

[그림 36] 애리조나 투손 근방 남쪽 사구아로 선인장. 어찌하여 세계의 그 넓은 땅에서 다른 곳은 없고 오직 이 지역에만 사구아로 선인장이 있을까? 참으로 불가사의하다.

인장과 같은 사막 식물만 목격할 수 있었다. 그랜드캐니언에서 석양의 모습을 보려고 기다리다 보니, 기온이 떨어져서 두꺼운 점퍼를 하나씩 사 입어야 할 정도로 무척 추웠다. 대략 10℃ 정도로 떨어졌다. 거기에서 피닉스 쪽으로 다시 돌아오며 고지대인 플래그스태프 지방에서 자동차의 온도계를 보니, 외기 저녁 기온이 대략 7℃ 정도로 떨어져 있었다. 그러나 저지대에 위치한 피닉스 지방의 밤 기온은 대략 25℃로 올라갔다. 미국은 한 주(州)의 비교적 좁은 지역에서도 이렇게 기온 변화가 심하고 수분도 지역에 따라 크게 변화하면서, 식물의 분포가 현저히 달라지는 모습을 목격했다. 이를 실증하기 위해 여기에 사진을 골라 실었다. 이런 길고 험한 여행길을 저자의 큰며느리가 차로 운전하고 다녀 줘서 무척 고마웠다.

식물(植物)

식물은
갈 곳이면
서슴지 않고 가지만,
가서는 안 될 곳이면
절대 안 간다.

식물은
머물러 있어야 할 데를
잘 알아 머물고,
머물러선 안 될 데에서는
절대 머물지 않는다.

식물은
반드시 꽃을 피워야 할 때를 알아
꽃을 피워
열매 맺어 씨를 뿌린다.

식물은
진 자리 마른 자리
가리지 않지만
좋은 자리에서는
좋은 소출 내주고
나쁜 자리에서는
나쁜 소출 내준다.
매우 분명하다.

식물은
뿌리가 지탱해 주는 만큼
버티고
위에서 주는 만큼
받아 저장한다.
받은 만큼 보답한다.

식물은

주는 만큼 받고
받은 만큼 준다.
과분하게 받지 않고
절대 분수를 안다.

식물은
씨를 땅에 뿌려
떨어지면
10년도, 20년도
때가 올 때까지
기다렸다가
때가 오면
싹을 틔워 나온다.

종자 속에는 생명이
들어 있다.
양파 껍질을
하나하나 벗겨 들어가면
남는 것은 생명이다.

종자에는
우주가 들어 있다(우장춘 박사의 명언).

식물은 절대 필요 이상
과식하지 않는다.
필요한 만큼 섭취한다.

식물은 삼위일체를
잘 안다.

뿌리와 줄기 그리고 잎이
한 몸이다.
줄기는 지상 세계와 천상 세계를
이어 준다.

뿌리와 열매가
큰 저장 능력이 있어
더 필요로 하면
잎이 더 활동하여
더 많은 양분을 생산하여 공급해 준다.
수요가 커지면 공급이 커진다.
더 필요로 하면 더 생산해 준다.

재래종과 그들이 갖는 의의

바빌로프 박사의 저서인 《재배 식물의 발원, 변이, 면역 그리고 육종》에서 나오는 내용이다. 매우 훌륭한 작물 육종의 기본적 지침이어서 여기에 번역해서 실었다. 이 책의 내용을 이해하는 데 도움이 될 것이다.

러시아의 여러 지방에서 재배되고 있는 식물, 즉 작물은 러시아 고유의 것도 있지만 대부분 여러 지방(localities)과 여러 나라에서 도입된 것이다. 재배 식물의 목록을 보면 러시아의 최근 역사를 알 수 있다. 재배 식물은 여러 농민들이 가져다 준 결과요, 귀중한 선물이다. 이 식물들을 통해 그들이 아시아, 유럽, 미주, 아프리카에서 어떻게 전래되었는지 추측할 수 있다. 그들 깊숙한 곳에 그들의 족보를 갖고 있기 때문이다.

러시아에 도입된 작물의 품종은 지난 수 세기 동안이나 또는 최근에 자연 선발 또는 인위 선발되어 지방종(地方種, 재래종)으로 현지에 적응했다고 볼 수 있다. 아마(亞麻), 밀, 라이(호밀), 클로버, 티모시 등은 원산지에 가까운 러시아에서 여러 유용한 형태와 특성을 가진 것으로 선발·개량되었다.

중동(Middle East)과 트랜스코카시아(Transcaucasia, 캅카스)가 원산지인 밀, 보리, 사료작물, 포도, 과일나무 등은 매우 유용한 특성을 가지고 있으므로, 우리 작물을 육종할 때도 주목해야 한다.

지방종(local variety)에 대한 관념은 실제로 매우 상대적이고 모호하다.

지방종은 수십 년 아니 수 세기 동안 자연 선발되어 온 오래된 품종인데, 최근에 도입된 품종 때문에 고유의 특성을 소실했고 원래 이름과 계보도 상실했다.

다양한 환경 조건하에서 자란 작물과 그 품종은 변화가 크다. 지방종은 형태적·생리적으로 여러 형태를 갖고 있는 집단체이다. 트랜스코카시아(캅카스)와 중앙아시아에 있는 지방종은 유전적으로 잡다해서 (heterogeneous), 육종 소재로 쓰일 수 있는 커다란 가능성을 제공한다.

육종에서 제일 먼저 해야 할 일은, 우선 이런 지방종을 최대한 활용하는 것이다. 초창기 작물 육종에서는 주로 이 방법에 의존했는데, 러시아에서 밀, 호밀, 아마, 보리 육종도 주로 선발 육종에 의존했다. 실질적이고 효과적인 초기 육종에서는 지방종의 이용 가능성을 최대로 개발해 이용하는 것이 가장 중요하다.

🌸 러시아의 타지방과 외국에서 도입된 재료의 의의

이전에 그 지방에서 재배되지 않았던 작물을 육종하는 과정은 앞서 지적한 경우와 다르다. 최근 미국, 캐나다, 아르헨티나에서는 유럽, 인도, 중국에서 도입된 것으로 교배 육종해서 괄목할 만한 발전을 이루었다.

지난 10년간 육종 역사를 보면, 머나먼 타 지역에서 도입된 육종 재료를 이용해 현저한 발전을 이루었다. 특히 캐나다, 미국, 오스트레일리아, 아르헨티나, 남아프리카에서는 외국에서 도입된 육종 재료로 교배 육종이 크게 발전했다. 스웨덴에서도 영국 밀 품종과 지방 재래종의 교배를 통해 밀을 많이 개량했다. 오늘날 해바라기, 옥수수, 감자, 담배, 면화 등 미주에서 도입된 작물 없이는 우리의 존재를 상상할 수 없을 정도다.

이제 농업의 사회화와 기계화에 대응해야 한다. 성숙된 이삭이 터져 떨어지거나 또 비와 바람에 쓰러지지 않는 성질이 필요해졌고, 기계화에 적합한 형질을 요구하게 되었다. 지방종은 이러한 새로운 요구에 부합하도록 재고되어야 한다. 또한 동맥(冬麥)의 내한성(耐寒性), 내건성(耐乾性) 등이 필요하므로, 이러한 새로운 요구에 알맞도록 우리의 현재 품종을 재평가해서 현저히 변화시켜야 한다. 앞으로 작물 육종은 당면한 우리의 환경과 사회적 요구에 부응해야 하고, 내병성이고 고품질인 새 품종이 작출(作出)되어야 한다. 남쪽 아열대 지방에서 적합한 육종 재료를 얻기 위해서는 새 유전자원의 도입이 절실하다.

🌱 식물 도입론(植物導入論, The Theory of Plant Introduction)

최근에 연구된 결과에 따르면, 소련의 전 연합식물연구원(All-Union Institute of Plant Husbandry)에서 지구상 식물 자원의 지리적 분포와 관련한 몇 가지 원리를 밝혔다. 이는 새로운 식물, 새로운 종류, 새로운 품종의 탐색 방향을 제시했다.

이제껏 식물학자들(Botanists)이 개화 식물(開花植物)에 대해 조사한 내용은 불충분하다. 특히 남미, 아프리카, 인도, 중국, 인도차이나, 서부 아시아의 조사는 극히 미미하다. 그리고 식물학자들이 조사하지 않은 지역도 허다하다. 그러나 우리가 수집한 지상의 식생(植生)에 대한 불완전한 데이터를 통해 종(種)의 형성 과정에서 지리적 장소에 대한 중요한 사실이 확실하게 드러났다. 식물의 지구상 분포는 한결같지 않다는 사실을 식물의 지리(geography)로 분명히 알게 되었다. 특히 많은 품종을 가진 몇 개의 지역이 있다는 사실도 밝혀졌다. 중국 남동부, 인도차이나, 인도, 말레이 군도, 아시아 남서부, 열대 아프리카, 남아공, 에티오피아(Abyssinia), 중앙아메리카, 남아메리카, 멕시코 남부, 지중해 연안의 나라, 그리고 중동(Near East)에 특별히 많은 식물 품종이 집중적으로 존재한다.

그에 반해 북쪽의 나라, 시베리아, 유럽의 중·북부, 북아메리카, 브라질은 품종 빈곤 지역으로 특징지을 수 있다. 중앙아시아는 놀랄 정도로 품종이 풍부하다. 소련 연방(Soviet Union), 곧 크림반도(Crimea)에서 트랜스코카시아(캅카스)와 중앙아시아(알타이와 톈산까지)의 산간 지역에서 품종의 수가 현저히 증가한다. 특히 트랜스코카시아(캅카스)와 중앙아시아의 산록 지대에서 절정을 이룬다. 이 특정 지역에 종(species)의 수가 매우 많다. 이 지역의 종의 집단이 중앙 유럽에서보다 10배 이상 크다. 북부 지역에 비하면 훨씬 더 크다.

세계의 어느 지역에는 품종이 놀랄 정도로 가득히 집중되어 있다. 예를 들어 중앙아메리카의 코스타리카와 살바도르는 면적으로 봐서 미국의 100분의 1에 불과하다. 하지만 거기에는 북미, 즉 미국, 캐나다, 알래스카를 합한 지역보다 종의 수가 많다. 트랜스코카시아(캅카스) 지역에 종이 가장 많이 있다. 소련에서나 외국에서 새로운 유용한 식물 종을 탐색할 때는, 종이 가장 많은 지역을 유념하고 그 지역에 특별한 주의를 기울여야 한다.

여러 곳에서 수집한 수백 종을 통해 얻은 연구 결과에 따르면, 균일한 종이라고는 없었다. 곧 하나의 독특한 식물학적 형태를 가진 것이 없었고, 모두 다 크고 작은 수의 유전형(genotype)을 갖고 있었다(변이가 있었다).

소련의 전 연합식물연구원은 지난 10년간 계획한 대로, 러시아와 그 외 지역에서 수많은 식물 탐험을 수행했다. 그 결과 재배 식물의 근원지, 또는 재배 식물을 형성시킨 주된 지역 센터를 알아낼 수 있었다. 이것은 식물 지리적 차등법(phyto-geographic differential method)의 도움으로 가능했으며, 다음과 같다.

1. 분류학적·형태학적·유전학적·세포학적·면역학적 방법으로 식물을 린네 종(Linnaean species)으로 적확히 분류했다.
2. 과거, 즉 현재보다 소통이 어려웠던 시절에 이들 종(species)으로 점령된 기원 지역을 결정했다.

3. 각각 종의 식물학적 품종(variety)과 종류(races)의 구성 상태를 상세히 결정하거나, 또는 종 내의 유전적 변이의 일반적 체계를 결정했다.

4. 특정 종의 유전종이 생기는 지역과 국가를 결정했으며, 기본적 품종이 집중된 지리적 센터(중심)를 결정했다. 대체로 기원 센터(original center)에서 여러 독특한 품종 형질이 발견되었다. 어느 그룹의 독특성이 고대적 특유성(paleo-endemicity)에 따른 것일 경우, 종과 품종의 특성만이 아니라 재배 식물의 전체 유전자 특성까지도 함축하는 것이다. 이 사실은 흔한 것이 아니다.

5. 기원 센터와 품종 특성의 발현을 밝히기 위해서는, 근연(近緣) 야생종(野生種) 재배종의 품종을 생성시킨 지리적 센터를 정할 필요성이 있다.

6. 기원 센터에는 흔히 유전적으로 우성 형질이 많다. 일반적으로 재배 식물의 지역에 대한 연구로 밝혀진 바와 같이, 근친 교배와 돌연변이로 발생한 열성 형질은 재배종이 존재해 온 고대의 기본 지역 주변에서 주로 발견되고 격리된 지역에서도 발견된다.

7. 식물 지리적 차등법의 확증은 고고학적·해부학적·언어학적 연구 결과로도 밝혀진다. 그러나 대체로 이런 연구 결과는 너무 일반적이어서, 적확하게 밝히기 위해서는 종과 품종에 대한 확연하고 확실한 지식이 필요하다.

이제 품종 발상의 1차 센터와 2차 센터의 차이를 밝히는 것이 필요하다. 둘 내지 그 이상의 종이 함께 또는 그들 간의 교배로 이루어진 많은 품종이 종을 형성한다는 것은 잘 알려져 있다.

예컨대 스페인은 지형적 위치와 역사 때문에 밀의 품종이 많다. 하지만 종류(forms) 내에서 그 수는 매우 적다. 왜냐하면 직접적 분석 결과로 밝혀진 바와 같이, 스페인에서 발견된 '분리된 종(separate species)'의 한계 내에서 아종(亞種, subspecies)의 총수는 이 종의 초기 생성 센터에서 발견된 수와 비교했을 때 매우 적기 때문이다. 이것은 스페인의 우수 밀 품종은 여러 센터에서 도입된 여러 종이라는 것을 알려 준다.

우리는 재배 식물의 종과 품종에 대한 주된 다양성이 최고도로 집결된 지역을 확정했다. 상당히 많은 재배 식물의 종이 '제1차 기원 센터(primary centers of origin)'의 폐쇄된 곳에 한정해 존재하고 있다는 것을 확증했다. 수십 개, 아니 수백 개의 재배 식물 종이 아직도 그들이 재배된 지역에서 유럽 사람들을 통해 교란되지 않은 채 남아 있다. 이런 지역은 특히 경제 식물의 제1차적 기원 센터가 매우 국한된 중앙아메리카와 남아메리카에서 두드러진다. 또 아시아 남부(Southern Asia)도 마찬가지다. 밀, 귀리, 그리고 특히 과일의 종과 종류의 가장 흥미 있는 기원 지역 중 하나는 트랜스코카시아(캅카스)와 그에 인근한 이란 서북부와 터키 동북부다.

여기에서 밀, 알팔파, 배(梨), 아몬드, 석류와 같은 식물은 종 형성(species formation) 과정이 특별히 확연하다. 이런 식물의 종과 유전 그룹의 분리 과정은 생체로 측정할 수 있다.

우리나라에는 밀, 보리, 옥수수, 목화 등이 오랫동안 널리 분포되었지만 그들 종의 기본 근원지(basic areas of origin of the primary species)를 명확히 위치시키는 데 성공했다. 우리는 기본 지역의 위치를 비교적 정확히 정하고, 모든 중요한 경제 식물(원예 식물과 특용 식물은 제외)을 포함한 수백 가지 식물의 종과 품종의 기원 센터(centers of origin)라고 호칭했다. 이 지역에서 찾고자 하는 식물의 근연 야생종이 발견되었는데 옥수수의 야생종은 아직까지 찾지 못했다.

우리는 초기에 밀, 귀리, 보리, 옥수수, 목화 등 전 세계에 분포되어 오랫동안 널리 재배되고 있는 작물들이 처음 재배된 센터를 찾기 위해 연구했다. 작물이 형성된 품종과 형태(types)는 포함하지 않고, 전체 종에 대한 근원만을 고려하면 피상적일 것이다. 작물의 근원지(location of their origin)를 알아내기 위해서, 이미 상세히 다룬 새 품종과 새 종류, 그리고 밀의 새 종(種)을 발견한 사실 등을 다룬 식물 지리적 차등법을 구사하는 것이 필요하다.

새로운 종 가운데 많은 것들이 매우 협소한 제한 지역(very narrow confines)에서만 자란다는 것을 에티오피아(Abyssinia), 아르메니아(Armenia), 조지아(Georgia)와 터키 탐험대가 발견했다. 종간 교잡 연구를 통해 여러 종과 속(genera)까지도 그들의 근원지와 일치함을 발견했다. 몇 가지 경우에서는 수십 종의 근원지가 똑같았다. 우리의 지리적 연구를 통해 전체적으로 독립적인 재배 식물군이 특수 지역의 토종임을 알 수 있었다.

🌱 작물의 가장 주요한 세계 기원 센터

소련 식물 탐험대가 아시아, 아프리카, 남유럽, 북남미 등의 총 60여 개국과 소련 연방에서 수행한 다양한 탐험 내용을 요약하고, 아울러 수많은 새 종과 품종의 상세한 비교 연구 결과로, 작물 품종의 가장 주요한 8개 독립적 기원 센터를 정했다.

아직도 할 일이 태산 같다. 그러나 우리는 이제 확신을 갖고, 10년 전에는 상상도 할 수 없었던 세계 농업의 8개 주요 기원 센터를 밝힌다. 《재배 식물의 8대 발원지(*Centers of Origin of Cultivated Plants*)》는 1926년에 처음으로 출판되었다. 여기에 미비한 것을 추가하여 이 증보판에 수록했다. 대부분의 세계 식물 자원에 대한 방대한 연구를 위한 탐험은 1923~1933년에 이루어졌다. 우리는 이제 1926년에 출판한 책의 미비한 부분을 보완해서 새로이 《재배 식물의 8대 발원지》의 증보판을 낸다(N. I. Vavilov, 1951).

작물의 유전자원 사태(沙汰)

작물이 있어서 인간이 있다. 작물이 없으면 인간도 없다. 작물의 존부(存否)는 인간의 존부와 직결된다. 작물의 생명은 인간의 생명이다. 작물의 생명이 위협받으면 인간의 생명도 위협받게 마련이다. 이는 심각한 문제다.

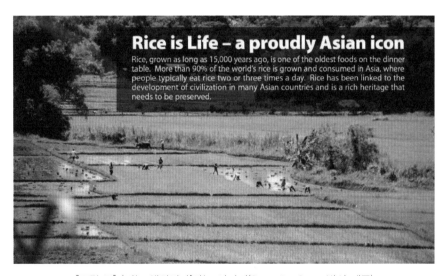

[그림 37] '벼는 생명이다'라는 이미지(Sung Do Song 박사 제공)

🌱 작물의 유전자원은 무엇이고 왜 중요한가?

작물 안에는 작물의 외형을 만들어 내고 기능을 조절하는 유전인자, 즉 눈으로 볼 수 없는 DNA가 있다. 작물의 야생종이든 개량종이든 그들 고유의 DNA가 있다. DNA가 좋은 조합을 이루면 이제까지 없었던 좋은 형질이 나타난다. 이렇게 외부로 나타나는 형질을 표현형이라 하고, 표현형을 이루는 유전적 조합을 유전형이라고 한다. 그런데 표현형은 유전적 조합 효과가 환경적 효과에 영향을 받아 나타나는 것이다. 다시 말해서 밖으로 드러나는 모습인 표현형은 유전적 효과와 환경적 효과의 합작품이다. 그것을 이렇게 표현한다.

$$P = G + E + GE$$

여기에서 P는 우리가 볼 수 있는 모습, 곧 표현형이고, G는 우리가 볼 수 없는 유전적 효과이며, E는 환경적 효과, GE는 유전적 효과와 환경적 효과의 상호작용 효과이다. 따라서 표현형(P) = 유전적 효과(G) + 환경적 효과(E) + 유전적 효과와 환경적 효과와 상호작용 효과(GE)이다.

작물 육종에 필요한 것은 유전적인 G이다. 환경적인 E도 아니요 GE도 아니다. 그래서 작물의 유전자원 또는 생식질(germplasm)이라고 하는 것은 다양한 G, 즉 여러 유전인자를 갖고 있는 작물의 야생종과 근연종, 개량종 등의 품종을 통틀어 말한다.

🌱 작물 품종과 근연 야생종은 살아 있는 보배로운 문화유산이다

인간 문명의 유적과 골동품만 귀중한 문화유산이 아니라, 인간 문명과 함께 변해 가며 인간에게 양식을 제공한 작물과 그 작물의 재래종, 개량종, 야생 근연종이야말로 인간이 오랫동안 만들어 낸 보배로운 문화유산이다. 이 문화유산을 작물 발생 근원지에 살아 있는 그대로, 또 유전자원 은행(Gene Bank)에 잘 보존해 훗날 이용할 수 있기를 바라는 마음 간절하다.

작물은 우리에게 양식과 옷감을 제공해서 생명을 살려 주고, 우리가 활동할 수 있는 에너지를 제공해서 우리를 살아가게 해주는 고마운 존재다. 이런 작물에 병이 발생하거나 해충이 발생하면 막대한 피해를 입는다. 그러면 폐농하여 식량난을 자초하기도 한다. 또 사회의 요청에 따라 새로운 품질과 형태가 필요해지면, 그 작물의 여러 품종과 그의 근연종에서(내병성, 내충성과 같이) 원하는 품질과 형태를 개량하는 데 실마리가 되는 유전인자를 찾아 주입하는 G를 얻을 수 있기 때문에 유전자원이 중요하다.

우리는 비상 상황이 발생하면 조치를 취할 수 있도록 유전자원을 잘 확보하고 보존해서 필요시 사용할 수 있도록 준비해야 한다. 이 자료를 활용해 항상 변하는 병충의 변종(race)[4]에 대한 저항성 품종을 만들어 내면, 농약을 살포하지 않고 방제할 수 있기 때문에 경비를 들이지 않고도 무공해로 장기간 경작할 수 있다. 그리고 유전자원을 통해 유용한 품질과 형태를 도입·개량할 수 있기 때문에 유전자원은 매우 중요한 것이다. 그런데 이렇게 중요한 유전자원이 오늘날 급속도로 사라지고 있어 애석하다.

🌱 작물 유전자원 사태와 그에 따른 문제

작물 유전자원 사태란 무엇인가? 왜 중요한가? 황금보다도 더 귀중하고 생명의 일부인 작물 유전자원이 유실되어 없어지는 것을 '작물 유전자원 사태'라고 한다. 오늘날 작물의 유전자원 사태는 매우 심각하다.

---

4 작물의 병과 해충의 변종(race): 병충에 저항성인 작물 품종을 만들어 내면, 작물 병충은 그 저항성 품종에 대항해 저항성인 변종을 계속 만들어 낸다. 그래서 오늘의 작물 저항성 품종이 내일에도 저항성이라는 보장이 없다. 그러므로 내일 나타날 새로운 병충의 변종에 대비해 그로부터 그 변종에 저항성인 유전인자를 찾아낼 수 있는 작물의 유전자원이 필요하다. 그 병충의 변종에 대한 작물의 저항성 유전인자가 없을 수도 있다. 그러나 이제까지 여러 병과 해충에 저항성 인자를 유전자원으로부터 발견하여 재배종에 도입하는 방법으로 문제를 상당히 해결해 왔다.

사태(沙汰, erosion)란 원래 토양에서 나온 말이다. 수천 년 수만 년 동안 만들어진 흙(표토)이 비가 와서 씻겨 내려가는 것을 사태라고 한다. 토양은 식물에게 양식의 저장고이고, 뿌리내리고 정착해서 살아가는 터전이다. 사태가 나면 작물이 살아갈 터전이 사라지고 먹거리 저장고가 없어진다. 흙에는 식물이 뿌리내리고 흡수하여 살아갈 유기와 무기 영양분이 있고 뿌리가 숨쉬며 살아갈 공간이 있다. 전문적인 용어로 말하면, 토양에는 화학적·생물학적 양분과 물리적 조직이 있다. 토양이 사태가 나면 식물이 먹고 살아갈 양식이 없어지고 터전이 없어지는 것이다. 표토 1mm를 생성하려면 100년이 걸린다고 한다.

한국 전쟁 후 산판에 나무가 없어져서 토양 유실이 심했다. 비가 오면 한강, 금강, 낙동강에서 뻘건 물이 흘러내렸다. 흙이 씻겨 내려간 것이다. 이것을 보고 토양학자들은 금을 떠내려 보낸다고 했다.

아프리카에도 한때 숲이 우거져 있었다. 인구가 증가하면서 숲을 개간해서 농지로 만들었다. 숲을 농지화한 다음 비가 와서, 또 열대 폭사열로 토양이 유실되고 화학적·생물학적 성분과 유기물이 없어져 토양이 쓸모없어졌다. 그리고 토양 산성이 높아져서 작물 생육에 부적합한 상태가 되었다. 이렇게 토양이 유실되어 쓸모없어지면 비도 쫓아 버린다. 그래서 아프리카에서는 사막이 매년 5m씩 남진한다고 한다. 이런 현상이 중국에서도 일어나고 있어 사진(沙塵) 현상이 심해지고 있다.

유전자원 사태도 이와 같은 이치로 수천 년 수만 년 전 선조들이 만들어 준 그 귀한 작물의 품종이나 그의 야생종들이 사라지는 것이다. 이렇게 되면 우리가 먹고 살아갈 작물 품종과 그의 근연종, 즉 작물 유전자원의 재생이 불가능하고 회수와 이용이 불가능해진다. 그러면 인간의 생명을 존속시켜 주는 작물의 유전자원이 사라지는 것이다. 오랫동안 우리 조상들이 애써 이루고 축적해 놓은 것이 영영 없어지는 것이다. 이보다 더 비극적인 일이 있겠는가?

❦ 문제

작물 유전자원은 한번 없어지면 그걸로 끝장난다. 가슴이 답답한 일이다. 또 다른 걱정은 이런 작물 유전자원 사태 때문에 작물의 다양성 수준이 급격히 저하될 수 있다는 것이다. 8년 전의 작물 다양성 수준을 100이라고 했을 때, 8년 후 작물 다양성 수준은 18 정도로 급감했다는 사실을 1996년에 우리나라의 안완식 박사가 밝혔다(p.70 표 참고). 오늘날에는 이보다도 훨씬 더 심할 수도 있다. 100년 후에는 어떻게 될 것인가? 생각해 보기도 싫다. 매우 실망스럽고 걱정되고 염려되기 때문이다.

태국의 일년생 야생 벼 자생지 네 곳과 다년생 야생 벼 자생지 세 곳을 선정해서 1975년부터 20년간 매년 야생 벼 집단의 생존 정도를 조사했다. 그 결과 일년생 야생 벼는 1990년에 네 곳 전체에서 완전히 소멸되었고, 다년생의 야생 벼는 한 곳에서는 1991년 완전히 소멸되고 나머지 두 곳에서도 집단의 크기가 매우 줄어든 것을 확인했다. 대만에서는 야생 벼가 자생하는 주위에 재배종 벼를 심기 시작했는데, 재배종 벼의 화분이 야생 벼로 옮겨 가 잡종이 되면서 차차 야생 벼 집단이 줄어들어 현재는 거의 멸종이다. 중국에서도 하이난섬, 윈난성, 장시성, 후난성, 광둥성 등지에 야생 벼가 현재까지 남아 있으나, 집단의 크기가 매우 작고 주위에 재배종 벼가 있어 머지않아 소멸될 우려가 있다(서학수, 2003).

토종 연구가 안완식 박사가 1985년에 한국 182개 지역 농촌 지도소 지도원 7,000명의 협조하에 작종 57개의 재래종에서 얻은 5,171개의 표본을 조사했다. 그리고 8년 후인 1993년에 똑같은 방법으로 조사해서 다음과 같은 결과를 얻었다.

작종	조사 연도		잔존율(B/A)%
	1985(A)	1993(B)	
벼	22*	4*	18
보리	56	6	11
밀	22	4	18
호밀	42	0	0
콩	993	226	23
팥	483	92	19
녹두	199	25	13
동부	240	20	8
수수	293	67	23
조	177	82	46
메밀	143	41	29
참깨	162	37	23
고추	211	0	0
오이	14	1	7
감자	44	3	7
목화	11	0	0
⋮			
기타	513	14	3
합계	5,171	908	18

* 재래종 수: 벼의 재래종이 1985년에는 22종이었는데 1993년에는 4종만 남았다. 18%만 남았고 82%가 사라졌다는 뜻이다.

　　이상의 조사 결과로 보면, 1985년에서부터 1993년까지 불과 8년 사이에 한국 작물 재래종이 거의 82%나 사라졌다. 가공할 만한 일이다. 그중 한국 농가에서 재래종이 멸종된 작물은 호밀, 고추, 목화다.

산간 지역(상주군), 도시 지역(금릉군), 평야 지역(고창군)의 3개 지역에서 토종 종자를 수집했다. 11년 후인 1996년에 같은 지역에서 같은 방법으로 다시 조사한 결과, 산간 지역 상주군에서는 75%, 도시 근교인 금릉군에서는 76%, 평야 지대인 고창군에서는 73%, 즉 평균 74%의 토종 종자가 사라졌다. 다시 4년 후인 2000년에 조사한 결과, 평균 86%의 작물 토종이 사라졌다.

아직도 대체로 재래식 농법을 행하는 아프리카에서도 유전자원 사태가 일어나고 있다. 유전자원 사태가 제일 두드러지게 나타나는 작물은 아프리카 벼(*Oryza glaberrima*)다. 다수성에 재배가 용이하고 재배 기술이 발전된 아시아 벼가 아프리카에 도입되면서 아프리카 벼를 재배하던 농민들이 아시아 벼 생산으로 옮겨 가자, 그들이 오랫동안 재배해 왔던 기존 아프리카 벼를 포기하게 되었다.

이렇게 작물의 유전자원이 사라지고 있으니 슬픈 일이다. 수천 년간,

[그림 38] 탈립성인 야생 벼 종자를 바구니에 쓸어 담는다(서학수, 2003). 벼의 야생종은 이렇게 탈립성이 강했다. 서부 아프리카에서도 이런 식으로 벼를 수확한다. 그리고 미국 미네소타의 야생 벼도 현지 인디언들이 이런 식으로 수확한다고 한다.

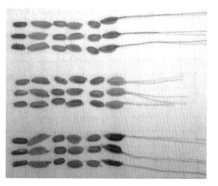

[그림 39] 서학수 박사가 필리핀에서 수집한 잡초 벼의 종실 모양(서학수, 2003)

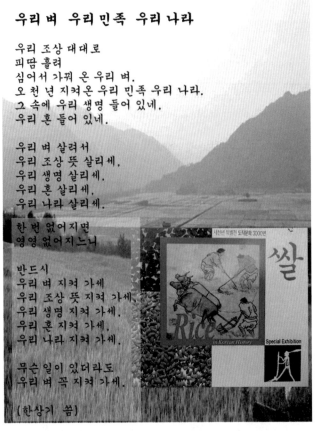

[그림 40] Sung Do Song 박사의 삽화를 배경으로 한
저자의 시 '우리 벼 우리 민족 우리 나라'

수만 년간 자연이 우리에게 전해 준 유전자원과 우리 조상들이 대대손손
애써 만들어 보존해서 전해 준 귀중한 유전자원이 살아남지 못해 조상들에
게 민망하고 우리 후손들에게 고개를 들 수 없을 만큼 수치스럽다. 장래가
어둡다. 작물과 근연종의 변이가 사라져 변이 수준이 낮아지면서 다양화
에서 멀어지면, 병충해가 더 자주 걷잡을 수 없이 크게 일어날 수도 있다.
이를 적절히 묘사하는 아프리카 격언이 있다. '땅에 빚지지 마라. 훗날 엄
청난 이자를 요구할 것이다.' 우리는 작물 자원에 큰 빚을 졌다. 훗날 우리
에게뿐만 아니라 우리 후손들에게도 엄청난 이자를 요구할 것이다.

작물의 유전자원 사태가 발생하는 까닭은 무엇일까? 농업 기술의 발전만이 아니라 사회적 변화, 인간의 심리적 변화, 환경적 변화 등 통합적인 원인으로 작물의 유전자원 사태가 일어난다.

🌱 농업 기술의 발전이 유전자원 사태의 주요 원인

오래전 원초적인 사람들이 선택해서 재배했던 야생 기본종은 원래 수형이 크고 과일 또는 열매, 뿌리가 작은 편이었다. 그리고 자연 탈립성으로 품질이 별로 좋지 않았고 색깔도 다양했다. 또 종류가 많았고 변이도 매우 컸다.

작물 육종이란 이런 변이를 이용하는 농업 학문이요 기술이다. 그런데 작물 육종이 만들어 낸 몇 가지 품종이 독점하게 되자, 도리어 기존 작물의 다양한 자연적 변이를 본의 아니게 배제하면서 소멸시키는 이율배반적 결과를 가져왔다. 작물 육종학자는 작물의 자연적 변이를 귀하게 여기지만, 그것을 받아 이용하는 사회와 농민들의 심리가 문제다.

인간이 가진 문제는 어떤 것을 좋다고 선택하면 다른 것은 나쁜 것으로 간주하고 다 배제하든지 아니면 무시하는 속성이다. 그래서 작물 육종학자가 새 품종을 만들어 내자 농민들이 기존의 품종을 버리고 새로 만들어 낸 품종만 선호해서 변이를 감소시키는 것이 문제다.

주변에서 두드러지게 일어난 유전자원 사태는 우리의 중요 작물인 벼, 밀, 보리, 콩 등에서 볼 수 있다. 옛날 품종은 모두 사라졌다. 미국에서 사과가 들어오며 능금은 자취를 감춰 버렸다. 개구리참외도 그런 예시 중의 하나다.

🌱 사회적 원인

  문명이 발전하여 인구가 증가하면서 기존의 농지가 도시로 전환되거나 방치되어 농지가 감소하고 파손되었다. 상인, 소비자, 가공업자 들은 농산물의 크기, 색깔, 형태, 맛, 품질 등이 좋고 균일한 것을 선호한다. 그래서 작물 육종가와 농민들은 이런 추세를 감안해 원하는 형질을 가진 작종(作種)과 품종으로 바꾸어 나간다. 따라서 기존의 작물은 소홀히 하고 배제하게 된다. 그리고 농업 인구가 감소하고 생산비가 증가하면서 농업의 기계화가 추진되자, 기계화에 적합한 형태를 갖춘 작물을 찾게 되었다.

  세계화(globalization)가 활발해지면서 외국에서 여러 새로운 작종과 품종을 도입해서 재배하기에 이르렀다. 따라서 자국의 기존 작종과 재래종, 품종은 소외되었다. 또 국제 교역상의 여러 문제로 외국에서 값싼 농산물을 수입하게 되자, 자국의 기존 농작물 생산이 타격을 받아 옛날에 재배했던 작물은 더 이상 재배할 수 없게 되었다. 이 때문에 작물의 품종만이 아니라 작물 자체가 모두 사라졌다.

  게다가 소비자의 기호나 취향도 변화했다. 기존의 것을 경시하고 새것을 찾게 되었으며, 기존의 작물과 그 변이가 중요하다는 인식이 부족해진 것

[그림 41] 페루의 감자 축제

또한 원인이 될 수 있다. 그리고 국가와 농민에게 유전자원의 중요성에 대한 인식 또한 부족하다는 점도 염려된다. 또 최근에 제기된 것으로 오랜 전통의 소멸이 하나의 원인이라고도 한다(Krystina Swiderska, 2020).

✿ 환경적 원인

오늘날에는 지구 온난화의 영향, 인구 증가와 문명 발전, 농약 과용 등으로 자연 환경 조건이 크게 변했다. 농민과 농학자들은 새 작종, 새 품종으로 이에 신속히 대처해 나가고 있다. 이 때문에 기존 작종과 품종에 악영향을 미치고 있다.

작물의 고향과 선조 그리고 친족

인간은 시원(始原)을 찾으려는 속성이 있다. 그들의 생명은 하늘에서 받았고, 생명을 유지시켜 주는 식품(食品)은 땅에서 받는다. 인간은 그 원동력의 시원을 찾고자 한다. 덕분에 새로운 것을 발견하여 문명이 발전했다.

누구에게나 생명을 받아 태어나고 자란 고향(home town)이 있듯이, 우리의 생명을 유지시켜 주는 먹거리를 제공하는 농작물에도 각각 태어난 고향이 있다. 그리고 사람의 고향에 4촌, 6촌이 함께 살듯이 식물도 그들의 고향에 4촌, 6촌이 함께 산다.

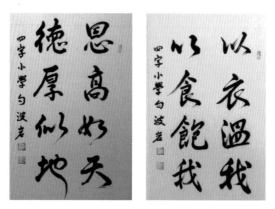

[그림 42] 《소학(小學)》에 나오는 4자구다. '이의온아 이식포아 은고여천 덕후사지(以衣溫我 以食飽我 恩高如天 德厚似地)', 옷으로 나를 따뜻하게 하고, 음식으로 나를 배부르게 해주니, 그 은혜는 하늘과 같고, 그 덕은 땅과 같도다. 매우 적절한 가르침이다.

76

❦ 작물의 고향은 어디인가?

　우리에게 먹거리를 제공하는 재배 식물인 작물들은 도대체 언제 어디서 어떻게 생겨났고, 언제 어떻게 우리에게 왔을까? 그리고 작물은 어떻게 내 입으로 와서 나를 살리고 나의 조상들을 살렸을까?

　하늘은 생물이 살 수 있는 지구 공간과 생명에 필요한 요소를 만들어 제공했고, 그 속에서 여러 종류의 식물과 동물이 살 수 있게 했지만, 식물과 동물이 풍부한 아프리카에 처음으로 인간을 있게 했다.

　그런 다음 인간을 아프리카에서 아시아로, 유럽으로, 미주로 옮겨 살게 했다. 그들이 거기 가서도 먹고 살 수 있도록 그곳에 알맞은 또 다른 여러 식물과 동물을 있게 했다. 작물의 고향은 도대체 어디일까? 어떻게 그곳에서 태어났을까? 언제 그렇게 되었을까? 세상은 넓고도 넓은데 왜 하필이

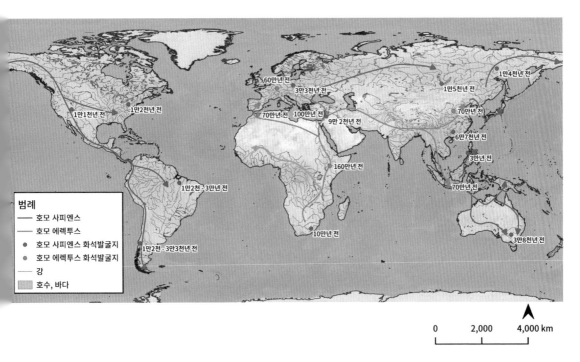

[그림 43] 인간의 원조 호모사피엔스의 발상과 세계 이동

면 그곳이었을까? 왜 거기에 하필 그런 작물들이 생겼을까? 앞으로 이에 대해서 알아보고자 한다.

작물들 뒤에는 야생 식물을 작물로 만든, 즉 순화(馴化)시킨 원주민들이 있었다. 그들은 어떤 사람들이었을까? 어떻게 해서 그들은 많은 식물 중에서도 그 야생 식물을 선택해서 재배 작물로 삼았을까? 원래 야생 식물은 타고난 야생 상태로 그냥 남아 있지 않고 여러 형태로 바뀌었다. 식물들은 그 환경에 적응해서 살아가기 위해 자체적으로 교배되고 돌연변이가 되어 변하기도 했지만, 무엇보다도 인간은 자신들이 원하는 형질들을 더더욱 구미에 맞고 편리하도록 더 많게, 더 크게, 쉽게 터지지 않게, 잘 떨어지지 않게, 그리고 더 빨리 크는(조숙한) 것으로 변화시켰다.

인간이 고향에만 머물러 살지 않고 여기저기로 이동해 가면서 살았듯이, 작물도 그들의 고향에만 머무르지 않고 여러 곳으로 이동했다. 자체적으로 이동하기도 했지만 그것은 아주 드물었고, 주로 인간을 통해, 인간의 길을 따라, 인간과 함께 급속도로 멀리 이동했다. 이것이 바로 발 없는 식물들이 그렇게나 멀리 또 널리 이동하게 된 주요 원동력이었다. 인간의 고향도 시간이 지나며 많이 변했듯이, 식물의 고향도 많이 변해서 옛날 고향의 모습은 아니다.

저자는 농학도다. 특히 식물 유전육종학자로서 아프리카 나이지리아에 설립된 국제열대농학연구소(IITA)에 가서 23년간 가난한 아프리카 사람들의 주식 작물인 카사바, 얌(마), 고구마, 토란, 식용 바나나의 육종으로 그것들을 개량하고 보급했다. 특히 내병다수성 카사바 품종을 만들어 나이지리아와 인근 나라에 보급해서 기아 해방에 기여했다. 이 업적을 인정받아 세계은행은《조용한 혁명(Quiet Revolution)》이라는 책자를 내어 저자를 아프리카의 조용한 혁명 기수로 소개해 주었고, 나이지리아에서는 '농민의 왕'이라는 칭호의 추장으로 삼아 주었다. 공무차 70여 개국을 여행했으며, 170여 편의 논문을 세계 학술지에 발표했고, 영국 기네스 과학공로상을 수상했다. 그리고 영예스럽게도 영국 생물학회의 펠로우(Fellow)가 되었다.

[그림 44] 1992년 브라질에서 발견한 카사바 근연종. 지상부는 매우 작고 뿌리는 하나로 크다.

1991년과 1992년에 걸쳐 연구 대상 작물인 카사바의 원산지 브라질을 육로로 매년 1만 km씩 다니면서 야생종을 탐사하고 조사한 적이 있었다. 그리고 얌(마)의 재배종을 수집하기 위해 서부 아프리카를 두루 다니면서 연구하고 조사했다.

영국에서 발간된 《작물의 진화(*Evolution of Crop Plants*)》라는 책에 '얌(yam)의 진화'에 대해 논문을 한 편 수록하기도 했다. 그러면서 다른 작물의 발상에 관심을 갖고 관계 문헌을 수집해 두었다. 언젠가 《작물의 고향》이라는 책을 세상에 펴내고 싶어서였다. 하지만 오랫동안 그 꿈을 이루지 못한 채 오늘에 이르렀다. 그러다가 내 나이 86세가 되고 보니 아쉬운 마음이 일어 집필하기로 결심했다.

평생 존경해 온 세기의 저명한 식물 유전육종학자이자 20세기 초에 5대주를 두루 다니면서 재배 식물의 8대 기원 센터를 밝힌 니콜라이 이바노비치 바빌로프 박사의 세계적 역작 《재배식물의 기원, 변이, 면역 그리고 육종》이라는 책을 1960년대에 미국에서 구했다. 이 책을 한국에 갖고 왔다가 1971년 아프리카로 갈 때 가지고 갔었고, 1994년 은퇴해서 미국으로 가져갔다가 다시 2015년 한국에 돌아올 때도 다른 물건은 제쳐두고 가져왔다. 이 책과 바빌로프 박사의 또 다른 책 《5대주(*Five Continents*)》를 정독하면서 필요한 부분을 번역해 나갔다.

바빌로프 박사는 20세기의 다윈이라고 칭할 만큼 5대주를 직접 탐방하면서 식물을 탐색·조사·연구해 재배 식물의 8대 기원 센터를 밝힘으로써 신기원을 이룩한 대(大) 식물 유전육종학자다. 바빌로프 박사는 탐사하기 위해 1929년에 한국에 온 적도 있다.

바빌로프 박사가 굳이 작물의 발상지, 다시 말해서 고향을 왜 위험을 무릅쓰며 그렇게 찾아다녔을까? 작물의 발상지에는 재배 작물의 야생종과 근연종이 있고, 또 이런 종들은 유전적 변이가 크다. 그래서 작물을 개량하는 육종 사업을 할 때는 작물의 원산지에서 유용한 유전적 요소를 발견하고 또 그들의 야생종과 근연종을 찾아 병충에 대한 저항성, 유용한 품질, 이상적인 수형과 같은 것을 발견해서 우수한 형질을 재배 품종에 도입하는 방법으로 작물을 개량할 수 있다.

예를 들어, 1970년대 저자가 아프리카 국제열대농학연구소에서 연구 대상으로 했던 카사바(아프리카 가난한 사람들의 주식 작물)에 바이러스 병과 박테리아 병이 심하게 발생해서 죽어 가자 가난한 농민들이 식량난에 봉착했다. 문제를 해결하기 위해 카사바의 원산지인 브라질에서 도입한 카사바의 근연종에서 단번에 두 가지 병에 강한 유전자원을 발견했다. 그 유전자원을 나이지리아 재배종 카사바와 교배해서 두 병에 대한 저항성을 한꺼번에 도입하여 내병다수성 품종을 만들어 카사바의 병해 문제를 해결했다.

배수체(倍數體)

단위 생식과 영양계로 번식하는 생물을 제외하고, 모든 생물은 짝짓기를 통해 번식하고 유지해 나간다. 짝짓기를 할 때, 암수 각각 생식 세포를 만들어 그 생식 세포가 융합함으로써 새 개체가 생성되는 것이다. 생식 세포는 감수 분열해서 염색체 수가 반으로 된다. 즉 2n이 1n으로 된다. 짝짓기로 암수의 1n이 융합하여 다시 2n 개체가 된다.

2배체 카사바 보통 재배종 (카사바의 기본 염색체 수 n=18)
  염색체 수 2n=36(18×2=36)
  2x는 2배체로 기본 염색체 수 18의 2배

3배체 카사바 염색체 수 2n=54(18×3=54)
  3x는 3배체로 기본 염색체 수 18의 3배

4배체 카사바 염색체 수 2n=72(18×4=72)
4x는 기본 염색체 수 18의 4배

씨 없는 수박은 3배체(2n=3x =33). 수박의 기본 염색체 수 n=11. 씨 없는 수박은 3배체여서 불임성이기 때문에 종자가 생기지 않는다. 매년 종자를 만들어 재배해야 한다.

배수체 정리(카사바)

배수	n(배[胚]의 기본 염색체 수)	염색체 배수화	2n(몸 세포 염색체 수)
2x(2배체)	n=18	18×2=36	2n=2x=36
3x(3배체)	n=18	18×3=54	2n=3x=54
4x(4배체)	n=18	18×4=72	2n=4x=72

저자는 미국에서 박사 논문을 쓰기 위해 다음과 같은 연구를 했다. 1960년대 밀, 보리, 귀리 등의 화곡류(禾穀類)를 심하게 해치는 딱정벌레가 동유럽에서 시카고 공항을 통해 미국에 들어와서 화곡류 대재배 지역인 중북부에 막대한 피해를 입히자, 이 문제를 해결하기 위해 연구가 활발하게 진행되었다. 이때 미국 농무성이 외국에서 도입된 수천 개 화곡류의 유전자원을 모두 가져다 포장에 심어서 딱정벌레에 저항성이 있는 품종을 찾는 연구를 실시했다. 그중에는 틀림없이 바빌로프 박사가 수집한 수집종도 들어 있었을 것이다. 이때 저자도 그 연구에 참여해서 딱정벌레에 대한 보리의 저항성 유전성을 밝혀 박사 논문을 작성했다(Hahn, 1968).

이처럼 언제 어떻게 발생할지 알 수 없는 작물의 문제를 미리 대비하기 위해, 미국 농무성은 막대한 자원을 동원해서 유전자원을 수집하고 확보해서 보존했으며, 그때 보존해 두었던 유전자원을 미시간주와 인디애나주에 동원하여 딱정벌레에 대한 밀, 보리, 귀리의 저항성을 찾아냈던 것이

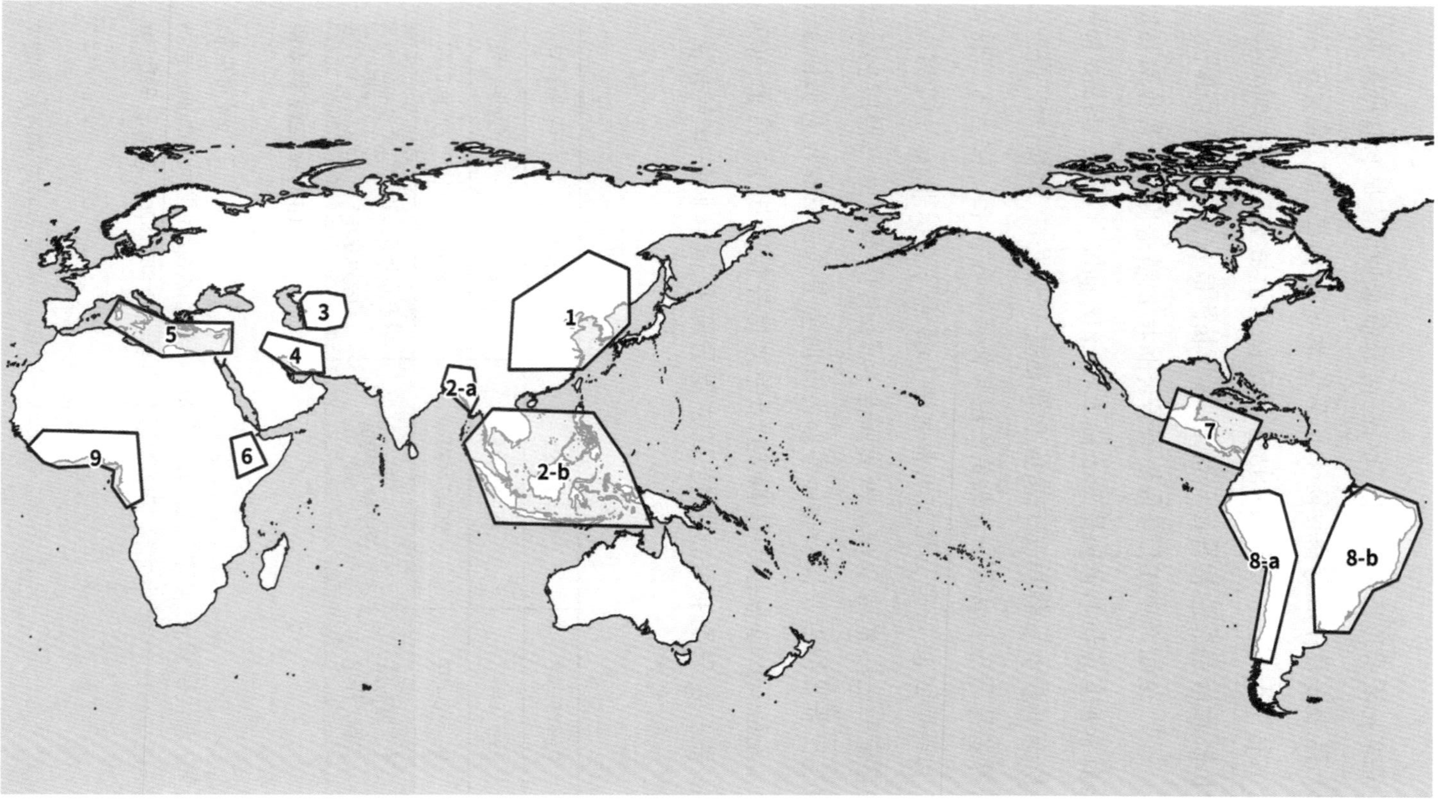

[그림 45] 바빌로프 박사가 제창한 세계 작물의 8대 기원 센터에, 서부 이프리카를 추가해 세계 작물의 9대 기원 센터로 제시했다.

다. 이처럼 작물의 유전자원은 매우 중요하다.

이렇게 바빌로프 박사가 재배 식물의 고향을 처음으로 밝힌 이래, 후학들이 조금 수정을 가하기는 했지만 그가 처음으로 제창한 세계 작물의 8대 기원 센터는 여전히 그대로다. 다만 바빌로프 박사는 아마도 서부 아프리카를 답사하지 않은 것 같다. 여기에도 자생하는 여러 중요 작물이 있는데, 그의 책에는 빠져 있기 때문이다. 그래서 저자는 서부 아프리카에서 23년간 일하는 동안 이 지역을 두루 다니면서 관찰한 내용을 바탕으로, 바빌로프 박사가 제창한 세계 작물의 8대 기원 센터에 서부 아프리카를 추가해 세계 작물의 9대 기원 센터로 제시했다.

《작물의 고향》을 저술하는 데 다음의 책도 주로 이용했다. 영국에서 발행된 《작물의 진화(*Evolution of Crop Plants*, 1995)》, 《종의 유전과 기원 (*Genetics and Origin of Species*, 1951)》, 그리고 《작물의 역사 지리(*Historical Geography of Crop Plants*, 1993)》, 서학수(徐學洙) 박사의 회갑기념호 《보물을 찾아서》(열두렁, 2003)와 《잡초 벼(*Weedy Rice*)》(2018), 구자옥 박사가 저술한 네 가지 역작인 《식물의 쓰임새 백과》(2015)와 《농사, 고전으로 읽다》 (2016), 구자옥·김장규·홍기용 옮김의 《범승지서》(2007), 구자옥·홍기용·김영진·홍은희 옮김의 《제민요술》(2007), 김종덕의 《한의학에서 바라본 먹거리》(2007), 그리고 나의 친구 김영진 박사의 거작 《한국 농업사 이모저모》(2017)를 참작했다. 또 위키피디아에서 발원지의 역사·지리·풍토에 대한 훌륭한 정보를 옮겨 번역해 적었다. 바빌로프 박사의 저서를 위주로 하여 《작물의 고향》을 집필했지만, 위에 적은 책들과 정보가 이 책을 쓰는 데 매우 귀중한 기초를 제공해 주었다.

나에게 비친 세계는 인간이 자기 세력을 팽창하는 것, 자기가 옳다는 것을 주장하고 알리는 것, 금은보석과 노예를 찾아다니는 것이다. 소위 실크로드라는 멀고 험한 길을 오가며 비단이나 차와 향신료를 수입·수출·판매했고 이와 함께 종교도 전파되었다.

정작 사람들에게 중요한 먹거리를 제공하는 작물을 교환하는 일은 그다지 중시되지 않았다. 하지만 인간의 이런 교역과 활동은 작물들이 세계 여러 대륙과 여러 나라에 전파되는 데 중요한 역할을 담당했다.

1960~1970년대 우리나라를 포함한 세계는 식량 부족으로 어려움을 겪었다. 물론 그 이전에도 그러했지만, 이때 급격히 증가하는 인구를 먹여 살릴 식량이 부족해서 몹시 허덕거렸다. 해결책을 찾기 위해 여러 나라와 국제 기관에서 많은 경비와 노력을 들여 연구를 경주했다. 그 덕분에 소위 녹색 혁명을 가져왔다. 저자도 이때 식량난에 허덕이던 아프리카에 설립된 국제열대농학연구소에 가게 되어, 세계 식량 문제 해결에 일익을 제공했다. 하지만 아직도 식량 부족으로 생사의 기로에 서 있는 인구가 많다.

🌱 무엇을 기초로 하여 또 기준으로 하여 작물의 세계 기원 센터를 정했나?

바빌로프 박사가 작물의 세계 기원 센터를 정하는 데 사용한 기준으로 다음 7가지 항목을 참작했다.

1. 근연종[5] 또는 야생종[6] 존재 여부
2. 여러 종의 근원지가 동일. 여러 종이 함께 어울려 재배 식물군을 형성하는 특수 지역이 존재함.
3. 지상의 식물 분포는 한결같지 않고 특수 분포 지역이 존재함.
4. 재배 식물의 종과 품종의 다양성(diversity)이 밀집된 지역
5. 종 형성 과정(자연 교배, 이종 간·동종 간 교배) 참작
6. 우성 형질이 많은 지역(돌연변이는 대개 열성 형질로 2차 센터에 있다)
7. 지리적 격리(사막과 고산 그리고 바다)

---

5 근연종(近緣種, closely related species): 재배종과 인연이 가까운 종류
6 야생종(野生種, wild species): 재배종과 인연이 먼 야생 상태의 종류

작물과 인간(Crops and Man)과 잭 할란

잭 할란(Jack Rodney Harlan,1917~1998) 박사는 사계(斯界)에서 세계적으로 저명한 학자다. 저자가 1970년대 아프리카 나이지리아에 있는 국제열대농학연구소에서 연구하고 있었을 때 할란 박사가 내 연구실에 찾아와 담론하기도 했다. 《작물의 진화(*Evolution of Crop Plants*)》에서 할란 박사는 '보리'에 대해 썼고 저자는 얌(마)에 대해 썼던 인연이 있다.

작물과 인간은 상호 의존 관계를 갖고, 긴밀한 공생 관계로 함께 진화되었다. 하나의 과정으로 보면 진화는 시간과 함께 변한다는 것을 의미한다. 그 변화는 상대적으로 느리기도 하고 빠르기도 하다. 그리고 시간은 상대적으로 길기도 하고 짧기도 하다. 우리가 현재 알고 있는 것처럼, 지상의 모든 인간은 대략 1만 년 내지 12만 년 전에 수렵, 어업이나 채집 생활을 하면서 살았을 것이다. 그 당시의 세계 인구는 알 길이 없지만 대략 천만 정도로 추산하고 있다(Lee and

[그림 46] 할란 박사

Devore, 1968). 대체로 수긍할 만하다. 중위도(middle altitudes)에서 살았던 대부분의 인간들의 양식은 주로 식물성이었다. 그와 같은 패턴은 농업이 정착한 이래 별로 달라진 것이 없다. 오늘날 식물성 양식의 95% 이상이 위

[그림 47] 로마(B.C. 27~A.D. 1453) 이전의 에트루리아 조각품, 수렵하는 모습
(정웅모 신부님께서 인터넷에 게재한 사진)

도 44도 이하에서 생산되고 있다.

정착 농업이 이루어지기 1,000년 전에 대부분의 사람들은 수렵인이 아니라 수집인이었고, 그들 대부분이 먹는 음식은 식물성이었다.

인간은 찢고 빻고 끓이는 법을 배웠을 것이고, 그렇게 해서 그들이 식품의 선택폭이 넓은 잡식성(雜食性)이 되자 환경에 대한 적응도 확대해 갔을 것이다. 여자들과 아이들은 주로 식물성 식품과 소와 같은 동물을 구했을 것이다. 그리고 수렵은 주로 사춘기의 남자와 성인 남자의 몫이었을 것이다. 수렵은 필요해서가 아니라 일종의 스포츠로 여겨졌을 것이다.

🌱 채집인은 무엇을 먹었을까?

야딘(Jardin, 1967)은 아프리카에서 사용된 방대하고 복합적인 식품용 식물의 목록을 다음과 같이 작성했다. 여기에 1,400종 이상이 기록되어 다음과 같이 분류되었다.

화곡류(禾穀類)	60종
두과류(荳科類)	50종
구근류(球根類)	90종
유료실(油料實)	60종
과실(果實)과 견과류(堅果類)	550종 이상
채소(菜蔬)와 향료류(香料類)	660종 이상
전체	1,470종

🌱 구근 작물

구근 작물(球根作物, roots and tubers)은 저자가 아프리카 나이지리아에 설립된 국제열대농학연구소에서 23년간 개량·연구한 대상 작물이다. 특히 마과 식물(*Dioscorea* 속 식물)은 대략 250종이 세계 온난 지역에 두루두루 분포되어 있다. 대략 30종이 아프리카에서 야생 상태로 수확되는데(Jardin, 1967), 그중 몇몇이 순화되었다.

🌱 식물학적 지식이 풍부했던 채집인

채집인(探集人)들은 식물에 대한 상식이 풍부했다. 참으로 놀라운 점이다. 그들은 정말로 직업적인 식물학자들이다. 식물에 대한 상당한 지식에 그들의 생명이 달려 있었다. 채집인들은 식물의 종류와 이용법을 훤히 알고 있었다. 요즘 사람들이 많이 보는 TV 프로그램인 '나는 자연인이다'를 보면서 똑같은 느낌을 받는다. 저자는 1950년 말경 대학원에서 한국 최초로 잡초학을 연구하기 시작했을 때, 잡초에 대해 알기 위해서 대학 인근의 나물 캐는 여인들에게서 잡초의 이름과 특성을 배우기도 했다(한상기, 1958).

북미나 호주의 원주민과 그 밖의 열대 지역 채집인들은 여러 식물들의 독성 제거법을 잘 알아야 한다. 제독(除毒)은 주로 가열과 착즙(搾汁), 아니면 양자를 동시에 적용해야 한다. 저자가 연구 대상으로 한 카사바에는 청산이 많이 들어 있다. 청산을 제거하기 위해서 아프리카 사람들은 카사바 뿌리를 마쇄한 후, 자루에 담아 2~3일간 무거운 돌을 얹어 즙액을 빼낸 다음 솥에서 볶는다. 이 방법은 카사바 독성 제거에 매우 효과적인데, 아메리카 원주민들이 오래전에 개발하고 적용해서 이렇게 먹고 살아갔을 것이다. 16세기에 포르투갈 사람들이 아프리카에서 노예를 데려가기 위해 그들의 식량으로 미주의 카사바를 아프리카 콩고강 유역에 도입했으며, 그와 함께 아메리카 원주민들의 카사바 제독법도 도입했다. 그리고 절구나 돌판 위에 갈고 쪄서 식품의 양을 줄여 먹을 수 있게 만들었다.

채집인들은 독성 식품을 안전하게 만드는 법을 잘 알고 있을 뿐만 아니라 생약(生藥)에도 상당한 지식이 있었다. 그리고 마약, 물고기 독물, 화살 독물, 검(劍, 창), 수지(樹脂, resins), 접착제, 염료나 페인트, 수피(樹皮) 옷 감(bark cloth), 창(創, spears), 화살, 방패, 불쏘시개, 배(舟) 등도 상세히 알고 있었다.

그들은 또 실 뽑는 법, 베 짜는 법(직조법), 비스킷(과자) 만드는 법, 가정용품 만드는 법, 물고기 유도법, 어전법(漁箭法, weirs), 가면(mask), 목각, 축제 도구 등을 위해 식물학적 지식을 이용했다. 식물에 대한 채집인들의 풍부한 특수 지식을 연구하면 할수록 그들의 식물학적 지식의 활용 범위에 감탄하게 된다.

🌱 식생(植生) 조정 이용법(manipulation of vegetation)

많은 비농업인(非農業人)들은 식생을 변화시키는 법을 잘 안다. 수렵인들은 숲에 불을 질러 비옥한 초지를 만든다. 그리고 그 초지에 야생 동물들이 풀을 뜯어 먹으러 오도록 유도해서 동물들을 수렵한다. 불을 지르는 시

[그림 48] 아프리카 잠비아 수렵인들이 벌판에 불을 질러 비옥하게 만든 다음 풀이 새로 나게 해서 동물을 유인해 수렵한다. 무수히 많은 흙더미는 흰개미집이다.

기와 장소를 정해서 다른 데로 불이 번지지 않고 한정된 지역만 타도록 조심스럽게 불을 지른다. 불을 피해 달아나는 동물들을 포획할 수 있도록 수렵인들을 배치한다.

🌱 농산물에 대해 감사하는 제사와 축제

단군 신화에서 비롯되는 우리의 농경 문화는 자연에 순응하고 재해를 극복하는 섭리로 세워졌으며, 그 속에서 다양한 농경 문화와 경천 의식이 계승되어 왔다. 만주 송화강 유역의 부여에서는 '영고(迎鼓)'라는 제천 감사제가 열렸고, 졸본에서는 다섯 부족의 연맹체인 고구려가 주도하던 '동맹(東盟)'이라는 농경 제천 의식이 행해졌으며, 강원 북부에 있던 동예국에서는 '무천(舞天)'이라는 의례 행사가 지켜졌다. 또 한강 이남에서도 삼한 연맹국의 제사장 천군이 신성지 '서도'에서 농경과 신앙을 다스리는 제례를 주관하는 동시에, 5월의 '수릿날(단오제)'과 10월의 '계절제(상달제)'를 연례적으로 성대히 치렀다. 단군 신화와 고조선 건국의 이념에서 비롯된 이들

열국의 경천적 농경 행사는 그해에 애써서 얻은 농산물에 대해 감사하는 오늘날의 추수 감사제인 '추석(한가위)' 명절로 이어졌다. 언제나 하늘에 감사하고 농경을 주도하는 농민을 위로하며 농산물을 함께 나누었다(구자옥, 2016).

남아프리카 코이산(Khoisan) 사람들은 뿌리 작물의 첫 수확을 마치고 감사제를 지낸다. 그 감사제는 특별한 날에 추장의 주도로 거행된다. 그때 추장의 기도문은 이러하다.

> "아버지, 저는 당신에게 갑니다. 당신에게 빕니다. 제발 저에게 양식을 주시고, 살아가는 데 필요한 양식과 모든 것을 주십시오."

멜빌(Melvile)섬에서는 우계(雨季)에 대한 세금을 낸다는 마음으로 얌(마) 축제를 갖는다. 그때는 특수한 얌을 사용하는데, 콜라마(Kolamma) 또는 쿨레마(Kulema)라고 한다. 표면에 털이 가득 나 있어 꼭 빗자루와 같다. 소년의 성기에 난 털처럼 보여서 마치 소년이 성장했다는 것을 상징적으로 알린다고 보고, 털이 많이 난 얌(마)을 가지고 성인례(成人禮)를 치른다.

여자도 같은 때 성인례를 치를 수 있다. 그런데 여자는 얌(마)을 만질 수 없고, 축제화(祝祭火, ceremonial fire)도 축제가 끝날 때까지 만질 수 없다. 이것은 그들의 풍습이다. 그때 부르는 노래는 다음과 같다.

> "얌(마)이여, 당신은 나의 아버지시다."

그 지방민들은 이렇게 축제를 치르면 여러 종류의 얌(마)이 잘 자라 풍성한 수확을 거둘 수 있다고 믿는다. 나이지리아에서도 동부 이보족들 중 얌(마)을 수확하는 농민들이 대대적인 감사의 축제를 매년 갖는다.

[그림 49] 서부 아프리카의 얌(white yam) 뿌리

[그림 50] 저자와 저자의 나이지리아 비서가 얌(마) 뿌리를 들고 있다. 저자가 들고 있는 마 뿌리는 남성 성기 모양이고, 비서가 들고 있는 마는 여성 성기 모양이다.

🌱 농업은 신성한 선물이다

농업은 모든 문명의 전통에서 신비스럽고, 근본적으로 성스러우며, 원초적이다. 농업은 여러 방법으로 우리에게 왔다. 다양한 환경하에서 여러 음식으로 그렇게 나타난 것이다. 이것을 모두 이해하기는 어렵다. 그러나 그 저변에 깔려 있는 목적은 이해가 간다. 지중해 연안에서 농업의 원조는 여신(女神)이다. 예를 들어 이집트 풍요의 여신(女神), 그리스 농업의 여신(Demeter), 로마 곡물의 여신(Ceres) 등이다. 중국에는 도끼 머리를 한 신농(神農)이 있다. 그가 땅을 일구어 곡식을 심고 김매는 법을 알려 주었으며, 처음으로 물물교환을 알려 주었다. 그리고 약이 되는 식물(Se-ma-Tsien)도 가르쳐 주었다. 오동나무를 깎아 거문고를 만들고 현을 만들어 악기를 켰으며, 신기하고 밝은 덕에 감사하고, 하늘과 사람의 조화에 화답했다. 멕시코에서는 깃털을 고른 뱀 또는 동물을 가장한 케찰코아틀(Quetzalcoatl)이 있다. 페루에는 그들의 아버지인 해가 보낸 잉카(Inca), 곧 비라코차(Viracocha)가 있다. 서부 아프리카, 특히 세네갈과 감비아의 디올라(Diola)

족의 전통 종교인 아와세나(awasena) 신봉자들이 아프리카 벼와 그들 혼령이 서로 연관되어 있다고 믿는다. 그 때문에 그들은 벼를 하늘이 조상에게 내려준 매우 귀중한 선물이라고 여긴다. 1550년대 브라질, 가이아나, 엘살바도르, 파나마에, 그리고 1784년경 미국에 노예로 끌려갔을 때 그들은 그 신령을 모셔 가려고 아프리카 벼를 곱슬머리 속에 숨겨 가서 재배했다고 한다.

[그림 51] 중국 고사에 나오는 삼황오제 가운데 염제 신농씨(神農氏)의 제사를 지내는 신농단(神農壇)이다. 높이 21m, 폭 35m. 중국 화중 지방(허난성, 후베이성, 후난성) 신농가 고산 지역(3,000m)

[그림 52] 중국의 신농씨

신농을 포함해 삼황오제(三皇五帝)가 모두 동이(東夷)의 선대 조상이다.

삼황(三皇)은 수인(燧人), 복희(伏羲), 신농(神農)씨 등이고, 오제(五帝)는 태호(太昊), 염제(炎帝), 황제(黃帝), 소호(少昊), 전욱(顓頊)이라고 《여씨춘추(呂氏春秋)》에 기록되어 있다.

청도(靑島)박물관의 동이문명소원(东夷文明溯源, 동이 문명의 근원을 거슬러 본다)는 제하(題下)의 글 밑에,
거금약(距今約) 7,000~3,600년(지금으로부터 약 7,000-3,600년 전)이라고 기록해 놓았다.
본문(本文)에는 거고적기재(据古籍记载, 고적 기재에 의하면)
상고시기동방민족피칭(上古時期东方民族被称, 상고 시기에 동방 민족을 이르기를),
위동이(为东夷, 동이라 하고),
청도지구위래이지지(靑島地区为萊夷之地, 청도 지구는 동이의 땅이다)
생활재청도지구적동이선민(生活在靑島地区的东夷先民, 동이의 선민들이 청도 지구에서 생활했다)
용근로지혜급해양지리적우세(用勤劳智慧及海洋地理的优势, 부지런하고 지혜롭게 일했으며, 해양 지리적으로도 뛰어난 세력이었다)
창조료구유빈해특정적(創造了具有滨海特征的, 창조적으로 바다와 물길에 맞는 특징을 갖춘 기구를 만들어 사용했다)

동이 문화(东夷文化)는
여조국각지적원시선민공동창조료화하민족찬란적사전문명(与祖國各地的原始先民共同创造了华夏民族灿烂的史前文明, 조국[중국]의 각지에서 원시적 선민들이 공동으로 창조한 화하 민족 문화의 찬란한 역사 이전 문명이다)
도춘추전국시기(到春秋戰國時期, 춘추 전국 시기에 이르러),
청도지구작제국속지(靑島地区作齊國屬地, 청도 지역이 제 나라에 속한 땅이 되었는데),

사회경제유료교쾌발전(社會經濟有了較快发展, 사회와 경제가 마침내 차이 없이 흔쾌하게 발전했다)
동이지역문화최종구입화하중원문명적거류지중(东夷地域文化最終汇入华夏中原文明的巨流之中, 동이 지역 문화가 최종적으로 중국의 화하 문명과 중원 문명의 거대한 흐름의 중심이 되었다)
라고 기술되어 있으니, 우리 동이 선조(東夷先祖)들이 산둥(山東) 지역뿐만 아니라, 중국 대륙(中國大陸) 문명(文明)의 근원(根源)이었음을 자신들이 증명(證明)하여 주는 진귀(珍貴)한 자료(資料)이자 기록(紀錄)인 것이다(雲軒 韓東億 선생 글. 한동억 선생의 호 운헌은 양주동 선생이 친히 지어 주셨다).

농업과 작물을 귀히 여긴 국가와 민족은 부강해졌고, 하찮게 여긴 국가와 민족은 빈곤해졌다. 미국과 러시아 그리고 일본은 작물 자원 빈곤 국가였으나 부강한 나라가 되었다. 브라질은 공업 원료인 고무나무, 카카오, 땅콩의 원산지이지만 빈곤 국가로 남았다. 전자는 다른 나라에서 작물 자원을 찾아 도입해서 귀히 여겨 재배한 나라들이고, 후자는 자기네 작물 자원을 소홀히 여겨 잘 이용하지 못한 나라다.

우리나라의 옛 농업사(農業史)를 보면 겉으로 보기에는 그럴듯하지만 내실이 없었다. 말로는 홍익인간, 농업을 중시하는 농본주의, 농자천하지대본, 왕도주의 농본치국이라 하고 정전제를 떠들어 대며 농사를 귀히 여긴다 했지만, 농사의 기본인 농토를 고관들과 부호들이 차지하고 진짜 농사를 짓는 농민들은 땀 흘려 농사지어 고관과 부호들에게 바쳐야 했다. 그리고 인사는 만사라 했는데 국가 제도에서 농사에는, 공조 소속 종6품 신화(화예조경 담당), 종7품 신과(과원 담당), 종8품 구신금(조류 담당), 종9품 신수(동물 담당 3명) 등 총계 7명과 병조 소속인 시복사에 종6품(마의[馬醫] 10명), 종6품 안기, 종7품 조기, 종8품 이기, 종9품 보기 등 총계 14명이다. 품관 없는 잡직에 (수령이 임명하는) 총 8명의 권농관이 있었을 뿐이며 품계

[그림 53] 일본 교토에 있는 후시미이나리 타이샤(伏見稲荷大社). 맨 마지막에 '도하대신(稲荷大神)'이라고 적혀 있다. 벼 풍작을 가져다주는 신이다.

[그림 54] 요즘 일본 부호들이 사업에서 성공하게 해달라는 소원을 담아 사찰에 봉헌한 것을 기둥 두 개와 서까래 하나로 표시하기 위해 세운 것이다. 무수히 많은데 거리가 아마도 500m는 될 것이다.

도 매우 낮았다. 가장 높은 품계가 종6품이다(김영진, 2017). 이렇게 국가 자원 분배(resource allocation)에서 농업에 인색해서야 어떻게 식량 자급을 기할 수 있을까? 그래서 보릿고개가 생기고 백성은 굶주림에 허덕였을 것이다. 농사는 저절로 되는 것이 아니다.

일본의 전통 신앙인 신도(神道)는 벼의 종교이다. 자연에 대해 겸허한 마음을 드러내고 벼의 곡령신(穀靈神)을 비롯해 벼농사에 은혜를 베풀어 주는 신령의 혜택을 느끼면서 숭배한 것이다(이종훈·太田保夫, 1994). 일본 교토에는 도하대사(稲荷大社)가 있다. 교토에 있는 도하대사가 일본 총본부라고 한다. 벼를 상징하는 곡령신, 농경신을 모시는 곳이다. 도하(稲荷)란 귀한 먹거리를 주는 신으로, 벼를 운반하는 신상(神像)의 모습을 따서 도하라고 했다. 원래는 벼농사가 풍년이 되어 노적가리가 가득 쌓이기를 기원하는 사찰인 것이다. 다시 말해서 생명과 부를 가져다주는 벼의 소출이 많아지기를 기원하는 곳이다. 일본 사람들은 맛있는 쌀밥을 주는 벼에 고마워한 나머지 벼를 신(神), 더욱이 대신(大神)으로 여겼다(위키피디아). 우리가 전해 준 벼를 일본에서는 신으로 추종한 것이다. 도하대사가 요즘은 상공업 사업에서 성공하기를 기원하는 곳으로 변했다. 그런데 우리 조상들은 벼를 어찌했는가? 조상의 제사상에 쌀밥을 지어 제일 앞자리에 올려놓는 것이 고작이었다(이종훈·太田保夫, 1994).

중국 사람들과 아프리카 말리, 감비아, 기니 등의 사람들도 벼를 신격화해서 위했다. 그처럼 벼는 매우 귀하고 신비한 작물이다. 작물 없이는 인간 생명을 유지할 수 없다고 여기기 때문에, 인간 생명을 지켜 주는 벼를 초자연적 존재와 연계하고 있다.

🌷 순화란 무엇인가?

옛날에 많은 사람들은 인간 문명이 3단계의 개발(three-phase development)을 일조(一組)로 해서 발전한다고 생각했다. 첫 단계로 수렵인(狩獵人)이 되었고, 그 다음에 유목인(遊牧人)이 되었으며, 끝으로 재배인(栽培人, cultivator)이 되었다. 세이너(Carl O. Saner, 1952)는 지리학자인데, 영양 번식(vegetative propagation) 농업이 종자 번식 농업보다 선행했다는 한(Edward Hahn)의 아이디어를 다윈의 견해와 접목해서, 이를 그의 이론적 근거로 삼아 농업의 요람을 지키려고 했다. 그는 어업(漁業)인들에 의해 정착 생활이 가장 잘 발전되었다고 생각했다. 그래서 좋은 기후에 신선한 물(해수가 아니라 육지의 물)이 있는 곳에서 사는 어민들을 가상했다. 그렇게 신선한 물을 택한 근거로는 이런 이유가 있었다. 즉 해변가의 식생(植生)은 농업에 기여한 바가 적기 때문이었다. 이 사실을 염두에 두고 그는 동남아시아가 가장 오래된 농업의 용광로라고 제안했다. 거기에서부터 농업 체계가 발전해서 중국으로 퍼져 갔고, 인도와 근동을 거쳐 서쪽으로 지중해 연안과 아프리카로 퍼져 갔다고 했으며, 마지막으로 서부 유럽에 전래되었다고 했다. 앤더슨(Edgar Anderson, 1954)은 이렇게 생각했다. 강은 잡초를 증식하는 곳이다. 당시의 인간들은 초기에 자갈밭 또는 늪지대에 터를 잡아 정착했고, 인간을 따라 이동해 온 많은 식물들도 함께 정착했을 것이다. 2차 어부들의 부엌을 살펴보면 잘 알 수가 있듯이, 그런 강력한 식물들이 육지의 강에서 떠내려와 정착하기 시작했을 것이다. 그리고 고산지(高山地)에서 흘러내리는 강물을 따라 종자와 과일이 떠내려와 발아했고, 때로는 인근 호수라든지 섬에서도 흘러와 정착하여 번식하기에 이르렀을 것이다.

사우어(Sauer)와 앤더슨(Anderson)의 주장에 따르면, 2차 어부들은 세계 여러 곳에서 나타났다. 그러나 빈포드(Binford)가 암시한 바에 따르면, 그 어부들은 순화를 시작한 것이 아니라 그들에서 떨어져 나와 이미 정착 생활을 한 수렵인들과 채집인들이 모여 사는 지역에 와서 살게 된 사람들이 식물의 순화를 시작했을 것이라고 보았다. 그런 다음 어부들은 식품 위기가 있기 전에 집단적으로, 보다 좋은 천혜적 환경의 지역을 찾아 이동해서 살게 되었을 것이라고 보았다. 어부들은 그렇게 하면서 한곳에 정착하게 되고, 안정된 생활을 했을 것이다. 그렇게 살다가 이미 정착해 살고 있는 사람들이나 유목인들과 마찰과 갈등을 겪으면서 비로소 자구책으로 식물을 재배하기 시작했을 것이다. 이렇게 초기 농업에 대해 명확히 살펴보면, 아주 오랜 세월을 거쳐 정착 농업이 발전했고 기술 개발을 통해 급기야 효과적인 농법을 개발했음을 알 수 있다.

순화란 무엇인가? 오랜 기간 여러 단계를 거쳐 가면서, 인간이 다양한 식물 가운데 원하는 식물을 선택해서 인간 욕구에 맞도록 새로운 유전적 구성의 작물로 만드는 활동이다. 또 이렇게도 정의한다. 하나의 그룹이 지속적으로 여러 세대에 걸쳐 다른 그룹에서 예측할 만한 재원 공급을 받고

자, 다른 그룹의 번식과 보호에 특별한 영향을 미치는 관계를 순화(馴化, domestication)라고 정의한다. 순화는 인간이 원하는 방향으로 변화를 이끄는 것이고, 자연 도태 또는 자연 선발(natural selection)은 자연이 이끄는 방향으로 변하는 것이다.

다윈은 처음으로 두 가지 순화 방식이 있음을 알렸다. 한 가지는 인간이 원하는 형질을 의도적으로, 다시 말해서 인위적으로 선발할 수 있는 선택 육종(conscious selective breeding)으로 순화를 가져올 수 있고, 다른 하나는 무의도적인 자연 선발을 통해 부산물(by-product)로 원하는 형질을 가진 것을 선발하여 순화를 가져올 수 있음을 처음으로 알렸다. 의식적인 선발은 필요한 형질을 인위적으로 골라내어 순화하는 것으로 적극적인 현대의 육종이고, 무의식적 자연 선발은 자연이 이루어 내는 형질 가운데 필요한 형질을 가진 것을 골라내어 이루는 순화다. 의식적 선발에 따르면 인간이 계획적으로 단시일 내에 순화로 이끌 수 있고, 무의식적 선발에 따른 순화는 완전히 자연에 의존해야 하기 때문에 방향성이 없고 장시간이 소요되고 확실성이 없다. 쉬운 예를 들어 설명하면, 야생 개(늑대)를 선택하여 애완용, 사역용, 경호용으로 삼기 위해 집 안으로 들여와 변화시켜 길들이는 일을 순화라고 할 수 있다.

순화의 과정은 인간 활동을 통해 식물에 유전적 변화를 가져다주었다. 종자 번식 작물의 경우 유전적 구성은 자연적으로, 그리고 수확된 종자를 다시 심는 과정으로 변화했을 것이다. 인간이 수확물을 심으면 강력한 선발 압력(selection pressure)[7]을 가하게 된다. 선발 압력이 생기면 필연적으로

---

7 선발 압력(selection pressure), 자연 상태로의 식물 집단은 대개 정규 분포(normal distribution)를 보인다. 이런 자연 분포를 보이는 집단에서 인간이 예를 들어 보리의 키가 상위 1%의 것, 또는 하위의 것을 선발하여 그것을 심는다면, 새로이 발생하는 차세대 집단 분포의 평균치는 원래의 집단 평균치보다 크거나 작거나 한다. 원래의 집단에 선발 압력을 가했기 때문이다. 원래의 집단 평균치와 새 집단 평균치와의 차로써 선발 압력의 효과를 측정한다. 인류 최초의 중국 최고 농서(最古農書)인《범승지(氾勝之)》의 원저《범승지서

인간에게 필요한 수확물의 형질, 즉 탈곡성이라든가 종자 휴면성, 중간의 성장(균일한 성장), 성숙기 등의 형질을 가진 것을 택해서 심기 마련이다. 종자가 큰 것을 찾는 것은 통상적이지만 모두 그런 것은 아니다. 씨앗이 빨리 발아해서 빨리 자라는 형질을 선호하는 것이 일반적인 경향이다. 그렇게 되면 식물의 다음 세대에 그런 형질을 전수하게 된다. 종자에서 나오는 묘본(苗本)이 왕성하게 자라는 것은 종자의 크기와 밀접한 관계가 있고, 종자의 크기는 저장 에너지와도 긴밀한 관계가 있다.

인간은 여러 색깔, 향기, 저장성, 영양가, 식미(食味), 가공 난이도 등을 고려한다. 이 때문에 인간이 가장 많이 이용하는 식물 부위는 제일 크게, 그리고 빨리 변화된다. 인간이 화곡류(禾穀類)에서 원하는 것은 종자와 실생(實生)이고, 두과류(豆科類)는 종자와 꼭지다. 얌(마)은 괴경(塊莖)의 크기다.

따라서 순화는 지속되는 과정이지 단번으로 끝나는 일이 아니다. 순화 과정은 기간 내에 가해지는 여러 범위와 강도에 달렸다. 그리고 작물이 재배되는 한 순화는 계속 진행될 것이고, 앞으로도 무한정 지속될 것이다. 이 과정이 얼마나 오래 지속될지는 아무도 모른다.

이상에서 살펴본 것처럼, 순화 과정은 작물이 인간에게 완전히 의존 상태에 놓이는 이상 계속될 것이다. 이런 상태에 이르면 작물은 완전 순화에 도달하게 된다. 그러나 작물이 재배되는 한 그 중간 상태에 이르는 것도 있을 것이고, 계속 전환이 진행되는 상태에 놓이는 것도 있을 것이다.

(氾勝之書)》에 따르면, 기원전 1세기에 '씨 뿌릴 보리(麥)의 씨앗을 골라 받는 요령(選種要領)'을 이렇게 기술했다. '보리가 여물어 갈 무렵 보리밭에 나아가서 꼴을 지켜보다가, 그 가운데 크고 튼실한 이삭을 가려서 잘라 모으고 묶어 말린다(擇穗大强者). 이것을 두었다가 알맞은 때가 되면 꺼내어 씨를 뿌리면 소출은 늘 배가 되기 마련이다.' 이것은 2,100년 전 보리에 선발 압력을 가했다는 기록이요, 최초의 선발 육종의 기록이다.

🌱 채집(採集) 생활을 넘어서 정착 농업으로

블랙(Black, 1971)은 여러 농업 체계에서 투입과 생산에 관계되는 일련의 내용을 연구·발표했다. 효율적이고 근대적인 기계 농업은 자부심을 가질 만한 일이지만, 사실 재활 가능한 자원이 아니라 오히려 에너지를 낭비하는 것이다. 블랙이 사용한 전환치(conversion figure) 개념을 적용하면, 할란 박사는 터키에서 수확한 야생 밀의 경우 투입 에너지 1kcal에 대하여 수확량은 대략 50kcal가 나왔다고 했다. 그것은 이제까지 투입과 생산 성적에서 다른 농업보다 훨씬 더 효율적이다. 보다 정확하고 많은 연구가 뒤따라야 하겠지만, 여기에서 경작 방법에 따라 식량 공급을 증가시킬 수 있다는 증거는 이미 고고학적으로 또는 민족 지리학적(ethnographical)으로 충분히 제시되고 있다. 대체로 농업은 집약화하면 할수록 단위 식량을 증산하기 위해 할 일이 더 많이 늘어나야 한다. 그래서 농업 기원을 이해하려면 인간이 식량을 얻기 위해 에너지를 더 증가할 용의가 있다는 상황을 주시해야 한다. 이 때문에 채집인들은 농사를 선호하지 않아 농사를 받아들이기 힘들었을 것이다(Jack Harlan, ASA, 1975).

🌱 정착 농업(定着農業)

그리스인들은 '농사짓는 법을 배우기 이전에 인간은 야생 짐승처럼 살았다'고 했다(하인리히 E. 야콥, 2005). 원초적 인간이 짐승처럼 살기를 면하려면 하늘과 땅을 가름하는 우주 질서에 따라 살아갈 곳을 찾아 거기에 정착하고 우선 먹을 것, 곧 식물(木)을 발견해야 했다. 그리고 물(水)과 불(火), 기름진 땅(土)이 있어야 했다. 또한 그들이 발전하는 데 필요한 금(金)이 있어야 했다. 물론 햇빛을 충분히 쪼이는 것을 전제로 한다.

우리가 살고 있는 지구는 태양을 구심점으로 자전과 공전을 거듭하고 있는 하나의 별이다. 지구의 원소는 물, 나무, 불, 흙, 쇠의 오행(五行)으로 이루어져 있다고 한다. 오행이 처음 쓰인 것은 중국 은나라 때《서경》의 '홍범구주'에서부터다. 홍범은 기자(箕子)가 무왕에게 간한 글로 전해진다. 여기에 다음과 같은 기록이 있다.

오행의 이치의 1번이 수(水)다. 곧 물이다. 2번의 이치가 화(火), 곧 불이고, 3번의 이치가 목(木)으로 식물을 의미한다. 4번째가 금(金)이다. 금(金)의 성질은 변화무쌍하여 우리 인류 사회에 발전을 주었다. 5번째 이치가 토(土), 곧 땅이다. 이 오행의 섭리에 맞추어 하늘의 뜻을 따라야 하고, 경천 의식을 따라야 한다. 이것이 인류 삶의 기본이다. 여기에서 땅이 한가운데에 있다.

우리 인류는 아주 먼 선사 시대부터 흙에서, 곧 땅에서 살면서 열매와 식물을 채취해 삶을 누렸다. 그러다가 흙에 의존해 살면서 흙에서 삶의 지혜를 얻어 농경 생활을 시작했다. 정착 농업이란 고대 인류가 이렇게 만물을 주는 어머니의 품과 같은 땅에 터전을 정하고 농경 생활을 시작했음을 알려 준다. 이렇게 인류는 정착 농업을 시작하며 짐승과 같은 삶에서 벗어날 수 있는 농경 문화를 시작하게 되었다(노영준, 2006).

원초적 인간에게 나무, 흙, 물, 불은 정착 농업의 기본적인 필요조건이다. 인간이 정착 농업을 시작할 때도 우주의 원리를 따라야 했다. 식물을 선택하고, 그 식물이 자라게 하려면 땅이 있어야 하고, 물과 온도 변화가 필요하며, 모든 조화의 햇빛이 쪼여야 한다. 다음엔 인간이 살아갈 거처를 마련하는 것이다. 거처를 정한 다음에는 불이 있어야 한다. 불이 있어야 음식을 가공해서 먹을 수 있다. 농사를 지어 작물을 가공해 먹자니 기구, 곧 쇠가 필요했다. 밀과 보리를 찧어 가루로 만들어 빵을 구워 먹자니 맷돌과 화덕이 필요해졌고, 벼와 보리를 찧고 삶아서 먹자니 솥이 필요했다. 그리고 밭을 갈고 곡식을 거두어들이자니 쇠로 만든 보습과 낫이 있어야 하기

[그림 55] 아프리카의 부엌. 돌(土) 세 개와 냄비(金), 냄비 속에 콩(곡물)과 물(水). 그리고 나무(木)와 불(火) 또 연기

에 쇠가 필요해졌다.

이렇게 지내면서 식구가 늘어 분가하고 이웃이 필요해지자 여럿이 함께 어울려 사는 부락을 형성하기에 이르렀다. 이렇게 정착 농업이 자리를 잡은 것이다. 사시사철 먹을 것이 늘 있는 곳에서는 굳이 정착하지 않아도 된다. 그런 곳에서는 여기저기 옮겨 다니면서 채집하며 살아갈 수 있어 정착이 필요 없다. 인류의 정착 농업은 인구가 증가하면서 보다 확실한 먹거리를 확보하기 위해 시작했을 것이다.

꿀벌은 아프리카 열대 지방이 고향이다. 그곳에서는 밀원이 풍부하여 떼 지어 여기저기 밀원을 찾아 옮겨 다니면서 살아갈 수 있으므로 한곳에 오래 정착해 살아가지 않는다. 따라서 꿀을 한번에 많이 저장하지 않는다.

[그림 56] 아프리카 꿀벌은 집을 짓지 않고 여기저기 옮겨 다니기 때문에 꿀을 많이 저장하지 않는다.

1976년 브라질 아마존강 주변 마나우스시에서, 아프리카 꿀벌을 도입해 유럽의 꿀벌과 교배하는 방법으로 꿀벌을 개량한 곤충학자를 만났다. 미주에는 원래 꿀벌이 없어서, 브라질에서도 열대 지방에 알맞고 꿀을 생산할 수 있는 꿀벌이 필요해서 개량한 것이다. 그런데 이 꿀벌이 너무 번식력이 강하고 공격적인 살인벌(killer bees)이 되어 북미 양봉업에 타격을 주고 있다.

그리고 아프리카 산고릴라도 여기저기 다니면서 먹고, 저녁이 되면 매일 잠자리

를 만들어 자고, 다음 날 또
다른 곳으로 이동하면서 한
곳에 정착해 살아가지 않는
다. 철새도 마찬가지다.

그러나 흰개미는 무리
지어 한곳에 정착해 집을
짓고 분가하면서 오랫동안
살아간다. 흰개미는 아프
리카의 매우 덥고 건조한
곳에서 찰흙을 끌어 올려

[그림 57] 산고릴라를 보기 위해 르완다 비소케산에
올라갔지만 마침 고릴라가 옆 나라 콩고에 마실 가서
볼 수 없었다. 산고릴라의 분비물과 잠자리만 보았을
뿐이다.

그들의 타액으로 단단히 집을 짓는데, 그 내부는 공기가 매우 잘 통하게 설
계되어 있다.

중부 아프리카 숲속에 산재해 살고 있는 피그미족은, 정착 농업을 하지
않고 옮겨 다니면서 채집과 수렵 생활을 하며 살아간다.

[그림 58] 아프리카 나이지리아 북부에 있는
흰개미집(사진 속 인물 제공)

[그림 59] 아프리카 나이지리아 동부에 있
는 흰개미집. 3층집이다.

[그림 60] 아프리카 탄자니아 아루샤 근방에 있는 흰개미집

[그림 61] 아프리카 중부 산속에서 살고 있는 피그미족의 생활 방식. 여기에도 화덕이 있다. 불로 음식을 해먹는다는 증거다(위키피디아).

[그림 62] 아프리카 중부에 살고 있는 피그미족은 산 넝쿨나무를 잘라 거기서 나오는 수액을 마신다(위키피디아).

❦ 목숨을 살리기 위해서는

　인간이 정착해 살아가며 생명을 유지하기 위해서는 우선 살아갈 전략을 세워야 했다. 그래서 땀 흘려 가며 땅을 일구어 재배 식물을 심고 가꿔서 거두어들이는 고된 농사일을 했다. 구약 성경에 '땅은 너 때문에 저주받았고, 너는 사는 동안 줄곧 고통 속에서 땅을 부쳐 먹으리라(창세기, 3:17)'라고 했다. 이 때문에 고된 농업을 저주라고도 했다(하인리히 E. 야콥, 2005). 성경은 구원으로 점철되어 있으므로, 사람의 생명을 살리는 농업이 절대 저주가 될 수 없다. 농업은 저주가 아니라 죄 지은 인간을 가엽게 여겨 속죄하도록 해서 구원을 받게 하기 위한 보속이다. 하느님께서 말씀하시기를 '이제 내가 온 땅 위에서 씨를 맺는 모든 풀과 씨 있는 모든 과일나무를 너희에게 준다. 이것이 너희의 양식이 될 것이다(창세기, 1:29)'라 했고, 또 성경에 예수 그리스도께서 쟁기질하는 일, 씨 뿌리는 일, 밀밭의 잡초(가라지), 포도와 무화과에 대한 말씀, 거두어들이는 일, 저장하는 일 등 농업적 비유를 사용한 말씀으로 구원의 꿈을 꾸게 하셨다. 그리고 물고기 2마리와 5개의 빵으로 5,000명을 배불리 먹인 기적을 행하셨다(마태복음, 14:13~21).

　벼를 심는 것이 좋지만, 싫어도 하는 수 없이 보리도 심고 감자도 심고 메밀도 심고 옥수수도 심어야 했다. 춘궁기에는 먹기 싫은 보리밥을 먹어야 했고, 맛없는 통일벼 쌀밥을 먹어야 했으며, 콩밥도 먹어야 했다.

　강원도 산골 사람들은 화전을 일구어 메밀, 감자, 조, 옥수수를 심고 수확·가공해서 싫으나 좋으나 어쩔 수 없이 메밀수제비, 감자밥, 옥수수를 쪄 먹으며 끼니를 때워야 했다(강원도에서 메밀은 멧돼지 피해를 보지 않는다고 한다). 왜냐하면 옛날 강원도 산간 지역에서는 그곳의 조건에 알맞고, 특히 저온에 강한 조숙성 작물밖에 심을 것이 없었기 때문이다.

　어린이 입맛이 인간의 진짜 입맛이다. 어른들의 입맛은 변질되었다. 없으면서 있는 척해야 했고, 자제해야 했고, 억눌러야 했고, 참아 내야 했다. 먹고 싶어도 못 먹었다. 소금, 고추, 생강, 후추 등의 향신료는 기본적으로 양식이 되는 것이 아니다. 다만 인간의 입맛을 속이기 위해 필요한 것이다. 요리? 그것은 인간에게 기본 맛을 속이기 위한 수단이며 은폐하기 위한 것이다. 결과적으로 입맛을 증진하고 영양가를 높이는 일이지만 말이다. 저장해야 한다. 겨울철 먹이를 확보하기 위해서다. 그리고 가공해야 한다. 먹을 수 있는 형태로 바꿔야 하기 때문이다.

왜 미국과 러시아 탐험가들이 식물 탐험에 나섰을까?

미국 정부와 소련 정부는 19세기부터 20세기 초에 걸쳐 국익과 국가 부강, 국민의 안위를 위해 식물 탐험가들을 중국과 한국, 중앙아시아와 중동 지방에 파견했다. 그들은 왜 중국과 한국 그리고 중앙아시아와 중동에 있는 작물들을 집중적으로 조사하고 수집해서 연구했을까?

이곳에 그들에게 필요한 유용 식물 자원이 풍부했고, 기후 조건이 그들의 기후 조건과 서로 같기 때문이다. 그리고 그들에게 없는 우리의 식물들이 그들의 미래 국가 제1차 산업 발전에 유익할 것이라 판단하고 확신했기 때문이다. 그들은 이것을 2세기 전에 벌써 내다보았다.

미국과 소련은 원래 작물 자원 빈곤 지역이다. 그래서 현재 재배되는 작물은 미국에서는 해바라기, 소련에서는 밀과 보리, 귀리를 빼고는 거의 다 외국에서 도입한 것들이다. 한국과 중국에서 들여온 콩과 벼가 그들의 주종 작물이 되었다. 미국에서는 밀과 보리, 호밀, 귀리 등과 사과, 배, 복숭아 등의 과일이 모두 중앙아시아와 중동 지방에서 도입한 것이다.

한국과 중국의 역사에는 국가가 계획적으로 국민에게 이로운 작물 관련 사업을 했다는 기록을 보지 못했다. 고작해야 문익점이나 조엄과 같은 사신들이 타국에 가서 목화를, 또 고구마를 도입했다는 것밖에 없다. 말 그대로 우물 안 개구리였다.

바빌로프 박사의 1929년 한국 탐방기

세계식물자원위원회(IBPGR)가 바빌로프 박사 탄생 110주년 기념으로 출판한 책에 실린 것이다.

바빌로프 박사가 1929년 부산에 입항하여 신의주로 가면서, 서울 등지에 들러 밀, 콩, 팥, 녹두, 동부, 호박 등을 조사·수집했다. 이 수집품들은 오늘날에도 러시아 바빌로프 연구소에 보존되어 있다(한국 토종 농작물 권위자 안완식 박사).

[그림 63] 바빌로프 박사

한국은 1904년 일본에 점령당했다. 한국은 중국이나 일본과 다른 그들 고유의 언어와 전통이 있다. 한국인의 의복, 풍습, 생활 양식, 심리는 특이하다. 그들은 백의(白衣)와 까맣고 작은 모자를 머리 일부분에만 착용하는데, 이것은 한국인의 공통점이다. 무엇이 이 지역을 그렇게 갈라놓았는지 알 길이 없다. 다만 지리적으로 근소하게 격리되어 있음에도 그렇게 특이함은 진정 신기한 사실이다. 지난 10년간 강도 높은 일본화(japanization)가 추진되었다. 모든 주산업은 일본인의 손에 들어갔고, 한국인은 주로 농업에만 의존하고 있다. 50만 인구의 대도시 수도 서울을 가로질러 갔다.

총영사와 함께 계획된 일정에 따라 한반도 전체를 종횡으로 탐방하면서, 단기간 내에 여러 작물을 조사하고 가능한 한 많은 작물 표본을 수집해서 한국 농업의 독특함을 이해하고자 했다.

한국은 국토의 상당 부분이 아직도 경작되지 않았다. 내륙으로는 침엽수(소나무)가 숲을 이루고 있다. 작물의 구성은 인근 나라와 같이 벼와 콩이 주를 이룬다. 팥(*Phaseolous angularis*[야생] W. E. Wright: 현재는 *Vigna angularis*[야생] Ohwi & H. Obashi)의 여러 품종을 얻었다. 과수 재배는 주로 감(*Diospyros kaki* L.), 대추(ju-ju, jujube *Zjzyphus jujuba* Mill)가 주종목이다. 후자는 중국과 한국에 널리 분포되어 있다. 생으로도 먹을 수 있고 말려서도 먹을 수 있다. 건조한 상태로는 맛이 대추야자(dates)와 같아서 흔히 중국 대추야자(Chinese date)라고 알려졌다.

중국 남부 지역과 달리 한국은 아직도 개발되지 않은 지역이 많다. 새로 길을 만들어야 하고, 산은 가치 없는 수종을 제거한 다음 개량 수종으로 바꿔야 하겠다. 그리고 관수(irrigation)가 절실히 필요하다. 내륙으로 들어가면 풍광이 더 원시적이다. 경작지를 지나면 여러 야생 과일나무가 자리 잡고 있다. 여기는 아직도 야생 상태에 있어서 야생종에서 재배종에 이르기까지 모든 단계를 볼 수 있다. 그러므로 여기에서 상당히 많은 중국 재배 작물의 기원을 살펴볼 수 있다. 이 지역에서는 아직도 작은 종자를 가진 것과 깍지가 터지는(dehiscing) 콩을 볼 수가 있다. 이 콩은 일찍이 동부 러시아에 도입된 형태의 콩과 근연종(近緣種)이다.

서울에서 나는 미국에서 온 몇몇의 식물 도입 동료들을 만났다. 그들은 도르셋 박사(Dr. Palemon Howard Dorsett, 1862~1943)와 모르스 박사(Dr. William Joseph Morse)인데, 워싱턴에서부터 알고 지냈다. 모르스 박사는 콩에 대한 유명한 단행본을 쓴 저자다. 그리고 캐나다 밴쿠버에서 온 식물 도입가 파이퍼 박사(Dr. Charles V. Piper, 1867~1926)도 만났다. 파이퍼 박사는 전 생애를 콩 연구에 헌신한 학자다. 또 중국과 한국 그리고 만주와 일본에 대해 공부했고, 미국 농무성을 대신해 콩을 연구했다.

[그림 64] 파이퍼 박사
(위키피디아)

앞서 말한 대로, 콩과 벼는 중국과 한국 농민들의 기본적 주식 작물이다. 그리고 일본에서도 상당히 중요하다. 서양의 옥수수처럼 여기서도 단백질의 특성을 잘 이용하면 콩에서 여러 종류의 식품을 만들 수 있다. 치즈, 두부 등 10여 가지의 식품을 콩으로 만든다. 콩나물(sprouts of soybeans)은 비타민이 풍부하고, 일본의 모든 시장에도 있다. 콩은 고기, 쌀에 보탬이 되고 물론 좋은 기름도 제공하며, 마가린과 그 밖에 공업 목적으로도 쓰인다.

콩은 몬순 기후에 적응되어 있지만 지난 수십 년간 전 세계에서 중요한 작물로 널리 재배되고 있다. 유럽과 미국의 수요 증가로 상당히 넓은 면적에서 재배되었다. 지난 20년간 만주에서만 700만 정보에서 재배되며 전 세계적으로 1,500만 정보에서 재배되고 있다. 생물학적 특성과 다른 특성의 변이로 보아 이보다 더 효용성 있는 식물은 없을 것이다. 콩의 품종은 수천 개로 추측된다. 현재 미국에서는 더 많은 콩 품종을 수입했다. 콩 품질의 창시자 파이퍼 박사가 남긴 과제를 계승하면서, 모르스 박사는 콩에 대해 철두철미하게 연구했다. 그처럼 철저히 지속적으로 완벽하게 연구하는 것이 미국 식물 도입자들의 특징이다. 그런 접근법을 실행한 사람 중에 마이어(Frank Mayer)가 있다. 그는 9년간 중국을 공부했고, 미국을 위해 가치 있는 모든 것을 수집했다. 그러다 1913년 양쯔강에서 사라졌다. 그와 똑같은 접근법이 칼톤(Carlton)에게서도 잘 드러났다. 그는 미국 정미가들의 보수성에도 불구하고, 러시아에서 널리 재배된 경질 밀(hard wheat)을 성공적으로 미국에 도입했다.

스윙글(Swingle)도 동등한 업적을 거두었다. 그는 중국 연구의 결과를 널리 이용토록 조직했다. 중국 문화에 대한 가치 있는 서적을 모은 도서관을 건립했고, 번역사(飜譯士)를 확보했다. 그래서 고대 중국의 작물학적 과학의 보고를 세상에 활짝 열어 놓았다. 이 같은 노력의 결과는 지난 몇 년 동안 현저했다. 중국은 미국 전역의 환경 조건과 대등해서 지난 수년간 콩을 널리 생산하고 보급할 수 있게 했다. 콩의 재배 면적은 1,500만 정보에 달한다.

모르스 박사는 부인과 딸과 함께 이 도시 저 도시로 옮겨 다니며 가장 좋은 호텔에 투숙하면서 지냈다. 도르셋 박사는 베테랑 식물 도입가로 최근에 70세 생일을 맞이했는데, 모르스 박사의 동반자였다. 그의 취미는 감 수집이다. 지난 수년 동안 중국, 한국, 일본에서 수천 킬로미터를 여행하며, 감의 가장 좋은 계통을 선발했다. 감은 서구의 사과와 같은 위치에 있다. 도르셋 박사에 따르면, 감의 주된 원산지는 의심 없이 중국이다. 감의 형태는 끝이 없을 정도로 많다. 감은 촌락마다, 거의 집집마다 다른 종류가 재배된다.

도르셋 박사는 먼저 다양한 형태의 감을 찾은 다음 그중에서 열등한 감은 버리고 가장 좋은 몇몇을 선발한다. 도르셋 박사는 여러 종류의 생생한 감의 사진을 꺼내어 보여 주었다. 감은 생으로 양식으로도 쓸 수 있고, 완숙하면 홍시가 되어 젤리(jelly)같이 이용할 수도 있다. 특히 1월달에 얻으면 매우 좋다. 그는 지난 겨울 중국에서 발견한 사실을 흥분하며 말했는데, 지난 1월에 감나무 밑에 떨어진 것을 채취해 먹어 봤더니 꼭 젤리와 같은 식감이었고, 아이스크림과 같은 향기를 발견했다고 한다. 그의 의견으로는 이보다 더 좋은 과일을 생전 먹어 본 적이 없다는 것이다. 도르셋 박사는 그 계통의 접목된 감을 귀하게 여겨 워싱턴으로 보냈고 이렇게 주장했다. '식물 도입가들은 수천 년에 걸쳐 지혜를 얻은 중국 농민들의 경험을 연구해야 하며, 우리는 그 가치를 몰라서 이용하지 못했다.' 이처럼 특별한 중국 문명을 겨우 알게 된 우리에게 도르셋 박사는 중국 농민의 지속성, 육체적 노동, 자연스러운 재능에 대해 격찬했다. 감 외에도 도르셋 박사는 관상 식물을 수집했다. 특히 수목과 관목에 대해 연구했다. 그는 9년 간 중국의 관상 수목을 연구하고 채취한 사람으로, 《중국, 가든의 어머니 (*China, Mother of Garden*)》라는 훌륭한 책을 펴냈다. 미국 과학자들이 중국에서 식물을 도입한 작업은 특별하다. 그들의 연구 결과를 우리도 상당 부분 이용했다. 미국 식물 육종학자 머튼로우(Merton-Low) 교수와 헤이스(H. K. Hayes) 교수는 난징 근교에서 수년을 보냈다. 거기서 중국 식물 육종학자들과 함께 지방 재래 식물에 대해 연구했다[헤이스 박사는 미국 미네소타 대학의 작물 및 식물 육종학과의 교수 및 과장을 지낸 분으로, 《작물 육종 방법론 (*Method of Plant Breeding*)》이라는 저서를 펴낸 대육종학자였다. 저자가 미네소타에 유학 갔을 때 박사님 댁을 찾아가 인사드렸더니, 언제 함께 식사하자고 해서 맛있는 음식을 대접받기도 했다. 박사님과 함께 사진도 찍었는데, 여기 한국에 없어 책에 싣지 못해 유감이다].

한국의 서쪽에서 서울로 돌아오며 촌락 길가에서 정부의 인삼 재배 농장에 갔다. 전설적인 작물인 인삼(*Panax ginseng* C. A. Mey)은 모든 질병의 치료제다. 인삼과 관련해서는 신비로운 이야기가 많다. 인삼의 뿌리는 괴상한 모양을 드러낸다. 왜냐하면 뿌리가 토양의 장애물 때문에 여러 모양을 형성하기 때문이다. 뿌리는 때로 인간의 모습으로 보이기도 한다. 남자 모양이나 여자 모양도 만든다. 야생 인삼은 특히 가치가 있다. 산삼을 찾는 이들은 숲속에 가서 선홍색의 뿌리를 찾는다. 인삼은 건조한 상태나 찐 상태로 사용한다.

일본 고관은 이렇게 흥미로운 식물을 재배했을 때 얻는 이점을 신속히 이해했다. 미국 작물학자도 인삼 재배법을 연구했다. 나는 상세한 재배법을 배울 수 없었는데, 왜냐하면 비밀이기 때문이었다. 그러나 주마등처럼 스쳐 갔어도 다소간 기초적인 사항을 대략 살펴볼 수 있었다. 인삼은 세심하게 준비된 토양에 심는데, 거름을 많이 주고 붉은 갈대를 엮어서 덮어 그늘지게 해서 재배한다. 아마도 적색 광선이 뿌리 성장에 좋은가 보다.

부유한 사람들은 식사 후에 인삼을 대접한다. 나도 몇 번 먹어 보았다. 냄새가 그렇게 좋지는 못했고, 약간 단맛도 있으나 거의 무미했다. 아마도 기적적인 효과에 대한 신념이 있어야 하는가 보다. 나는 그러한 신념이 없어 모두가 자랑하는 인삼의 특별한 효과를 체험하지 못했다.

서울 상점에서 미국산 인삼(*Panax quinquefolius* L.)을 볼 수 있었다. 미국 식물도감에서 인삼을 찾아보고 알게 된 것은, 실리적인 미국인들이 중국 시장을 노리고 인삼 재배를 도입했다는 사실이다. 인삼 전문가들은 한국산, 특히 야생 인삼을 선호한다. 미국산 인삼을 써보고서는 그에 대한 호감이 사라졌다. 왜냐하면 미국산 수입 인삼보다 동양의 재배종에 대한 선호도가 높기 때문이다.

서울은 산업과 농업에서 성공을 거두었는데, 놀랄 정도로 발전한 금은 가공과 관개 시설을 위한 새로운 산업 덕분에 괄목할 만한 결과를 보여 준다. 혼응지(papier-mache)로 만든 매우 뛰어난 장난감 모델(toy-models) 덕분에 눈호강을 할 수 있었다. 이것은 소규모의 전기 모터로 기계화할 수 있을 것이다. 이 분야에서 한국인과 경쟁할 수 있는 상대는 없을 것이라고 감히 말할 정도로 확실히 한국 산업이 발전했음을 알 수 있었다. 제철 분야의 상당한 발전과 면화 재배와 농업 발전에 커다란 가능성을 보여 주는 놀라운 모습이다.

동아시아에서 내 탐험 일정은 한국에서 끝났다. 이를 통해 신장성과 대만, 한국, 그리고 일본 등 주변의 문화를 알게 되어, 이 지역 중요 문화의 완전한 창시성에 대해 다음과 같은 결론을 얻었다.

동아시아는 재배 식물이 가진 절대적 특수 구성 요소, 특이한 농업 형태, 완전 독립적인 고대 동아 센터(East Asia Center)로서, 식물의 독립종과 속(屬)에 기초한 농업이 형성되었다. 고대 동양의 역사를 참작해 볼 때, 대개 중동, 이집트, 지중해 나라의 문화에 초점을 맞춰 주시했다. 때로는 인도에 눈길을 주기도 했다. 중국의 강력한 문화 발전과 동아시아 문화는 유럽 역사 과학의 상도(常道, beaten path) 밖에서 머물러 있었다. 최근에 와서 야 서부 중국의 실크로드(silk road)를 연구하면서 고대 중국 문화에 주목하기 시작했다.

동양의 농업과 재배 식물, 농민들의 생활 양식, 그리고 생활 자체 등을 연구했을 때, 일본 주변과 대만과 중국 내에서 매우 많은 식물의 독립적 도입 재배, 또는 돼지, 닭, 누에 그리고 금붕어의 순화 등 훌륭한 문화의 독립성을 갖고 있었다. 중국의 풍부한 식물에 대해 서구 사람들과 미주 사람들은 겉핥기 식으로 연구했을 뿐, 그 진가는 숨어 있다. 오동유(梧桐油, Tung oil) 나무[(*Vernicia fordii* Hemsley) Airy Shaw와 (*V. cordata* Thunb) Airy-Shaw], 구테페르카 수지 생산용 두충(杜沖), 화본성·초본성 유코미아스[*Eucomia ulmoides* Oliver], 그리고 화본성과 초본성 일년생 내지 다년생 관상 식물은 유럽과 미국 문화에 들여와 실험 중에 있다. 북부 유럽 지역에 이전되기에 합당한 조숙성은 산간 지역과 고산 지역에 적용되었다. 수천 년간 몬순 기후하에서 밀과 보리의 중국형이 특이한 여러 아종(亞種, subspecies)으로 변화되었다. 인도가 원산지로 추정되는 벼는 재배종과 야생종의 관계를 아직도 추적할 수 있는데, 중국에 도입되어 특별하게 개량된 후 품종이 되었다. 조와 비슷하게 생긴 식물의 상당수가 중국에서 발상했다. 아프리카에서 전래된 조는 고량(高粱, kaoliang, *Sorghum nervosum* Besser & Schult)이라는 특수종으로 변했다. 아시아에서 많은 인구가 밀집해 있는 중국은 중요한 농업 개발 중심지여서, 아직도 많은 연구가 절실히 필요하다.

도전의 전선에서 중국의 식물 자원에 대한 방대하고 상세한 연구의 가닥이 어렴풋이 잡히는 것 같다. 그리고 이 자원에 대한 지식의 종합이 기대된다. 문명화의 과학 역사가 따라간 주된 길은, 수천 년간 방대한 농업 인구가 집중된 동남아시아로 반드시 돌아가야 할 필요성이 있다.

전 세계 절반가량의 인구가 동남아시아에 고도로 집중될 것이다. 이 지역의 상대적 인구 의의는 이전부터 이미 크다고 할 수 있다. 자연 과학사가 직면한 가장 긴박한 과제는 동남아시아의 자원을 조명하는 것이다. 그래서 이 중대한 실험을 신중하고 비판적으로 자세히 지켜보아야 한다. 그렇게 해서 작물에 대한 동남아시아 사람들의 진정성을 보여야 하고, 중국 고립의 벽을 허물어야 한다(IBPGR, 1997, 한국 탐방기만 옮겨 번역).

작물의 이동 경로

🌷 실크로드 비단길

사람이 이동하면서 작물도 함께 이동했다. 그래서 발 없고 기동성 없는 작물이 사람을 따라 여러 지역과 여러 나라에, 바다 건너 널리 그리고 멀리 전해졌다. 그래서 사람과 함께 작물이 이동한 경로와 시기를 알아보기 위해 실크로드(비단길)와 또 해양 항로를 살펴본다.

동양과 서양을 갈라놓은 높디높은 톈산산맥(Tien Shan)의 장벽과 멀고 먼 사막의 길을 뚫고, 중국 상인들이 돈을 벌기 위해 수천 년 전 험하고 먼 길을 개척해서 왕래한 길들을 오늘날 실크로드라고 한다. 그 후 이 길을 따라 중국과 서구 여러 나라의 정치, 경제, 종교, 문화 교류가 가능했다. 이 길을 통해 사람이 오가면서 상품을 날라다 팔았을 것이다. 물론 실크와 종이 그리고 화약만 날랐을 리 없다. 교역될 수 있는 여러 물건을 이동시켰을 것이다. 그리고 유럽에서는 중국으로 유리 만드는 기술이 전래되었다. 이 실크로드는 하루아침에 만들어진 것이 아니다. 그리고 한 사람이 만든 게 아니라, 수천 년간 수많은 상인들이 오가며 다져서 만든 길이다.

실크로드라는 이름은 독일의 지리·지질학자 페르디난트 폰 리히트호펜(Ferdinand von Richthofen)이 1877년 교역로에 대해 기술하면서 사용한 것이 그 효시다. 실크로드의 노선은 교통이 편리하고, 시장성이 있고, 상품 판매에 좋고, 저장 시설이 있고, 안전성이 있는 지점을 연결하면서 전

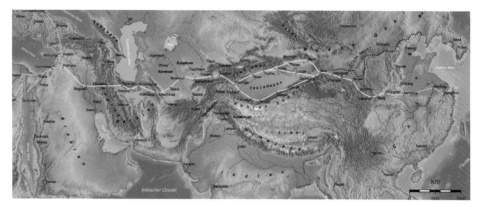

[그림 65] 실크로드(위키피디아)

[그림 66] 서구, 소아시아, 중동, 아프리카, 인도, 동남아와의 교역로

략적으로 위치시켰다. 그 길은 중국 중원(中原) 지방에서 시작해, 타클라마
칸 사막(Taklamakan Desert)의 남북 양(兩) 가장자리를 따라 가다가 카스에
서 만나 파미르(Pamir)고원과 톈산산맥 사이로 해서 중앙아시아의 초원 타
슈켄트, 이란 고원지, 테헤란을 거쳐 바그다드까지 이르렀다. 바그다드에
서 갈라져 한 길은 모술을 거쳐 앙카라, 이스탄불로 해서 지중해 북쪽 해안

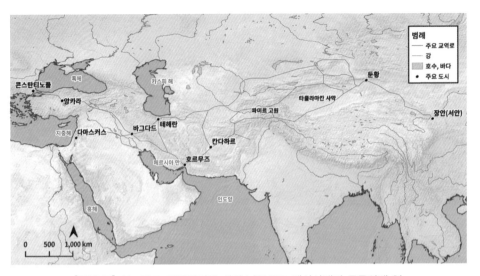

[그림 67] 실크로드, 타클라마칸 사막 남북으로 톈산산맥과 쿤룬산맥 옆

[그림 68] 그 높은 톈산산맥 옆으로 오갔다 (위키피디아).

[그림 69] 이런 톈산산맥 옆으로 다녔다(위키피디아).

[그림 70] 실크로드 상인(석상, 중국 시안에서 저자가 찍은 사진)

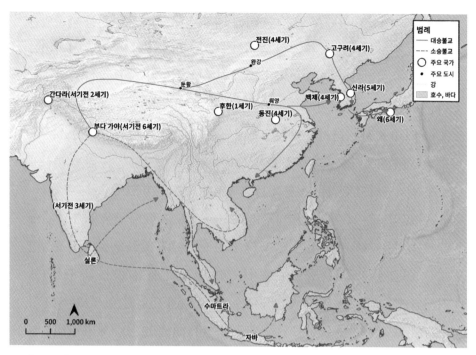

[그림 71] 불교의 전래 루트. 불교도 실크로드를 통해 전해졌다. 동서 간의 문물 교환에 실크로드의 역할이 참으로 컸다.

에 이르렀고, 다른 길은 거기서 티그리스 강가에 있는 오늘날의 이라크 메소포타미아(Mesopotamia) 도시 셀레우시아(Seleucia)와 바그다드에서 팔미라(Palmyra), 다마스쿠스, 카이로로, 또 안티옥(Antioch), 에페수스 등 지중해 동쪽 연안에 이르기도 했다. 또 셀레우시아에서 동쪽으로 자그로스(Zagros)산맥을 넘어 에크바타나(Ecbatana, 이란)와 메르프(Merv, 투르크메니스탄)에, 그리고 더 나아가 오늘날의 아프가니스탄과 동쪽으로 몽골과 중국까지 다시 되돌려 연결되기도 했다.

실크로드는 페르시아만의 항구 도시까지 연결되어, 거기서 티그리스강과 유프라테스강을 따라 상품을 날랐다. 이곳이 후대에 쓰인 '아라비안 나이트(Arabian Nights)' 무대다. 오늘날 이라크의 수도 바그다드인데 781년 이슬람 제국의 최고 지도자 하룬 알 라시드(Harun al-Rashid)의 화려한 결혼식이 이곳에서 열렸다. 이때 매우 성대한 혼인 잔치를 베풀었는데 최고급 중국산 꽃병 등 수많은 귀한 금은보화가 놓여 있었다. 아라비안나이트에 '열려라 참깨야!(Open Sesame!), 닫혀라 참깨야!(Shut Sesame!)'라는 말이 나온다. 이것에서 아이디어를 얻어 미국의 예일 대학 교수 랭함(Langham) 박사는 터지지 않는 참깨가 있을 것이라 보고 열심히 찾았는데, 그런 참깨를 베네수엘라에서 발견하고 개량해서 터지지 않는 참깨의 기계수확을 가능하게 했다는 논문을 1956년경에 읽은 적이 있다.

이 교역로는 그 이전인 한나라(B.C. 206~A.D. 220) 때 중국과 유럽 간에도 있었다는 기록이 있지만, 그보다 훨씬 이전에도 있었을 것으로 추정한다. 이처럼 실크로드는 동서로 통하는 험하고 먼 길을 뚫었다. 그래서 고대문명의 발상지요, 농업의 발상지 메소포타미아와 이어질 수 있었다. 이렇게 해서 동서의 문물 교환이 가능해진 것이다. 이 길을 따라 상인들이 동서로 오갔고, 종교인들도 상인들을 따라 이동했다. 그러는 와중에 덤으로 작물들이 오갔을 것이다. 사람이 이동하면서 작물도 따라 이동했을 것이기 때문이다. 실크로드가 인류에게 가져다준 최고의 선물은, 당연히 사람의 생명을 유지하고 활동력을 주는 먹거리 작물이다. 이것이 바로 그들이 전해 준 가장 값진 선물이다. 실크로드를 통해 동양과 중동, 아프리카, 서양, 그리고 인도와 교역하면서 덤으로 세계 작물이 이동해서 오갔을 것이다.

콜럼버스가 신대륙을 발견한 다음 비록 실크로드는 사라졌지만, 실크로드가 가져다준 값진 선물인 작물들은 여러 곳곳으로 널리 퍼져 계속 살아 숨쉬며 재배되어 만인들을 살렸다. 그리고 콜럼버스가 아메리카 신대륙을 발견한 후에 세계는 신대륙 작물 전파에서 새로운 시대를 또 다시 활짝 열었다.

❦ 해양 항로

콜럼버스가 금은보화를 찾아 아메리카 대륙을 발견했지만, 정작 중요한 것은 인류를 위해 이러한 공헌을 했다는 점이다. (1) 무한한 잠재력을 가진 아메리카 땅덩어리와 원주민들과, (2) 옥수수, 감자, 고구마, 토마토, 고추, 목화 등 억조창생을 세세만년 먹여 살릴 수 있는 귀중한 작물들과, (3) 그리고 해양 항로를 개척하게 하여 아메리카, 유럽, 아시아를 연결하는 통로를 마련해서, 사람과 문물의 이동을 활성화함으로써 세계를 하나로 만든 것이다.

크리스토퍼 콜럼버스(Christopher Columbus, 1451~1506)는 이탈리아 탐험가로, 그는 마르코 폴로(1254~1324, 이탈리아 베네치아의 상인)의 여행기《동방견문록》을 읽고 황금이 널려 있다는 '지팡구'라는 섬에 꼭 가고 싶었다. 지구가 둥글다니 서쪽으로 계속 가면 결국 지팡구가 있는 동쪽 지방에 반드시 갈 수 있을 것이라 믿고, 항해 계획을 세워 스페인 국왕의 허락을 받아 배 세 척을 이끌고 1492년 8월에 스

[그림 72] 크리스토퍼 콜럼버스(위키피디아)

페인을 떠나 서쪽으로 가서 10월 12일에 지금의 바하마(Bahamas)에 도달했다. 거기가 인도라고 믿고, 거기 원주민을 인디언이라 불렀다. 그다음 쿠바와 히스파니올라(Hispaniola), 즉 지금의 아이티에 이르러서 그곳에 아이티 공화국을 세웠다. 여기가 최초 유럽인의 아메리카 정착지였다(저자가 두 차례 가본 곳). 그러나 그곳은 그가 바랐던 지팡구가 아니었고 그토록 찾던 향신료나 금은도 없었다.

그리고 7년 후 아메리고 베스푸치가 다시 항해에 나서 콜럼버스가 발견했다는 곳에 가보았는데, 그곳은 인도가 아니라 새로운 대륙이라는 사실을 알아냈다. 그 후 베스푸치는 아메리카 여러 곳을 발견했다. 훗날 지도

탐험가들이 개척한 해양로

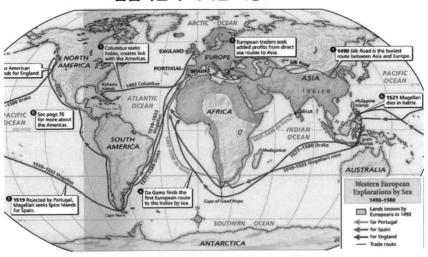

[그림 73] 어떤 탐험가들이 어디를 갔고, 어떻게 세계사를 바꿔 놓았나? 파란색은 1490년에 유럽인에 의해 알려진 땅, 빨간 선은 스페인, 주황색은 포르투갈, 남색은 영국 교역로다 (위키피디아).

[그림 74] 스페인 세비야(Sevilla)에 있는 콜럼버스 무덤(저자의 아내 필로메나)

제작자는 아메리고 베스푸치의 이름을 따서 새 대륙의 이름을 '아메리카'라고 지었다.

콜럼버스는 자신이 발견한 땅이 인도라고 믿었지만, 실제로 인도에 먼저 도착한 사람은 그로부터 5년 후에 항해를 떠난 '바스코 다 가마'였다. '바스코 다 가마'는 콜럼버스가 첫 항해를 한 지 불과 5년 만에 포르투갈 함대를 이끌고 콜럼버스 항해와 반대되는 방향인 동쪽으로 출발했고 아프리카 남쪽 끝을 돌아 인도에 도착했다. 그리고 인도와 그 주변 나라로 가는 새로운 항로를 찾았다. 나아가 중국 해안에 도착했으며, 태평양을 가로질러 항해했다. 그들은 계피, 정향, 생강, 후추 등을 가지고 돌아갔다.

그 후 스페인과 영국, 네덜란드가 다투어 항해하면서 식민지를 확충해 갔다. 그렇게 그들은 아메리카를 돌아 세계를 일주하는 항해를 했다.

스페인과 포르투갈 그리고 후에 영국과 네덜란드의 항해는 결국 아메리카를 시작으로 아프리카, 유럽, 아시아를 하나로 연결시켰다. 이 과정에서 새로운 해양 교역로가 생겼으며, 더 많은 유럽 나라가 다투어 아시아로 진출했다.

같은 시기에 중국에서는 몽골족이 세운 원나라가 멸망하고 새로운 통일 왕조 명나라(1368~1644)가 세워졌다. 명나라는 큰 도시를 연결하는 운하를 건설했고 대규모 함대를 만들었다. 명나라 황제는 이슬람교도 출신 정화 장군이 통솔하는 대함대를 먼 바다로 보냈다. 정화 장군은 수백 척의 함대를 이끌고 몇 차례 원정을 떠나, 멀리 아라비아와 아프리카까지 진출했다. 거기서 진귀한 물건들을 구해서 가득 싣고 돌아왔지만 세계 일주는 하지 못했다.

콜럼버스가 신대륙을 발견해서 세계로 통하는 해양로를 개척한 이후, 신작물 발견과 전파에도 엄청난 결과를 가져다주었다.

🌱 불교 전래

아시아와 유럽 그리고 인도를 연결하는 교역로가 육로와 해양 항로에 생기면서 많은 사람들이 오갔다. 이 교역로를 따라 불교가 동양의 여러 지역에 전해졌다. 이렇게 사람들이 오가면서 작물들도 오갔을 것이다.

불교는 우리나라에 두 방향으로 전래되었다고 알려진다. 남쪽에서 도입된 것과, 북쪽으로 전래된 것이다. 북쪽에서 전래된 경위는 이렇다. 불교의 시발지인 인도에서 불교는 이미 기원전 250년경 아소카왕(B.C. 265~238 또는 B.C. 273~232) 시대에, 인도의 북쪽 국경을 넘어 중앙아시아

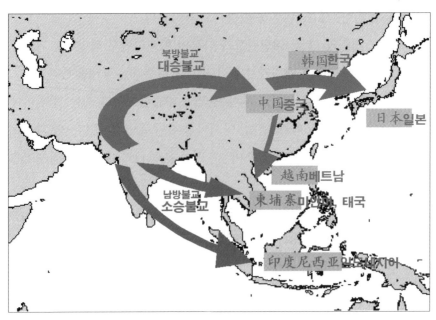

[그림 75] 불교의 전파 경로
빨간색이 대승 불교(북방 불교), 남색이 소승 불교(남방 불교)의 전래(위키피디아)

의 사막에 흩어져 있던 다수의 오아시스 국가에서 전파되기 시작했다. 이에 따라 중국과 서역 사이에 개통된 동서 교역로(실크로드)를 따라 육로로 몽골과 중국 중심부로 전래되었다. 거기에서부터 우리나라에 전해진 것이 북방 불교(대승 불교, 한국 전통 불교)다. 남쪽에서 전래된 불교는 인도에서 서남아시아와 동남아시아로, 소위 동류를 따라 바다로 직접 또는 중국 남부(동진, 東晉)를 거쳐 전래된 남방 불교(소승 불교)다.

중국

중국과 서역의 여러 나라를 연결하는 동서 교역로가 개척되면서, 중국에 서역 불교가 전래되었다. 후한(後漢, 25~220년) 말 2세기 후반에 서역과 인도에서 온 역경승들이 불경을 한역(漢譯)하면서, 불교는 중국에서 확실한 기초를 형성했다. 더 나아가 이 교역로는 중국과 인도를 연결하는 효과를 가져왔다. 여기에서 남방 불교가 가야에 전래되었다고 보기도 한다. 불교는 보편적이어서 민족과 전통에 얽매이지 않아 포교에 유리했다.

고구려

소수림왕 2년(327년), 중국 전진의 승려 순도가 불상과 불경을 전한 것이 한반도에 공식적으로 불교가 전해진 시초다. 그리고 339년 고구려에서 백제로 전래되었다고도 한다.

백제

침류왕(384년) 때 인도승 마라난타가 중국 동진을 거쳐 영광 법성포로 들어와 불법을 전했다. 그리고 성왕(538년) 때 일본에 불상과 불경을 전했다.

가야

서남아시아와 동남아시아를 거쳐 가야국에 소승 불교가 먼저 전래되었을 것으로 보고 있다. 이렇게 가야에서 도입된 불교를 한반도에 제일 먼저 들어온 불교라고 보기도 한다.

김수로왕의 왕비인 허황옥이 인도 아유타국에서 올 때, 파사석탑을 배에 실어 가져왔다고 한다. 이로써 가야국에 불교가 전해진 경로는 인도 남방에서 직접 해로를 통해서였을 것으로 본다. 또 다른 경로는 중국 남부 동진을 거쳐 가야에 소승 불교가 도입되었을 것으로 보기도 한다. 그리고 가야의 불교는 백제에서 전해졌다고 하기도 한다(고영섭, 2012).

신라

남방 불교는 가야에서 신라로 전해졌을 것으로 추정된다. 그러나 후에 들어온 대승 불교와의 고투 끝에 대승 불교 속에 용해되었을 것으로 보인다(고영섭, 2012). 신라의 불교는 법흥왕 때 이차돈의 순교를 계기로 공인되었다.

　중앙아시아에서 불교와 기독교는 상인들 덕분에 더욱 빠르게 퍼져 갔다. 그렇게 상인들은 중국 깊숙이까지 오갔다. 그들은 여행길 안전을 지켜 주고, 돈도 많이 벌게 해 달라고 빌었다. 그러기 위해 불교의 승려와 기독교인들이 상인들과 함께 여행하게 되었다. 이렇게 종교인들이 상인들을 따라다니면서 불교와 기독교가 중국에 전래되었을 것이다.

　실크로드를 이용해서 종교인들이 동서 간의 정신세계를 연결해 주었고, 필경 그들을 따라 작물도 함께 이동했으리라고 본다.

2부

9대 작물의 고향

바빌로프 박사가 이끌었던 러시아 식물 탐험대가 1923년부터 1933년까지 10여 년간, 총 60여 개국과 소련 연방에서 탐험·조사·수집한 방대한 자료를 근거로 세계 식물 자원의 종과 품종에 대해 비교 연구를 했다. 이 연구 결과를 토대로 세계에서 가장 중요한 재배 식물의 8대 발원지(Centers of Origin of Cultivated Plants)를 정했으니, 그 이전에는 상상도 할 수 없었던 일이다.

이런 내용을 담은 책이 1926년에 처음으로 출간되었다. 여기에 미비한 것을 추가해 그 후《재배 식물의 8대 발원지》증보판을 출간했다. 이것을 1952년 미국에서 영역하여 출판했고, 미국판을 기초로 이 책《작물의 고향》을 쓰게 되었다.

그리고 저자가 23년간 서부 아프리카의 국제열대농학연구소에서 생활하며 틈틈이 모은 자료를 근거로, 외람되이 제9 작물의 고향인 서부 아프리카를 추가한다(The West African Center of Origin of Cultivated Plants' is added by the author of this book to the Vavilov's 8 centers to make 9 centers of origin of cultivated plants).

이 서부 아프리카에, 우리 벼와 가장 가깝고 오직 하나뿐인 형제 벼 종류(Oryza glaberrima)가 있다. 이 벼는 그렇게 멀고 먼 서부 아프리카에 정착해서 일가를 이루었다. 어떻게 그 멀리에서 수천 수만 년 동안 연명하며 외로이 살았을까? 아니면 인간이 최초로 생긴 아프리카에서 벼가 발생하지는 않았을까?

작물에는 여러 아종이 있다. 예를 들어 밀에는 보통 재배 밀, 더럼 밀(durum wheat), 엠머 밀(emmer wheat) 등이 있다. 그래서 밀의 발상지가 여럿일 수도 있다. 동부도 여러 종류가 있다.

❖ 가장 중요한 세계 작물의 9대 기원 센터에서 나온 작물 조감도

	기원 센터								
	중국,한국	동남아시아	중앙아시아	중동	지중해	에티오피아	중앙아메리카	남아메리카	서부아프리카
벼	©	©							©
밀			©	©	©	©			
보리				©	©	©			
옥수수							©		
조	©					©			©
귀리				©					
호밀				©					
수수		©				©			©
테프						©			
콩	©								
팥	©	©							
녹두	©		©						
강낭콩	©			©			©	©	
동부	©	©		©					©
리마콩							©		
땅콩								©	
메밀	©								
완두			©			©			
병아리콩			©	©		©			
렌틸콩				©		©			
참깨				©		©			
아마				©		©			
배추	©								
양배추				©	©				
무	©		©						
파	©								
양파			©						

기원 센터								
	중국,한국	동남아시아	중앙아시아	중동	지중해	에티오피아	중앙아메리카	남아메리카	서부아프리카
마늘			©						
시금치			©						
상추	©			©					
양상추					©				
아스파라거스					©				
샐러리					©				
치커리					©				
아티초크					©				
가든 무					©				
가지	©	©							
파슬리				©	©				
오이	©	©							
호박	©			©			©	©	
토란	©								
겨자	©		©						
얌(마)		©					©		©
생강		©							
멜론			©	©					©
당근			©	©					
오크라						©			
박							©		
토마토							©		
체리토마토							©		
파인애플								©	
카카오								©	
수박									©
참외									©
고추							©		

기원 센터								
	중국, 한국	동남 아시아	중앙 아시아	중동	지중해	에티오 피아	중앙 아메리카	남 아메리카	서부 아프리카
감자								©	
고구마							©		
목화			©				©		
동양배	©								
서양배			©						
능금	©								
살구	©		©						
매실	©								
자두	©								
대추	©			©					
은행	©								
호두	©								
아몬드			©						
포도			©	©					
사과			©						
밤	©								
잣	©								
귤	©								
감	©								
칼라만시		©							
바나나		©							©
망고스틴		©							
두리안		©							
코코넛		©							
서양호두			©						
무화과				©					
석류			©	©					
체리				©					

	기원 센터								
	중국, 한국	동남 아시아	중앙 아시아	중동	지중해	에티오 피아	중앙 아메리카	남 아메리카	서부 아프리카
야자대추				©					
커피						©			
캐슈너트								©	
사탕수수	©								
감초	©								
차	©								
모시	©								
삼	©								
마닐라삼		©							
아마			©						
한지	©								
클로브		©							
후추		©							
박하					©				
홉					©				
로즈메리					©				
박하					©				
올리브					©				
피마자						©			
기름야자									©
고무나무								©	
코카인								©	
딸기(야생)								©	
브라질너트								©	
콜리플라워					©				
브로콜리					©				
케일					©				
트리피다 얌							©		

🌷 생물의 학명(學名)

생물을 명명(命名)할 때는 학명을 사용한다. 유럽에는 여러 언어가 있어 생물의 이름을 그들 각각의 언어로 부르면서 생기는 혼동을 막기 위해, 그들의 동일 어원인 라틴어로 통일하여 명명하게 되었다. 속명(屬名)을 먼저 적고 그다음에 종명(種名)과 발견한 이의 이름을 적어서 학명으로 한다. 물론 식물의 명명도 그에 따랐다.

[그림 76] 칼 린네

이것을 창시한 사람이 칼 린네(Carl von Linné, 1707~1778)다. 그는 식물학자요, 동물학자요, 의사였다. von은 from이라는 뜻으로 Carl von Linné는 Linné로부터의 Carl이라는 뜻이다. 그런데 식물을 좋아했던 그의 아버지가 처음으로 그의 성을 만들었는데 그의 집뜰에 있는 린덴나무(lime tree)에서 따온 성이라고 한다. 린네를 식물의 아버지라 하고, 다윈을 동물의 아버지라고 한다.

식물은 종(種), 속(屬), 과(科), 목(目), 강(綱), 문(門)의 6단계를 이용해 분류한다. 종이 제일 낮은 단계고, 문이 가장 높은 단계다. 그리고 학명은 이탤릭체(기울어진 글자)로 표기한다. 벼를 예로 들면, 벼의 학명은 *Oryza sativa* L.이다. *Oryza*는 속명이고 *sativa*는 종명이다. 속명 *Oryza*의 첫 글자 O는 대문자로 하고 종명 *sativa*의 첫 글자 s는 소문자로 한다. L.자도 대문자로 한다. *Gramineae*(禾本科)는 벼의 과명이다. 벼, 보리, 밀, 귀리 등이 모두 화본과에 속하는 식물이다. L.자는 그 식물을 발견한 이의 이름, 즉 린네(Linné)의 머리글자다. 물론 린네가 처음으로 벼를 발견한 이는 아니고, 학명을 붙인 사람이다. 이 L자는 Linné의 약자여서 꼭 마침표를 붙여야 하고 이탤릭체로 하지 않는다.

저자는 1950년대 잡초학을 공부하면서 100여 개의 잡초 학명을 외웠다. 아프리카 국제열대농학연구소에서 일하며 2가지 새로운 생물을 발견했다. 하나는 얌의 꽃에 들락거리며 얌의 수분을 돕는 매우 작은 총채벌레(thrip)라는 곤충(*Larothrip detipes*)과, 콩고 공화국의 수도 킨샤사 대학 구내에서 카사바에 기생하는 카사바 면충을 발견했다. 동료가 그것을 영국 대영박물관에 보내 새로운 곤충으로 인정받아 그들에게 학명이 붙여졌다. 그 이름 뒤에 당연히 나의 성인 한(Hahn)의 머리글자 H자를 넣어야 했는데 그렇게 하지 못했다.

12

제1 작물의 고향, 중국·한국 센터

제1 작물의 고향인 중국·한국 센터는 가장 크고 오래된 농업 센터다. 이 작물 근원 센터는 중국 중부에서 서부 산악 지대까지, 그리고 저지대와 한국 산악 지대에 펼쳐진 광활한 지역이다. 이 센터에서 발상한 특유의 식물(관상 식물은 제외) 일부를 열거하면 다음과 같다.

화곡류(禾穀類, cereals & grains)

벼, 도(稻, rice, *Oryza sativa* L., 인도 아삼 지역과 함께 주요 센터)

조, 율미(栗米, italian millet, *Panicum Italicum* L., 제2 센터)

껍질 없는(裸) 쌀귀리, 연맥(燕麥, naked oats, *Avena nuda* L., 제2 센터)

쌀보리(껍질 없고 까락 없는 보리[裸麥]), 대맥(大麥, halless/awnless barley varieties, *Hordeum hexastichum* L., 제2 센터)

메밀, 교맥(蕎麥, buckwheat, *Fagopyrum esculentum* Moench, 제1 센터)

콩, 대두(大豆, soybeans, *Glycine max* Maxim., 제1 센터)

팥, 적소두(赤小豆, atzuki bean, *Phaseoulus angularis* L., 제1 센터)

강낭콩, 당콩(唐豆, bean, *Phaseolus vulgaris* L.)

녹두(菉豆, mung beans, *Phaseolus radiatus* L., 제1 센터)

동부, 긴동부(長豆, cowpeas, *Vigna sinensis* Endle. Subsp. sesquipedalis Piper, 제2 센터)

채소류(菜蔬類, vegetables)

배추, 백채(白菜, pak-choi, *Brasica chinensis* L.)

무(radish, *Raphanus sativus* L., 재배종과 야생종)

염교, 염부추(asian perennial onion, *Allium chinense* Don.)

파, 총백(spanish onion, *Allium fistulosum* L.)

상추(stem lettuce, *Lactuca sativa* L.)

가지, 가자(茄子), 작은 가지(eggplant, *Solanum melongena* L.)

오이, 과(瓜, large fruited cucumber, *Cucumis sativa* L.)

호박, 남과자(南瓜子, small warty squash, *Cucurbita maoschata var. toonasa* Makino, 제2 센터)

토란(taro, *Colocasia antiquorum* Schott., 재배종과 야생종)

고추냉이, 겨자냉이, 와사비(Japanese horse-radish, *Wasabia japonica* Matsum.)

온대 과실(溫帶果實, fruits of the temperate zone)

배나무, 동양이(東洋梨, asian pears, *Pyrus serotina* Rehd.)

능금, 임금(林檎, asian apple, *Malus asiatica* Nakai)

살구나무(apricot, *Prunus Armeniaca* L.)

매화나무, 매실(梅實, asian apricot, *Prunus mune* Sieb. & Zucc.)

자두나무(asian plum, *Prunus salicina* Lidl.)

대추나무, 조(棗, jujube, *Zizyphus vulgaris* Lam., 제1 센터)

은행나무, 은행(銀杏, ginko, *Gingo biloba* L., 제1 센터)

호두나무, 호두(胡桃, walnut, *Juglans sinensis* Dode, J. sieboldiana Maxim.)

밤나무, 율(栗, east Asiatic chestnut, *Castanea crenata* Sieb. & Zucc.)

잣나무, 해송(海松), 백(栢, Korean pine nut, *Pinus koraiensis* Sieb. & Zucc., 제1 센터)

굴나무, 굴(橘, orange, *Citrus sinensis* Osb., 제1 센터)

감나무, 시(柿, persimon, *Diospyros kaki* L., 제1 센터)

사탕 식물(sugar plants)

사탕수수(sugar cane, *Saccharum sinensis* Roxb.)

향신료 식물(spice plants)

계피나무, 계피, 감초(甘草, Chinese cinnamon, *Cinnamomum cassia* L.)

차, 다(茶, tea bush, *Camellia sinensis*[L.] Oktze, *Thea sinensis* L.)

공업용 및 생약 식물(industrial and medicinal plants)

꾸지나무(oriental paper, *Broussonetia papyrifera* Vent.)

인삼(人蔘, ginseng, *Panax ginseng* C. A. May.)

검양, 옻나무(wax tree, *Rhus succedanea* L.)

섬유 식물(fiber plants)

모시풀, 저마(ramie, *Boehmeria nivea* Hook. & Arn.)

삼, 대마(大麻, hemp, *Cannabis sativa* L.)

온대 지역에서 가장 중요한 자생 식물(endemic plants)은 3가지로, 조, 메밀, 콩이다. 여기에 추가로 두과 식물 몇 가지가 포함된다. 굴과 많은 과일나무 원산지가 중국과 한국이다. 매우 특이하게 생긴 배추와 16kg이나 되는 무, 콩으로 만든 음식은 고기의 대체 식품이고 두부 치즈(toff-cheese)를 만든다. 중국과 한국은 식물 종류의 근원 센터 중에서도 가장 두드러진 특성을 보인다.

특히 콩, 팥, 감, 굴 등의 품종은 매우 쉽게 구별되는 그들만의 유전형

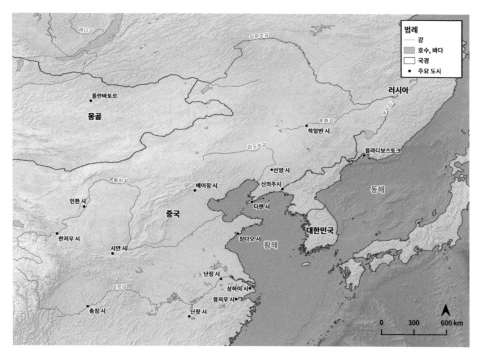

[그림 77] 제1 작물의 고향인 중국과 한국

(hereditary forms)을 갖고 있다. 온대와 아열대 지역의 식물 다양성은 주로 중국 남부와 중앙부에서 확연하다. 제1 작물의 고향인 중국과 한국 센터에는 136종을 수록하고 있다.

13

제2 작물의 고향, 동남아시아 센터

🌿 제2-a 작물의 고향, 인도 아삼(Indo-Assam)·미얀마 (Myanmar) 센터

인도의 아삼과 미얀마(버마)를 포함하는 지역이다. 서북부 인도 (northwest India), 펀자브(Punjab), 서북부 전방(northwest frontier)은 제외한다. 두 번째로 중요한 지역이다.

화곡류(禾穀類, cereals)

벼, 도(稻, rice, *Oryza sativa* L., 수많은 품종과 야생종, 중국·한국 센터와 함께 주요 센터)

수수(sorghum, *Andropogon sorghum* Brot., 제2 센터)

팥, 적소두(赤小豆, mung bean, *Phaseolus aureus* Piper)

동부(cowpea, *Vigna sinensis* L., 제2 센터)

채소류(菜蔬類, vegetables)

가지(茄子, eggplant, *Solanum melongena* L.)

오이, 과(瓜, large fruited cucumber, *Cucumis sativus* L., 근연종 존재)

마, 큰마, 물얌(water yam, *Dioscorea alata* L.)

열대 과실(熱帶果實, fruits of the tropical zone)

망고(mango, *Mangifera indica* L.)

귤나무, 귤(橘, orange, *Citrus sinensis* Osb., 재배종과 야생종)

밀감나무, 탄제린(tangerine, *Citrus nobilis* Lour.)

라임(swingle-sour lime, *Citrus aurantiifolia* L.)

빵나무(속), 잭 프루트(jack fruit, *Artocarpus integra* Thumb Merr.)

사탕 식물(砂糖植物, sugar plants)

사탕수수(sugar cane, *Saccharum officinarum* L.)

유료 식물(油料植物, oil plants)

야자, 코코넛(cocoanut, *Cocos nucifera* L.)

참깨, 호마(胡麻, sesame, *Sesamum indicum* L., 제2 센터)

섬유 식물(纖維植物, fiber plants)

목화, 면화, 동양 면화(東洋綿花, oriental cotton, *Gossypium nanking* Meyen.)

황마(黃麻, jute, *Corchorus capsularis* L.)

향신료 식물 및 기호성 식물(香辛料植物/嗜好性植物, spice plants and stimulants)

후추, 호초(black pepper, *Piper nigrum* L.)

쿠민, 퀴민(cumin, *Cuminum cyminum* L.)

인도 아삼은 의심 없이 벼, 사탕수수, 상당수의 두과 식물, 그리고 망고 등의 많은 열대 과일과 그 밖의 여러 열대 식물, 특히 귤류(오렌지, 레몬, 탄제

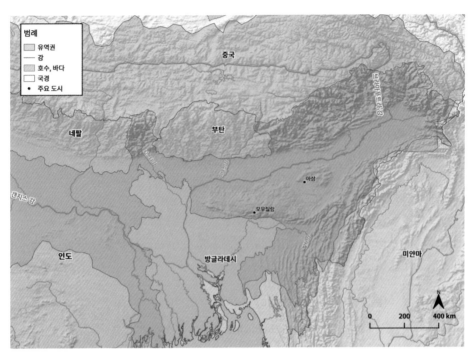

[그림 78] 제2-a 작물의 고향인 인도 아삼·미얀마 센터

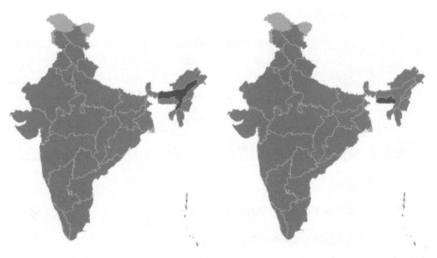

[그림 79] 인도 아삼 지역(좌 빨간 지역)과 메갈라야(Meghalaya) 지역(우 빨간 지역). 세계 최다 강우량인 곳으로 연(年) 강우량이 1만 1,872mm로 세계 최다임(위키피디아).

린)로 유명하다. 그리고 벼의 야생종이 많다. 성숙하면 벼 이삭이 떨어져 저절로 파종되는 것도 있다. 그리고 벼의 다양성이 풍부하고 재배종의 수가 세계에서 가장 많다. 여기에서 벼의 우성 형질이 두드러지게 많이 발현된다.

인도 아삼 지역은 중국 다음으로 식물 수가 많아서 세계 농업 발전에 매우 중요한 역할을 해 왔다.

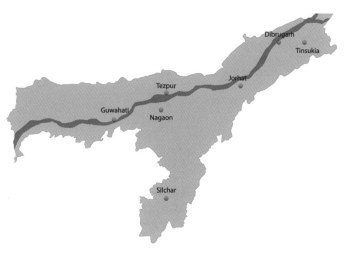

[그림 80] 아삼을 관통하는 브라마푸트라(Brahmaputrar)강 언저리에서 벼가 발상했다고도 한다(© 픽스타).

[그림 81] 미얀마 늪지 농법. 물이 풍부한 미얀마에서 야생 식물을 이렇게 작물로 순화하지 않았을까? 호수 물 위에 풀을 쌓아 그 위에 흙을 올려 작물을 재배한다. 호수물에서 영양분을 받게 하는 일종의 수경재배다.

🌿 제2-b 작물의 고향, 인도 말레이 센터

인도 아삼 센터 외에 인도 말레이 센터를 따로 구분했다. 여기에는 말레이 제도, 인도네시아(자바, 보르네오, 그리고 수마트라), 필리핀, 그리고 동남아시아인 인도차이나(미얀마, 캄보디아, 베트남, 라오스 등)가 포함된다.

뿌리 작물(root and tuber Crops)

마, 큰마, 물얌(water yams, *Dioscorea alata* L.)

기경(氣莖), 마(aireal yams, *Dioscorea bulbifera* L.)

생강(生薑, ginger, *Zingiber officinale* Rosc.)

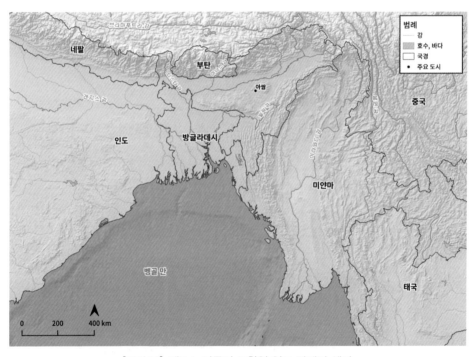

[그림 82] 제2-b 작물의 고향인 인도 말레이 센터

열대 과실(熱帶果實, fruits of the tropical zone)

칼라만시(calamondin, *Citrus microcarpa* Bge.)

바나나(banana, *Musa carvendishii* Lamb.)

망고스틴(man   *mangostana* L.)

두리안(durian, *Durio Zibethinus* Murr., 말레이 제도)

유료 식물(油料植物, oil plants)

코코넛 팜(cocoanut palm, *Cocos nucifera* L., 제1 센터)

사탕 식물(砂糖植物, sugar plants)

사탕수수(sugar cane, *Sacharum offiinarum* L., 제1 센터의 하나)

향신료 식물(香辛料植物, spice plants)

클로브(clove tree, *Caryophyllus aromaticus* L.)

후추(black pepper, *Piper nigrum* L., 제1 센터의 하나)

섬유 식물(纖維植物, fiber plants)

마닐라 마(manila hemp 또는 abaca, *Musa textilis* Née.)

동남아시아(Southeast Asia)

지역 국가

내륙 동남아시아(인도차이나)
북동부 인도, 베트남, 라오스, 캄보디아, 태국, 미얀마, 서부 말레이시아

해양 동남아시아
동부 인도, 말레이, 인도네시아, 동부 말레이시아, 싱가포르, 필리핀, 동티모르,
브루나이, 크리스마스섬, 코코스 제도

면적: 4,545,792km^2
인구: 641,775,797명
인구 밀도: 135.6/km^2
GDP: 7.6조 달러
1인당 GDP: 4,018달러

동남아시아는 중국의 남쪽, 인도의 동쪽, 파푸아뉴기니의 서쪽 그리고
호주의 북쪽에 위치하고 있다.

❧ 역사

백만 년 전에 이미 호모에렉투스(Homo erectus, 직립 원인)가 이곳에 정
착했다. 호모사피엔스는 4만 5,000년 전에 인도를 거쳐 동쪽으로 이동해
이곳에 도달했다. 세계에서 가장 오래된 암벽화가 보르네오의 동굴에서
발견되었다. 호모플로레시엔스(Homo floresiensis)도 이 지역에 1만 2,000
년 전까지 살다가 사라졌다. 인도네시아, 말레이시아, 브루나이, 동티모
르, 그리고 필리핀 사람들을 구성하는 오스트로네시아(Austronesia) 사람
들은 대만에서 이곳으로 와서 살게 되었을 것으로 본다. 그들은 대략 기원
전 2000년에 인도네시아에 이르렀고, 거기서 말레이반도로 이동해서 살았

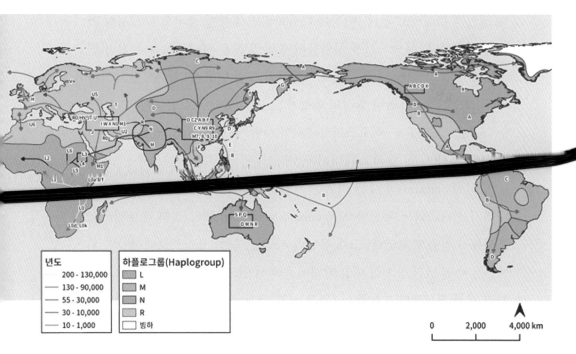

[그림 83] DNA 검사로 밝힌 하플로그룹(haplogroup)을 통해 종족 또는 조상을 찾아 올라갈 수 있다. 이로써 종족 또는 문화 그룹의 분포를 알아 원초적 인간의 이동을 알 수 있다. 특히 미토콘드리얼 하플로그룹(mitochondrial haplogroup)은 모계를 통해 전해진 것을 알려준다.

을 것이다. 필리핀과 파푸아뉴기니의 니그리토(Negritos)인들(까만 피부의 사람)은 그 후 내륙으로 이주해서 살았다고 한다. 고고학자들은 이들을 듀테로 말레이스(Deutero-Malays)라고 한다. 이들은 원주민들보다 쇠를 다루는 기술과 농사일에 더 익숙했다고 한다.

국제인간유전체기구(HUGO)가 수행한 아시아 여러 종족들의 유전적 연구를 통해 실증적으로 밝혀진 바에 따르면, 아프리카에서 이곳으로 단 한 번의 이주가 있었다. 그들은 아시아의 남쪽 해안을 통해 이동해서, 5만에서 9만 년 전 사이에 말레이반도에 들어갔을 것이다.

오랑 아슬리(Orang Asli)족, 특히 니그리토 형질(까만 피부 형질)을 보이는 세망(Semang)족은, 아프리카에서 동남아시아로 제일 먼저 와서 정착해 살았을 것이라고 본다. 이들이 다양화되면서 북방 중국으로 서서히 이동했다고 본다. 동남아시아 사람들이 중국의 젊은 사람들보다 유전적 변이가 크기 때문이다. 근대 말레이 사람들의 유전 연구에 따르면, 동남아시아 사람들에게는 복잡한 혼성의 역사가 있었다. 말레이 사람들은 4가지 조상 구조를 갖고 있다. 즉 오스트로네시아 사람, 프로토 말리(Proto-Mali) 사람, 동아시아 사람, 그리고 남아시아 사람이다.

솔하임(Solheim)과 다른 이들은 기원전 5000년에서 1세기에 베트남과 나머지 섬나라와의 누산타오(Nusantao, Nusantara) 해양 교역 네트워크를 조사해서 실증해 보였다. 고대 동남아 사람들, 특히 오스트로네시안의 후예들은 수천 년간 장거리 해양 항해에 능해서 인도양을 지나 마다가스카르까지 가서 정착했다. 그리고 그들은 서부 아시아와 중국 남단까지 수마트라의 금을 날라 와서 교역했다.

동남아 사람들은 원래 물화설(모든 것에 영혼이 있다는 설)의 신봉자였다. 이들은 선조들, 그리고 자연과 영혼을 신봉한다. 이런 신봉인들, 특히 해변 지역의 사람들에게 힌두론, 불교론을 심었다. 그리하여 1세기에 인도 지역과 접하게 되었다. 인도 교역 상인들은 힌두론을 그 지역에 전하여 토속 신앙과 접목했다. 그래서 지방 지도자들이 힌두교로, 또 불교로 개종하여 그들의 통치력을 강화했다. 이로써 인도인들이 순조롭게 교역하도록 해서 그 지역을 인도인들의 영향권에 넣었다. 힌두교와 불교는 그렇게 3세기에 벵골만을 통해 인도네시아, 말레이, 캄보디아, 베트남, 그리고 스리랑카에 전해졌다. 5세기에 후난 지역에 불교가 강력하게 정착하면서 결과적으로 중국의 승려들이 불교를 동남아시아에 넓게 전한 것이다.

13세기에 몽고의 침입을 받아 베트남, 버마, 자바 등지가 영향을 받았다. 1277년부터 1287년까지 미얀마의 파간(Pagan) 왕국이 몽고의 침입을 받아 왕국이 분할되었다. 1297년 새 미잉생(Myingsaing) 왕조가 생겨 중앙 미얀마를 통치하게 되었고, 몽고에 대항해 싸웠다. 그 결과 1300년에 몽고가 재차 침입했으나 퇴치했고, 1303년 몽고가 결국 철수하기에 이르렀다. 1292년에 몽고가 싱하사리(Singhasari) 왕국에 사신을 보내 몽고 지배하에 있기를 요구했다. 싱하사리 왕국이 이를 거절하고 사신을 해하자, 격노한 몽고는 급기야 대함대를 출정시켜 결국 싱하사리 왕국은 1293년에 가신인 카디리(Kadiri)의 반군에 의해 붕괴되었다. 몽고인이 자바(Java)에 이르렀을 때, 라덴 위자야(Raden Wijaya)라는 지방 왕자가 카디리를 처벌하기로 하고 몽고에 도움을 주겠다고 했다. 그렇게 해서 라덴 위자야가 몽고의 동맹국이 되기로 하고 자바에서 군함을 철수시켰다. 몽고가 떠나간 다음 위자야는 1293년 동자바에 마자파힛(Majapahit) 왕국을 세웠고, 곧 그 지역의 세력을 결집했다. 왕국의 가장 강력했던 통치자인 하얌 우룩(Hayam Wuruk)은 1350년에서 1389년에 걸쳐 마자파힛을 가장 강한 왕국으로 만들었다. 그래서 말레이반도, 보르네오, 수마트라, 발리가 그의 통치하에 놓이게 되었다.

그리고 술라웨시(Sulawesi), 말루쿠(Maluku), 서부 뉴기니, 남부 필리핀도 그 영향권에 들어가 동남아시아에서 역사상 가장 강력한 왕국이 되었다. 여러 전쟁을 치르면서 마자파힛의 영향은 쇠약해졌고 새 이슬람 왕국이 등장했다. 1500년경 마자파힛이 결국 망하면서 마지막 힌두교 정권이 되었고, 그 지역은 유럽 국가들의 손에 들어갔다.

🌱 이슬람교

이슬람교는 우마이야드(Umayyads)가 해양 항로로 교역을 시작한 8세기에 동남아시아와 접하기 시작했다. 그러나 이슬람교가 그 지역에 확산된 것은 수 세기 후의 일이다. 11세기에 들어서 동남아 해양 지역에 격랑이 일었다. 인도의 촐라(Chola) 해군이 바다 건너 카다람(Kadaram)에 있는 상그라마 비자야퉁가바르만(Sangrama Vijayatungavarman)의 왕국을 공격했

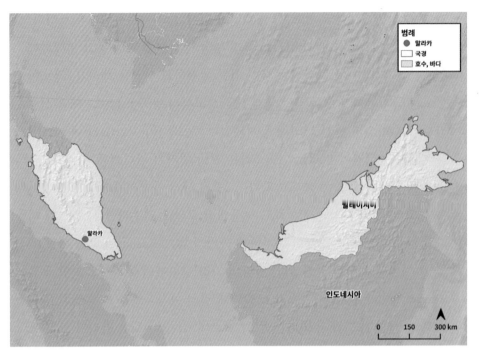

[그림 84] 말레이시아의 말라카시(파란 곳). 옛 중국인들은 마육갑(馬六甲)이라 했다.

다. 강력한 해양 왕국의 수도가 약탈당했고, 왕은 포로가 되었다. 오늘날
의 수마트라와 마자이유(Malaiyur), 말레이반도의 카다람 판나이(Kadaram
Pannai)를 따라 그 일대도 공격당했다. 그 후 얼마 안 가서 케다 프라 옹 마
하왕사(Kedah Phra Ong Mahawangsa)의 왕이 전통적인 힌두교를 버리고 새
로운 이슬람교로 개종한 첫 번째 지도자가 되었다. 그리고 1136년에 그는
케다(Kedah)의 회교국이 되었다.

사무데라 파사이(Samudera Pasai)는 1267년에 이슬람교로 개종했고, 말
라카 파라메스와라(Malacca Parameswara)는 파사이(Pasai)의 공주와 결혼
했다. 그리고 그의 아들이 말라카(Malacca)의 첫 이슬람 왕이 되었다. 곧바
로 말라카는 이슬람 연구와 해양 교역의 중심지가 되었으며, 다른 지도자
들도 뒤를 따랐다. 인도네시아와 말라야(Malaya)에서 이슬람교의 발전은
중국의 이슬람 교도 정화(Zheng He)와 관련이 있다.

❧ 식민지 시대

중국

기원전 111년에서 기원후 938년까지, 북베트남은 중국의 지배하에 있었다. 베트남은 중국의 여러 조정에 의해 통치되었다. 말레이시아의 전설에 따르면, 중국의 명나라 황제가 500명의 수행원을 딸려 왕태자 항리포(Hang Li Po)를 말라카에 보냈다고 한다.

유럽 제국

서부 유럽의 영향은 16세기에 들어서부터다. 처음으로 포르투갈인들이 말라카, 말루쿠, 필리핀에 도착했다. 그다음에는 스페인 사람들이 와서 정착했다. 17세기와 18세기에 네덜란드 사람들이 화란 동인도 회사를 설립했다. 프랑스인들이 인도네시아에 왔고, 다음으로 영국 해협 정착인들이 왔다. 19세기에 들어서 모든 동남아시아 나라는 태국을 제외하고 모두 식민지화되었다.

유럽의 탐험가들은 양방향으로 동남아시아에 도달했다. 포르투갈 사람들은 서쪽, 스페인 사람들은 동쪽 방향으로 동남아시아에 온 것이다. 그리고 아시아 사람들은 내륙에서 해양 동남아시아로 왔다. 서쪽에서 인도양을 통해 온 서양인들의 상선과 아시아 내륙에서 남쪽으로 내려온 동양인들의 상선 간에 정기적인 교역이 이루어졌다. 교역 품목은 동남아시아 군도에서 온 꿀, 코뿔새 부리(hornbill beaks) 등이었다. 18세기부터 19세기 이전에 유럽 사람들은 주로 교역의 연결 고리를 찾고자 했다. 이 지역 국가의 사람들은 유럽 사람들과 별 관계가 없었다. 대부분 사람들은 자급자족 농업이 주였고 어업이 있었을 뿐 발전된 문화가 없었다.

태국은 유럽의 기독교 선교사들을 허락하여 자국의 고관직 자녀들의 교육 발전을 꾀했다. 그리고 그들 자녀들을 서양에 유학 보내기도 했다.

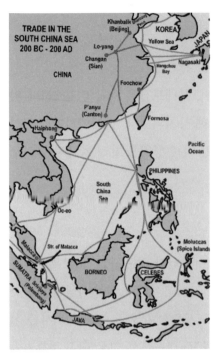

[그림 85] 동남아시아 해양 교역로(위키디피아)

일본

제2차 세계 대전 때 일본은 유럽 식민지였던 대부분의 동남아시아 국가를 침공했다. 수많은 사람들이 인명 피해를 보았다. 전쟁이 끝나자 이 지역 국가들은 독립했다.

인도

인도는 15세기와 16세기에 동남아시아 국가들과의 교역이 매우 성했다. 동남아시아와 이들의 관계는 17세기에 포르투갈 사람들의 침입으로 쇠하게 되었다.

라틴 사람

남미 페루를 통치했고 북아메리카의 멕시코를 통치한 스페인 사람들이 필리핀과 콜롬비아와의 삼각 교역 관계를 형성하며 이 항로를 통해 왕래했다. 멕시코의 은전(銀錢)이 세계 화폐가 되었다. 세계에서 은이 가장 많이 매장되어 있는 곳이 볼리비아의 포토시(Potosi)였기 때문에, 스페인이 지중해와 필리핀에서 재력을 행사했고 동남아시아 군도의 이슬람 교도들과 무종교인들을 교화시킬 수 있었다.

멕시코의 은전 페소는 미주와 아시아의 환금 중심지였던 마닐라에서 교역에 중요한 역할을 했다. 특히 중국은 은이 없어서 멕시코인들이 중국인들에게 세금을 은전으로 지불했다. 인도 역시 금은을 좋아해서 동남아시아에서 은을 수입했다(위키피디아).

14

제3 작물의 고향, 중앙아시아 센터

제3 작물의 고향은 매우 좁은 지역으로, 북인도(펀자브, 서북부 지역, 카슈미르), 아프가니스탄, 카자흐스탄, 키르기스스탄, 타지키스탄, 우즈베키스탄, 서부 톈 산을 포함한다.

화곡류(禾穀類, cereals & grains)

일반 밀, 소맥(小麥, common wheat, *Triticum vulgare* Vill., 제1 센터)

호밀(胡麥, rye, *Secale cereale* L., 제2 센터)

완두(豌豆, pea, *Pisum sativum* L.)

녹두(속), 녹두(菉豆, mung bean, *Phaseolus aureus* Roxb., 한국의 녹두와 다른 종류)

병아리콩, 칙피(chick pea, *Cicer arietinum* L., 제1 센터)

채소류(菜蔬類, vegetables)

순무, 유채, 평지(rape, *Brassica Campestris* subsp. *Oleifera* Mertz. *Brassica rapa*와 동일, 제2 센터)

갓, 겨자(mustard, *Brassica juncea* Czern.)

참외, 캔털루프, 멜론(cantaloupe, *Cucumis melo* L., 제2 센터)

당근(唐根, carrot, *Daucus carota* L., 아시아 품종의 제1 센터)

양순무, 터닙(turnip, *Brassica campestris* Metzg., 아시아 품종의 제1 센터)

무, 라복자(radish, *Raphanus sativus* L.)

양파, 둥글파(onion, *Allium cepa* L., 재배종과 야생종 다수)

마늘, 대산(大蒜, garlic, *Allium sativum* L., 재배종과 야생종 다수)

시금치(spinach, *Spinacia oleracea* L., 재배종과 야생종 다수)

섬유 식물(纖維植物, fiber plants)

삼(속), 대마(大麻, hemp, *Cannabis indica* Lam.)

목화, 면화(綿花, cotton, *Gossypium herbaceum* L.)

유료 식물(油料植物, oil plants)

참깨, 호마(胡麻, sesame, *Sesamum indicum* L., 제1 센터의 하나)

아마(亞麻, flax, *Linum usitatissimum* L., 제1 센터의 하나)

온대 과실(溫帶果實, fruits of the temperate zone)

피스타치오(pistachio, *Pistacia vera* L., 제1 센터의 하나)

살구나무, 살구(apricot, *Prunus armeniaca* L.)

서양배, 병배나무(西洋梨, pear, *Pyrus communis* L., 재배종과 야생종 다수)

아몬드(almond, *Amigdalus communis* L., 재배종과 야생종 다수)

포도(grape, *Vitis vinifera* L., 재배종과 야생종 다수)

사과(沙果), 평과(苹果, apple, *Malus pumila* Mill., 재배종과 야생종 다수)

석류(石榴, pomegranate, *Punica grnatum* L.)

이 센터에서 발생한 종의 수는 앞서 기록한 아시아 센터와 인도 아삼·말레이 센터와 비교하면 매우 적지만, 우리에게 매우 중요하다. 왜냐하면 우리에게 중요한 작물인 밀의 원산지이기 때문이다. 우리의 주식 작물 중

하나인 밀은 빵의 원료다. 이 센터는 밀의 중요한 유전자원을 제공해 준다. 많은 두과 작물과 목화가 여기에서 발상했다.

펀자브(Punjab), 카슈미르(Kashimir), 소련, 중앙아시아의 균일한 환경 조건과 야생종, 재배종들이 있어 하나의 센터로 구분 짓기에 충분하다. 히말라야산과 힌두쿠시(Hindu-Kush)산맥이 가로막고 있지만, 중앙아시아와 북부 인도를 함께 묶어 하나의 센터로 봐야 한다.

소련의 중앙아시아와 인도 사이에 그렇게 드높은 힌두쿠시(7,000m)산맥이 가로막고 있는데도, 바빌로프 박사는 중앙아시아와 인도를 하나의 센터로 볼 수 있다고 했다. 이 높은 산을 넘어 사람들은 서로 오가며 작물을 주고받았다. 작물에는 국경도 없고 이데올로기도 없다. 살 수 있는 곳이라면 어디든지 간다.

🌱 천산천지

천산천지(天山天池, 톈산톈츠)는 우리 동이족의 개천영지(開天靈地)다. 전 한서(前 漢書)의 기록에 따르면, 고구려와 백제가 다투어 이 지역 육국(六國)을 토벌하고 각국에 제후를 두고 갔다고 했다. 여섯 나라의 이름은 우전, 고창, 구자, 언기, 소록, 토번 등이다. 지금은 모두 사막으로 변한 곳이지만, 당시에는 찬란한 문화를 자랑하던 나라였다. 우전국은 6국 중 제일의 교역국이었고, 구자와 고창도 군사력과 축성 기술이 대단히 높은 나라였다. 언기와 소록은 지금은 터키 민족의 원류인 토번이지만, 당시에는 우리 동이족의 연방 국가였다. 고창에는 토성이 남아 있다. 또 시킴(킨즈) 석굴은 우전에 있었던 석굴로 불교 유적과 회교 유적이 혼재해 있어 세계에서 보기 드문 석굴이다.

천산에서는 주봉인 보거다봉(博格达峰)이 제일 높은데, 해발 5,445m로 만년설을 뒤집어쓰고 있는 성산(聖山)이다. 보거다봉은 박달봉(博達峰)으

[그림 86] 천산천지(© 한동억)

로 해석해야 한다. 우리 민족은 박달(博達)을 배달(倍達)로 풀이하고 있다. 그리고 중국이나 일본 등 주변 국가들도 우리 민족을 배달민족(倍達民族)이라고 부른다. 따라서 바로 이 천산이 우리 민족의 개천영지가 되는 것이다.

우리 민족의 선조인 환인이 1만여 년 전 이곳에 개천해서 천하의 모든 세상을 다스리기 시작했다. 환웅 시대를 거쳐서 1세 단군인 왕검단군(王儉檀君)이 인간 세계를 다스리는 법도인 홍범구주(洪範九疇)를 만들어 선포하며 어진 정사를 펼쳤고, 후에 2세 단군인 부루단군(扶婁檀君)은 신지(信

[그림 87] 천산으로 가는 길. 선경이다. 고산 지대지만 여러 아름다운 식물들이 있는 곳이다 (© 유인걸).

智)라는 신인에게 명하여 한문 글자를 만들어 글(契, 㓞)로써 크나큰 지식을 지니고 살게 하는 등 만고에 큰 업적을 남겨 후세에 길이 전했다.

저 겹겹이 쌓여 있는 만년설이 바로 백두요 태백이 아닌가? 거기에서 흘러들어 온 천지의 물이야말로 우리 민족의 정기와 핏줄을 상징하듯 유연하게 흐르고 있지 않은가? 졸속하지만 느닷없이 한 소절의 시구가 떠올랐다.

[그림 88] 천산 산록에 자생하고 있는 화본과 식물들(위키피디아)

천산천지(天山天池)**에서**

동이개천(東夷開天)성천지(聖天池)
동이선조가 개천하신 성스러운 천산천지에는,

백두설봉(白頭雪峰)동이혼(東夷魂)
천산의 흰 눈 봉우리마다 동이 넋이 굳어 있는데,

만년역사(萬年歷史)유무간(有無間)
일만 년 역사의 기록은 알 수 있거나 없거나,

국조선열(國祖先烈)체취류(體臭流)
우리나라 먼 선조들의 체취가 녹아 흐르는 것 보니,

금일비애(今日悲哀)무비장(有祕藏)
오늘 이 슬프고 아픈 마음을 감출 수가 없구나.

(운헌 한동억 선생의 글 중에서)

이게 사실이라면 밀과 호밀 등 곡식 작물과 무, 양파, 마늘 등 채소, 그리고 사과와 포도 등 과일의 원산지인 중앙아시아에 우리 조상들이 정착한 다음 개천하여 살면서 이런 작물들을 순화·개량했을 것이다.

중앙아시아

지역 국가(5개국)

카자흐스탄, 키르기스스탄, 타지키스탄, 투르크메니스탄, 우즈베키스탄

면적: 4003,451km²
인구(2019년 기준): 전체 72,000만 명
   카자흐스탄: 18,000만 명
   키르기스스탄: 6,000만 명
   타지키스탄: 9,000만 명
   투르크메니스탄: 6,000만 명
   우즈베키스탄: 33,000만 명

인구 밀도: 17.43/km²
GDP: 2,600억 달러
1인당 GDP: 3,700달러

중앙아시아는 서쪽의 카스피해에서 동쪽으로 중국까지, 남쪽으로 아프가니스탄에서 북쪽의 러시아까지 뻗어 있다. 이 지역은 구 소련 공화국으로 구성되어 있다. 19세기 중반부터 거의 20세기 초반까지 중앙아시아의 대부분은 러시아 제국의 일부였다.

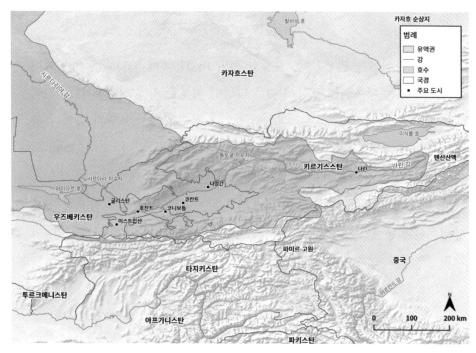

[그림 89] 제3 작물의 고향인 중앙아시아

🌱 역사

중앙아시아는 역사적으로 실크로드와 밀접하게 연결되어 왔다. 실크로드는 동서 간 사람과 상품의 교역을 위한 교차로로 중요한 역할을 했다. 유럽, 서아시아, 동아시아, 인도를 연결했고, 아시아 사람들에게 불교와 이슬람교를 조우시켰다.

지리학자 알렉산더 폰 훔볼트(Alexander von Humboldt)는 1843년에 중앙아시아가 세계의 별개 지역이라는 개념을 도입하여 카자흐스탄을 중앙아시아에 포함하지 않았다. 1991년 소련 해체 직후 옛 소련 중앙아시아 공화국 4개 나라의 지도자들은 중앙아시아의 정의에 소련이 포함시킨 4개 원안뿐만 아니라 카자흐스탄도 포함되어야 한다고 선언했다. 그 후로 이것은 중앙아시아의 가장 일반적인 정의가 되었다.

🌿 지리

중앙아시아는 톈산산맥, 광활한 사막(Kyzyl Kum, Taklamakan), 특히 나무가 없는 대초원을 포함해 매우 다양한 지형을 가진 상당히 넓은 지역이다. 중앙아시아의 방대한 대초원 지역은 동유럽의 대초원과 함께 유라시아 대초원으로 알려진 균질 지리적 영역으로 간주된다. 고비(Gobi) 사막은 파미르(Pamirs)고원의 산록 77°E에서 시작하여 대싱안링(大興安嶺, Khingan, Da Hinggan)산맥 116°~118°E에까지 뻗어 있다. 남쪽으로는 파미르산과 톈산산맥이 있고, 동쪽으로는 알타이(Altai)산맥이 놓여 있다. 이 지역의 주요 강은 아무다리야(Amu Darya), 시르다리야(Syr Darya), 이르티시(Irtysh), 하리(Hari) 및 무르가브(Murghab)강이다.

주요 수역에는 아랄해(Aral Sea)와 발하슈(Balkhash) 호수가 있으며, 둘 다 카스피해를 포함하는 거대한 서부 중앙아시아 유역 분지의 일부다. 이러한 수역은 모두 관개와 산업 목적을 위해 물을 이용하느라 최근 수십 년 동안 수위가 현저하게 줄어들었다. 물은 중앙아시아에서 매우 귀중한 자원이어서 물 부족은 이 지역 국가 간에 심각한 분쟁으로 이어질 수 있다. 중앙아시아 대부분의 땅은 너무 건조해서 작물 농사를 짓기가 매우 어렵다. 대다수의 사람들은 가축을 방목함으로써 생계를 유지한다.

🌿 역사 지역

중앙아시아는 북쪽으로 시베리아의 임야지에 둘러싸여 있다. 중앙아시아(카자흐스탄)의 북부 절반은 유라시아 대초원의 중간 지역이다. 서쪽으로 펼쳐진 카자흐스탄 대초원은 러시아·우크라이나 대초원과 합류하고, 동쪽으로는 중가르(準噶爾, Dzungaria)와 몽골의 초원과 사막으로 합류한다. 그리고 남쪽으로 갈수록 토지가 점점 건조해져서 유목 인구도 더욱 적어진다. 관개가 가능한 남부 지역에서는 밀집된 인구와 도시들을 형성하고 있다. 주요 관개 지역은 동쪽 산간 지역을 따라, 그리고 아무다리야강과 시르다리야강을 따라, 또 페르시아 국경 근처의 산악 지대(투르크메니스탄과 이란 사이) 북면을 따라 위치하고 있다.

코페트다그(Kopet Dag)산맥 동쪽으로 실크로드 상의 오아시스 도시 메르프(Merv, 중앙아시아의 오아시스 도시)가 있다. 톈산산맥은 산을 따라 동쪽으로 세 개의 산모퉁이를 만든다. 북쪽으로 가장 큰 것이 동부 카자흐스탄인데, 거기에 발하슈 호수가 있다. 그 가운데에 작지만 매우 인구 밀도가 높은 페르가나(Ferghana) 계곡이 있다.

남쪽에는 박트리아(Bactria)가 있는데, 나중에는 이를 토차리스탄(Tocharistan)이라고 부르며, 남쪽은 아프가니스탄의 힌두쿠시산맥으로 둘러싸여 있다. 시르다리야강은 페르가나 계곡에서 출발하고, 아무다리야강은 박트리아에서 출발한다. 둘 다 북서쪽으로 흘러 아랄해에 진입한다. 아무다리야강이 아랄해를 만나는 곳에서 호라즘(Khwarazm)이라고 부르는 넓은 삼각주를 형성하고, 다음에 키바(Khiva)의 카나테(Khanate)를 형성한다.

[그림 90] 카자흐스탄(ⓒ 픽스타)

아무다리야강의 북쪽은 그렇게 유명하지는 않지만 똑같이 중요한 자라프샨(Zarafshan)강이 있어, 보카라(Bokhara)와 사마르칸트(Samarkand)의 훌륭한 무역 도시에 물을 공급한다.

다른 훌륭한 상업 도시는 페르가나 계곡의 북서쪽 타슈켄트였다. 아무다리야강의 바로 북쪽에 있는 땅은 트란스옥시아나(Transoxiana)와 소그디아(Sogdia)라고 불렀다. 특히 실크로드 무역을 주도한 소그디아인(Sogdian) 상인들이 그렇게 불렀다.

동쪽으로 중가르와 타림 분지(Tarim Basin)는 1759년경 신장 지방의 중국으로 통일되었다. 중국의 대상은 타림 분지의 북쪽이나 남쪽을 따라 가다가 카스가(Kashgar)에 합류하여 북서쪽으로 산을 넘어 페르가나 또는 남서쪽 박트리아로 갔다. 실크로드의 작은 지류는 중가르와 제티수(Zhetysu, 발하슈 호수 인근 지대)를 통해 톈산산맥의 북쪽으로 해서 타슈켄트 근처에서 남서쪽으로 향했다. 유목민은 몽고에서 중가르를 거쳐 남서쪽으로 이주하여 정착지를 정복하거나 계속 서쪽으로 이동해 유럽으로 가기도 했다.

키질쿰(Kyzyl Kum) 사막 또는 반 사막이 아무다리야강과 시르다리야강 사이에 있다. 그리고 카라쿰(Karakum) 사막은 투르크메니스탄의 옥수(Oxu)와 코페트다그 사이에 있다

코페트다그의 맞은편 남서쪽에는 페르시아가 있다. 여기서부터 페르시아 문명과 이슬람 문명은 중앙아시아를 관통하고, 러시아가 정복할 때까지 높은 수준의 문화를 지배했다. 남동부에는 인도로 가는 길이 있다. 옛날에는 불교가 북쪽으로 퍼져 나갔고, 역사적으로 호전적인 왕과 부족은 남동쪽으로 이동해서 인도 북부에서 통치를 시작했다. 대부분의 유목민 정복자들은 북동쪽에서 들어왔다. 1800년 이후에 서구 문명은 러시아를 통해 북서쪽에서 들어왔다.

🌱 기후

중앙아시아는 물이 충분히 저장되지 않기 때문에, 화창하고 더운 여름에는 온도의 변화가 심하다. 대부분의 지역에서 기후는 건조하고 대륙성이며, 더운 여름과 차가운 겨울부터 시원한 겨울까지 때때로 눈이 내린다. 고지대 밖의 기후는 대부분 반건조 내지 건조하다. 낮은 고지에서 여름은 타오르는 햇살과 함께 뜨겁다. 겨울은 지중해에서 이 지역을 가로지르는 저기압의 영향으로 비와 눈이 내리는 경우가 있다. 월평균 강수량은 7월에서 9월까지 극히 낮으며, 10월과 11월에 상승하고, 3월 또는 4월에 가장 높으며, 5월과 6월에는 빠르게 건조해진다. 특히 9월과 10월 건기가 끝날 때가 되면 바람이 강해져 때로는 폭풍우가 올 수 있다. 중앙아시아의 기후 패턴을 잘 보여 주는 특정 도시로는 타슈켄트와 사마르칸트, 우즈베키스탄, 아슈하바트, 투르크메니스탄, 두샨베, 타지키스탄 지역이 있으며, 이들은 연평균 강수량이 559mm 이상으로 중앙아시아에서 가장 습한 곳들이라고 할 수 있다.

세계자연기금(World Wide Fund for Nature, WWF) 생태권(Ecozones)에 따르면, 중앙아시아는 구북구 행태권(Palearctic ecozone)의 일부다. 중앙아시아에서 가장 큰 생물군은 온대성 초원, 사바나, 관목 지대다. 또한 중앙아시아에는 몬테인 초원과 관목 지대, 사막 지대뿐만 아니라 온화한 침엽수림 숲 생물군도 포함되어 있다.

🌱 역사

중앙아시아의 역사는, 이 지역의 기후와 지형에 따라 결정되었다. 이 지역은 건조한 기후로 인해 농업이 어려웠고, 또 바다와 거리가 멀어 상업에서도 벗어나 있었다. 따라서 이 지역에서 개발된 주요 도시는 거의 없다.

대신 이 지역은 수천 년간 유목 승마 민족이 지배했다.

대초원 유목민들과 중앙아시아 주변에 정착한 사람들 사이의 관계는 오랫동안 갈등으로 가득 차 있었다. 유목민의 생활 방식은 전쟁에 매우 적합했으며, 대초원 기수는 세계에서 가장 군사적으로 유력한 사람들 중 일부였으나 내부 단결의 부족으로 그 힘이 제한되었다. 내부 일체성이 성취된 것은 아마도 중앙아시아를 관통하는 실크로드의 영향일 것이다. 주기적으로 위대한 지도자가 나타났고, 또 다양한 여러 부족을 하나로 조직해 막강한 세력을 길러 냈다.

이슬람 이전 시대와 초기 이슬람 시대의 남부 중앙아시아는 주로 이란 언어를 사용하는 사람들이 살고 있었다. 투르크 민족의 주요 이주민은 5세기와 10세기 사이에 중앙아시아 전역으로 퍼져 나갔다. 그러나 당나라 중국인에 의해 패배당했다.

13세기와 14세기 동안, 몽골인들은 역사상 가장 큰 대제국으로 성장해 이 지역을 정복하고 통치했다. 중앙아시아의 대부분은 차가타이 칸국(Chagatai Khanate)의 통치를 받았다. 총기를 사용하는 사람들이 이 지역을 장악하자, 유목민의 지배력은 16세기에 끝났다. 러시아, 중국 및 다른 권력들은 이 지역으로 확장되어 19세기 말까지 중앙아시아의 대부분을 점령했다. 러시아 혁명 이후 서부 중앙아시아 지역은 소련에 통합되었다.

중앙아시아의 동쪽으로 동투르키스탄(East Turkistan)으로 알려진 신장은 중화인민공화국이 되었고, 몽골은 독립적으로 남아 있었지만 나머지는 소비에트 위성국이 되었다.

❧ 종교

이슬람교는 중앙아시아 공화국, 아프가니스탄, 신장 및 바시코르토스탄과 같은 주변 서부 지역에서 가장 널리 퍼져 있는 종교다. 대부분의 중앙아시아 무슬림은 수니파다. 아프가니스탄과 타지키스탄에 시아파의 소수 민족이 많다.

중앙아시아에 이슬람이 등장하기 전에는 불교와 조로아스터교가 주요 신앙이었다. 불교는 이슬람이 들어오기 전에 중앙아시아에서 두드러진 종교였으며, 실크로드를 따라 불교가 전해지면서 마침내 중국으로도 전파되었다.

지난 수 세기 동안 이 지역에서 가장 많이 행해진 기독교의 형태는 네스토리아주의였지만, 현재는 러시아 정교회가 가장 많아 1,900만 명의 인구 중 약 25%가 기독교인으로, 17%가 우즈베키스탄에 있으며 키르기스스탄에 5%가 있다. 중국의 한족과 접촉하고 이주하여 유교, 도교, 대승 불교, 다른 중국 민중 신앙을 이 지역으로 가져오기도 했다.

제4 작물의 고향, 중동 센터

제4 작물의 고향은 중동(中東) 또는 근동 지역(近東地域), 즉 소아시아
(Asia Minor), 트랜스코카시아(Transcaucasia, 캅카스), 투르크메니스탄
(Turkmenistan)의 고산 지대를 포함한다.

화곡류(禾穀類, cereals & grains)

일입소맥(一粒小麥), 아인콘(1입자) 밀(einkorn wheat, *Triticum
monococcum* L., 14염색체)

마카로니맥, 더럼 밀(durum wheat, *Triticum durum* Vav., 28염색체)

까락 없는 일반 밀(awnless common wheat, *Triticum vulgare* Vill., 42염색
체, 센터의 하나)

페르시아 밀(persian wheat, *Triticum persicum* Vav., 28염색체)

2조대맥(二條大麥, two rowed barley, *Hordeum distichum* L.)

호밀(胡麥, rye, *Secale cereal* L., 재배종과 야생종)

귀리, 귀밀, 이맥(耳麥, oats, *Avena sativa* L., 재배종과 야생종)

병아리콩, 칙피(chick pea, *Cicer arietinum* L., 제2 센터)

렌즈콩, 렌틸(lentil, *Lens esculenta* Moench, 재배종과 야생종)

유료 식물(油料植物, oil plants)

참깨, 호마(胡麻, sesame, *Sesamum indicum* L.)

아마(亞麻, flax, *Linum usitatissimum* L.)

배추, 백채(白菜, rape, *Brassica campestris* L.)

흑겨자(black mustard, *Brassica nigra* L. var. *pseudocampestris* Sink. var.
　orientalis Sink., 하나의 센터)

겨자(leaf mustard, *Brassica juncea* Czern. var. *sareptana* Sink., 제2 센터)

화훼 식물(花卉植物, ornamental plants)

장미(薔薇, rose, *Rosa centifolia* L.)

채소류(菜蔬類, vegetables)

노지멜론, 캔털루프멜론(cantaloupe, *Cucumis melo* L., 재배종과 야생종)

서펜트멜론(serpent melon, *Cucumis flexuosus* L.)

초롱박, 단호박(pumpkin, *Cucurbita pepo* L., 많은 종류가 있다)

홍당무, 당근(唐根, carrot, *Daucus carota* L.)

양배추(cabbage, *Brassica oleracea* L., 재배종과 야생종)

양부추, 리크(leek, *Allium porrum* L., 재배종과 야생종)

파슬리(parsley, *Petroselinum hertense* Hoffm., 제2 센터)

상추(lettus, *Lactuca sativa* L., 재배종과 야생종[쇠비름, 돼지풀, *P. oleracea*])

아열대 과실(亞熱帶果實, fruits of the semi-tropical zone)

무화과(無花果, fig, *Ficus carica* L.)

석류나무, 석류(石榴, pomegranate, *Punica granatum* L.)

체리(cherry, *Prunus divaricata* L.)

포도(葡萄, grape, *Vitis vinifera* L., 재배종과 야생종)

고욤나무(*Diospyros lotus* L.)

대추야자나무(date palm, *Phoenix sylvestris*, *P. doctylifera*)

대추, 조(棗, jujube, *Zizyphus sativa* Gaertn. L., 제2센터)

이 지역은 재배 밀의 풍부한 품종이 있는 것으로 가장 주목할 만하다. 밀의 식물학적 9개 종이 이 근동 지역에 자생한다. 밀의 가장 커다란 다양성이 트랜스코카시아(캅카스) 지역의 아르메니아(Armenia)에서 발견된다. 품종이나 종의 수로 보아 그 다양성이 매우 크다. 다른 지역이 따라올 수 없을 만큼 크다. 전 세계에 있는 650품종 가운데 200종이 여기에 있다(1920년대). 여기에는 밀의 야생종 또한 다양하다. 이 지역 밀의 종과 생태형(ecotype)의 다양성으로 보아, 이 센터가 지구상에서 가장 뛰어난 곳이다.

이 소아시아에서, 그리고 트랜스코카시아(캅카스)에서 호밀(rye)의 원산지를 발견했다. 이곳에 놀랄 만큼의 다양성이 있었다. 여기에서 매우 이상한 종의 호밀을 보았고 호밀의 많은 야생종을 보았다.

과수원의 과수 종이 여기 소아시아에 집중되어 있다. 이곳이 포도, 배, 체리, 석류, 호두, 아몬드, 무화과와 같은 과실의 출생지다. 이 지상에서 처음의 과수원은 의심할 여지 없이 근동에 있었다. 조지아와 아르메니아에서 과실의 진화 과정의 전 단계, 즉 야생종 상태부터 중간 단계까지 모두 살펴볼 수 있었다. 여기 농민들은 숲을 개간하여 농지로 만들 때, 쓸모 있는 야생 과실, 즉 사과, 배, 체리나무는 베지 않고 남겨 둔다. 최근의 연구로 이곳에서 포도 재배법과 주요한 포도 야생종을 발견했다. 야생종 포도지만 지금도 재배할 수 있는 포도를 찾아볼 수 있다.

이곳에서는 아직도 상당한 수준까지 밀의 종분화(species formation) 과정이 활발히 일어나고 있다. 터키에서 페르시아, 중앙아시아 지역에까지 멜론 자원이 가득하고, 현대적 농법에서도 사라지지 않고 계속 존재하고 있다. 여기에서 알팔파, 베치(vetch) 등 주요 사료 작물이 발상했다.

중동 또는 근동(Middle East or Near East)

지역 국가

이집트, 시리아, 이스라엘, 레바논, 요르단, 이라크, 이란, 사우디아라비아, 쿠웨이트, 바레인, 카타르, 아르메니아, 아제르바이잔, 조지아

🌱 역사

중동은 유라시아와 아프리카, 지중해, 또 인도양 사이에 위치하는 나라들로 구성되어 있다. 이곳은 유대교, 기독교, 이슬람교 등 정신적 종교의 산지이다. 중동은 역사적으로, 문화적으로, 경제적으로, 정치적으로, 종교적으로 오랫동안 매우 예민한 세계 중심 지역이다.

세계에서 가장 오래된 문화, 곧 메소포타미아 문화와 고대 이집트 문화는 비옥한 분지와 나일강 계곡 주변 지역에서 시작되었다. 그다음에 히타이트(Hittite), 그리스, 유라시아 문화로 이어진다. 그리고 뒤에 이슬람의 황금 시대가, 즉 7세기에 중동의 전 아랍을 정복해 하나의 이슬람 특별 지역으로 형성하며 오늘까지 이어지고 있다. 그리고 몽골족, 아르메니아 왕국, 셀주크(Seljuks), 사파비드(Safavids), 오스만 제국, 그리고 최근에 영국 등이 이 지역을 덮쳤다.

중동은 제1차 세계 대전이 발발하고 시작되었다. 오스만 제국이 이곳 집권들과 연합해 영국과 연합국들에 대적하여 패배하고 나서, 영국과 프랑스의 계획하에 아랍을 몇 나라로 쪼개면서 생긴 것이다. 그 틈을 타서 1948년에 이스라엘을 세웠고 유럽 정권, 곧 영국과 프랑스가 1960년까지 이곳을 떠나는 것으로 했다. 그리고 일부 지역은 1970년 이후 미국의 영향을 받게 되었다.

20세기에 들어서, 중동은 다량의 석유를 보유함으로써 새로운 전략과

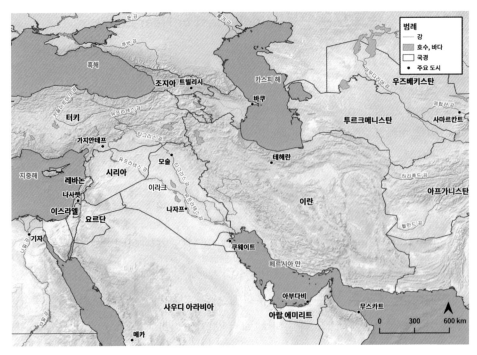

[그림 91] 제4 작물의 고향

경제적 영향력을 미치게 되었다. 석유의 생산은 1945년부터 사우디아라비아를 비롯해서 이란, 쿠웨이트, 이라크, 아랍 왕국에서 시작되었다.

냉전 시기에 들어서자 중동은 강대국들과 그들 동맹국 간 이념의 전쟁터가 되었다. 한쪽에는 나토(NATO)와 미국, 다른 쪽에서는 소련과 바르샤바(Warsaw) 연합이 이 지역에 영향을 행사하려는 경쟁판이 되었다. 정치적 이유만이 아니라 이념적으로도 서로 대적해서 갈등을 일으켰다. 그들의 산업에 절대적으로 중요한 석유의 전 세계 매장량의 2/3가 중동에 있으므로, 그들은 여기에서 전략적 우위에 서고자 노심초사하며 서로 격돌했다. 이런 와중에 비교적 평화와 번영을 누리게 되었으나, 이 지역에 수니파(Sunnis)와 시아파(Shi'ites) 사이의 심한 충돌이 일어나기에 이르렀다.

🌱 종교

중동의 종교는 매우 다양하다. 많은 종교가 이 지역에서 발생했다. 이슬람교가 이 지역에서 발생하여 가장 성하고, 유대교와 기독교도 이 지역에서 발생하여 신자가 상당히 많다. 또 이 지역에는 조로아스터교(배화교) 등 소규모의 여러 종교가 있다.

종교도 여러 형태의 종교가 발생하는 특정 발원지가 있다. 여기 중동에서 유대교, 그리스도교, 이슬람교, 여러 소종교가 생겼고, 인도에서 불교, 힌두교가 발생했으며, 중국에서 유교와 도교가 발생했고, 남미 멕시코와 페루에서 그들의 여러 종교가 발생했다.

인류의 발상과 함께, 그들의 문화와 함께, 특수 지역에서 여러 종류의 작물들도 발생했다. 그러고 보면 인류의 발상, 종교와 문화의 발상은 작물의 발상과 깊은 관계가 있다.

🌱 기후

중동은 항시 건조한 지역이다. 중동의 기본적 기후는 덥고 건조하다. 겨울에는 약간 비가 와서 선선하다. 북쪽 사막 지대로는 대초원이 있다. 이 지역에는 기온 차이가 심하고 봄과 겨울에 비가 온다. 다른 지역에는 3월부터 11월까지 비가 온다. 3월부터 5월 사이에 홍수가 나기도 한다. 지중해 연안은 여름이 길고 더우며 겨울은 온난하고 습하지만, 이를 상쇄하기 위해 지속적으로 미풍이 분다.

강우량과 기온은 중동 지대에 따라, 그리고 그 지역 각 국내에서도 변화가 심하다. 이란 북부의 카스피(Caspian) 해변은 일년에 2,000mm까지 비가 온다. 그러나 이란의 사막 지대는 일년 중 비가 전혀 오지 않는다. 기온 변화도 심하다. 요르단과 이라크 해변가, 그리고 지중해를 면한 지역은 기온이 선선하다. 사우디아라비아의 제다(Jeddah)는 1월 평균 기온이 25℃, 7월은 32℃다. 사막 저지대에서는 여름철 기온이 매우 높다(위키피디아에서 옮겨 번역).

8,000년 전 여기 이라크에서 인간이 밀과 보리를 최초로 순화·재배시켰다.

[그림 92] 이라크의 보리밭(© 김석태)

[그림 93] 이라크의 밀밭(© 김석태)

[그림 94] 이라크의 사바나 지역(ⓒ 김석태)

[그림 95] 이라크 동북부의 산악 지대(ⓒ 김석태)

제5 작물의 고향, 지중해 연안 센터

제5 작물의 고향인 지중해 연안 센터는 명백한 재배 식물이 뚜렷하지만, 다른 센터에 비해 그렇게 괄목할 만하지 못하다.

화곡류(禾穀類, cereals & grains)

마카로니 밀, 스파게티 밀, 더럼 밀(durum wheat, *Triticum durum* Desf., 28 염색체)

이입(二粒) 밀, 엠머 밀(emmer wheat, *Triticum dicoccum* Schrank.)

보리(속), 겉보리, 피맥(皮麥, barley, *Hordeum sativum* Jess., 제2 센터)

유료 식물(油料植物, oil plants)

올리브나무, 감람나무(olive, *Olea europaea* L., 제1 센터)

채소류(菜蔬類, vegetables)

근대, 비트, 가든 무(garden beet, *Beta vulgaris* L., 재배종과 야생종)

양배추(cabbage, *Brassica oleracea* L., 재배종과 야생종)

파슬리(속, parsley, *Petroselinum sativum* L.)

솜엉겅퀴, 아티초크(artichoke, *Cynara scolymus* L.)

순무, 서양유채, 루터베이거(turnip, *Brassica napus* L., 제1 센터)

양부추, 리크(leek, *Allium porrum* L.)

양상추(lettuce, *Lactuca sativa* L.)

멸대, 아스파라거스(asparagus, *Asparagus officinalis* L.)

셀러리(celery, *Apium graveolens* L.)

치커리(chicory, *Cichorium intybus* L.)

콜리플라워(cauliflower, *Brassica oleacea* L.)

브로콜리(broccoli, *Brassica oleacea* L.)

케일(kale, *Brassica oleacea* L.)

향신료 식물(spice plants)

로즈메리(rosemary, *Rosmarinus officinalis* L.)

양박하, 서양박하(peppermint, *Mentha piperita* L.)

홉(hop, *Humulus lupulus* L.)

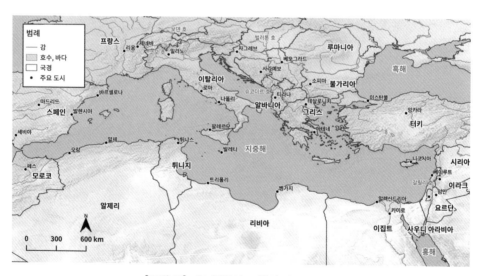

[그림 96] 제5 작물의 고향인 지중해 연안

이곳은 분명히 올리브나무(감람나무)의 출생지다. 그리고 많은 채소, 즉 무(Beet)를 포함해 여러 채소가 생긴 곳이다. 이곳의 채소는 중국 센터와 비견할 만하다. 특기할 만한 것은, 이곳의 문화가 바뀔 때마다 그들에게 필요한 사료 작물을 도입했다는 것이다.

여기에 있는 종과 품종으로 볼 때, 밀과 두과 작물 같은 중요한 재배 식물의 2차 원산지로서 옛부터 이들의 품종 개량이 많이 이루어졌다. 이곳의 많은 재배 식물, 특히 아마(flax), 보리, 콩 종류, 칙피(chickpea) 등은 그들의 기본 원산지인 중앙아시아에서 난 것보다 크기가 현저하게 크다. 인간이 여기 지중해 연안에서 야생종을 더 쓸모 있는 형태로 개량했다는 것을 알 수가 있다. 또 이 지역의 식물은 거의 다 도입종으로, 이들이 식물을 도입해 상당히 개량했다.

제6 작물의 고향, 에티오피아 센터

1927년에 에티오피아(Abyssinia), 에리트레아(Eritrea), 소말리아에서 수집된 많은 자료를 토대로 비교 연구한 결과, 에티오피아가 의심할 여지 없이 독립된 세계 재배 식물 원산지임을 입증했다.

특별한 환경을 가진 에티오피아는 매우 특수한 식물 자원을 개발·이용했다. 그것이 일찍이 그들의 독특한 문화를 꽃피우게 했다. 에티오피아는 거대한 중동 문화권에 인접하고 있으면서 그들의 고유한 문화를 이어왔다. 우리가 거대한 중국 문화권에 인접해 있으면서 우리 고유의 문화를 지켜온 것처럼 말이다.

화곡류(禾穀類, cereals & grains)

더럼 밀, 소맥(小麥, abyssinian hard wheat, *Triticum durum subsp. abyssinicum* Vav.)

이입(二粒) 밀, 엠머 밀, 소맥(小麥, emmer wheat, *Triticum dicoccum* subsp. abyssinicum Stol.)

보리, 대맥(大麥, barley, *Hordeum sativum* Jess., 다양성)

수수, 촉서(蜀黍, sorghum, *Andropogon sorghum* Link.)

테프(teff, *Eragrostis abyssinica* L., 에티오피아 특수 작물)

진주조(眞珠粟米), 펄밀렛(pearl millet, *Pennicetum spicatum* L.)

아비시니아 마카로니 밀, 더럼 밀(abyssinia durum wheat, *Triticum durum subsp. abyssinicum* Vav.)

병아리콩, 칙피(chick pea, *Cicer arietinum* L., 하나의 센터)

렌틸콩(lentil, *Lens esculenta* Moench., 하나의 센터)

완두(豌豆, pea, *Pisum sativum* L., 하나의 센터)

잠두(蠶豆, bean, *Vicia faba* L., 제2 센터)

동부(속, cowpeas, *Vigna sinensis* Endl.)

아마(亞麻, flax, *Linum usitatissimum* L., 하나의 센터)

유료 식물(油料植物, oil plants)

참깨, 호마(胡麻, sesame, *Sesamum indicum* L., 제1 센터)

아주까리, 피마자(caster bean, *Ricinus communis* L., 하나의 센터)

향신료 식물 및 기호성 식물(香辛料植物/嗜好性植物, spice plants and stimulants)

커피(coffee, *Coffea arabica* L.)

채소류(菜蔬類, vegetables)

양파[onion, *Allium sp.*(*A. ascalonicum* L.)]

오크라(okra, *Hibiscus esculentus* L., 대부분 야생종, 아랍인들이 재배)

에티오피아 겨자(ethiopia vegetable mustard, *Brassica carinata* Al. Braun., 유료 작물로도 재배)

이곳은 제한된 지역인데도 불구하고 놀라울 정도로 많은 품종이 있다. 밀의 재배 면적이 겨우 50만 정보밖에 안 되는데, 밀의 식물학적 품종이 단연 제일 많다. 여기가 재배종 보리의 센터라고 할 수 있으며 다른 지역에서는 볼 수 없다. 여기에서는 아마가 기름 작물이 아니라 하나의 곡식 작물이다. 에티오피아에서는 채소 종류가 많지 않다. 유럽인들이 이곳에 오

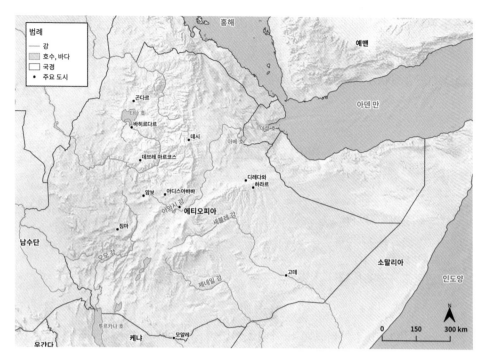

[그림 97] 제6 작물의 고향인 에티오피아(아비시니아)

[그림 98] 에티오피아 지형(포토그래픽)

기 전에는 과일이나 채소가 전혀 알려지지 않았다. 이곳은 곡식 작물 지역이다. 여기는 비교적 균일한 환경하에서도 놀랄 만큼 다양성이 큰데, 1,500~2,500m 고원지에 작물 재배가 집중되어 있다.

에티오피아(Ethiopia)

면적: 1,104,300 km^2
인구: 102,403,196명
GDP: 91조 달러
1인당 GDP: 951달러

저자는 1970년 에티오피아 아디스아바바 공항에서 내려 아프리카에 첫발을 디뎠고, 다음 해에 가족을 데리고 다시 아디스아바바에 내려 비행기를 환승해 케냐를 거쳐 종착지인 나이지리아 이바단에 5일 걸려 간 적이 있다.

에티오피아는 아프리카의 동북부에 위치한 '아프리카의 나팔'이라고 알려진 나라다. 서쪽으로 수단이 있고, 동남쪽으로 소말리아, 남쪽으로 케냐, 동북쪽으로 에리트레아로 둘러싸여 있다. 아덴만 넘어 예멘과 사우디아라비아가 있다. 대부분 고산 지역에 위치하고 있으며 1억의 인구를 가진 대국이다.

기원전 980년 창건한 왕국이었는데, 1974년에 사회주의 쿠데타로 하일레 셀라시에(Haile Selassie) 황제를 폐하고 왕정이 종식되었다. 아프리카에서 유일하게 문자가 있는 나라다.

🌱 고대 에티오피아

인간과 가장 가깝고 오래된 유골이 에티오피아에서 발견되었다. 여기에서 인간이 처음 중동으로 진출했다고 본다.

구전되어 오는 바에 따르면, 에티오피아는 기원전 1세기 최초의 왕 메넬리크(Menelik) 1세 때 시바(Sheba) 여왕의 솔로몬 왕국에 기초해서 건국되었다고 한다. 1세기에 메넬리크 1세가 악숨(Aksum) 왕국을 잘 보존해서 그 지역에 통일 문명을 일으켰다. 또 기원전 980년에 옛 이집트 사람들이 소위 '금의 나라 푼트(Punt)'를 에티오피아에 세웠다고 보기도 한다.

초창기 에티오피아 왕정은 에티오피아와 에리트레아를 포함한 왕국이었다. 지금의 에리트레아는 1890년 이탈리아에 점령당해 이탈리아령이었다. 유럽 나라들이 아프리카의 여러 나라를 식민지화했고, 1882년에 영국이 이집트를 점령했을 때 아프리카에서는 오직 에티오피아와 라이베리아만이 독립국으로 남아 있었다. 에티오피아는 첫 번째 이탈리아-에티오피아 전쟁에서 이탈리아를 격퇴했다. 제2차 이탈리아-에티오피아 전쟁에서는 이탈리아가 에티오피아를 점령해 5년간 지속하며 그 지역에 이탈리아-동아프리카 식민지를 세웠다. 그 후 에티오피아가 영국의 도움을 받아 이탈리아를 철수시켰다. 에티오피아는 1945년 UN 창설 이후 줄곧 회원국으로 남아 아프리카에서 지도적 역할을 하며 활동했다. 1974년까지 세계에서 오직 세 나라, 곧 에티오피아와 이란, 일본만이 황제를 가졌던 나라였다.

구디트(Qudit) 또는 요디트(Yodit) 여왕이 악숨을 정복한 후 에티오피아에 암흑 시대가 왔다고 한다. 여왕은 악숨 제국의 잿더미 위에서 40년간 통치했고, 그 여왕의 후예에게 왕좌를 넘겼다.

화이트(Tim D. White)가 1994년에 에티오피아에서 4,200만 년 전 호모사피엔스 이달투 호미니드(Idaltu hominid)의 두개골을 발견했다. 2013년에 시연(Calachew Seeyoun)이 에티오피아 아파(Afar) 지방에서 300만 년 전 호미니드의 유골을 발견했고,

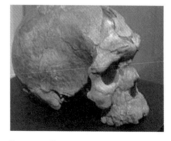

[그림 99] 호모사피엔스 이달투 호미니드의 두개골

그 이름을 루시(Lucy)라고 붙였다. 이로써 많은 사람들이 아프리카가 인류 발상지의 하나라고 믿는다.

🌱 종교

에티오피아의 기독교는, 시리아에서 두 기독교인(Frumentius와 Aedissius)이 악숨에 와서 사람들에게 그리스도와 기독교 신앙에 대해 설교했고, 이 두 사람이 4세기 초에 악숨 왕국을 통치한 에잔나(Ezana)왕을 설득해 그 왕을 기독교로 개종시킴으로써, 에티오피아에 기독교가 정착되었다고 한다. 악숨의 왕은 곧바로 341년에 기독교를 국가 신앙(국교)으로 선포하기에 이르렀고, 프루멘티우스에게 명하여 알렉산드리아(Alexandria)에 가서 346년에 알렉산드리아 주교에 의해 아바 셀라마(Abba Selama)라는 직함으로 축성하고 돌아오게 했다. 그렇게 하여 그가 최초의 에티오피아 주교가 되어 기독교를 창건했으며, 에티오피아는 강력한 기독교 왕국이 되었다. 또한 에티오피아는 최초의 기독교 국가이기도 하다.

그러나 많은 에티오피아 사람들은, 에티오피아의 재무 내시(treasurer eunuch)가 예루살렘에 순례하러 갔다가 귀국하여 4세기 이전에 이미 기독교를 도입했다고 본다. 에티오피아 재무 내시에 대해 〈사도행전〉에는 이렇게 기록되어 있다.

필리포스는 일어나 길을 가다가 에티오피아 사람 하나를 만났다. 그는 에티오피아 여왕 칸다케의 내시로서, 그 여왕의 모든 재정을 관리하는 고관이었다. …… 필리포스와 내시, 두 사람은 물로 내려갔다. 그리고 필리포스가 내시에게 세례를 주었다. 그들이 물에서 올라오자 주님의 성령께서 필리포스를 잡아채듯이 데려가셨다. 그래서 내시는 더 이상 그를 보지 못했지만 기뻐하며 제 갈 길을 갔다(사도행전, 8:26~40).

🌿 계약의 궤

많은 에티오피아 사람들은 십계
명이 들어 있는 '계약의 궤(The Ark
of the Covenant)'가 아직까지 악숨
에 있다고 믿는다. '계약의 궤'는 금
으로 둘러싸여 있는 목조 궤짝이다.
그 안에 〈출애굽기〉에 기록된 십계
명이 적혀 있는 두 석판과 아론의
장대, 그리고 만나의 그릇이 들어
있다.

[그림 100] '계약의 궤'가 보존되어 있다는
악숨 시온 교회의 성모 마리아의 전당

메넬리크(Menelik)가 예루살렘에 가서 자기 아버지 솔로몬왕을 만나고
악숨에 돌아오며 '계약의 궤'를 받아 왔다고 한다. 그 후 '계약의 궤'가 계속
전래되어, 악숨에 있는 시온 교회 성모 마리아의 전당 중심부에 있는 조그
만 교회에 보존되었다고 한다. 이러한 이유로 악숨을 에티오피아에서 가
장 성스러운 곳으로 여기게 되었다.

'계약의 궤'는 주님 부활의 성스러운 보존 유물이어서, 에티오피아 기독
교 정교회의 믿음의 일부다. 그래서 '계약의 궤'의 복제품이 에티오피아 모
든 교회에 성스럽게 안치되어 있다. '계약의 궤'의 현존은 에티오피아 신자
들의 신앙심과 영적 생활에 깊은 영향을 미치고 있다.

오직 한 명의 수사가 매번 선출되어 '계약의 궤'를 보살피고 지킨다. 선
출된 수사만이 '계약의 궤'를 수호한다. 그 외에는 아무도 여기에 얼씬거릴
수 없고 들어갈 수도 없다. 수호 수사가 죽기 전에 다른 수사를 지명해서 그
일을 계속하도록 한다.

영국 TV 기자가 에티오피아 정교회 총수를 만나 '계약의 궤'에 대해 인
터뷰하면서 "어찌하여 고고학자와 과학자들에게 '계약의 궤'의 존부와 진

[그림 101] 암반을 끌로 쪼아서(rock-hewn) 랄리벨라(Lalibela)에 건립한 성 조지 교회 (1185~1225). '내가 이 반석 위에 내 교회 를 세울 터인즉, 저승의 세력도 그것을 이기 지 못할 것이다(마태16,18).'

[그림 102] 성 조지 교회를 위에서 찍은 사 진. 평평하고 거대한 암반을 잘라 위의 사진 과 같은 교회를 만들었다(© 김연수).

정성을 조사하게 하지 않고 그것을 비밀로 하느냐?"고 물었다. 그에 대한 총수의 답은 이러했다고 한다.

"우리는 '계약의 궤'가 꼭 있다고 믿는다. 그것의 존부와 진부를 누구에 게도 증명할 필요가 없다."

믿음이라는 것은 눈으로 보고 손으로 만져서 믿는 것이 아니라 영적으 로 믿는 것이라는 사실을 알리는가 보다.

에티오피아에 무슬림 국가 마크즈미(Makhzumi) 왕조가 하라르게 (Hararghe) 지역의 와할(Wahal)에 수도를 정하고, 바디트(Badit) 여왕이 왕 위를 계승했다. 또 다른 왕조 자그웨(Zagwe)가 아다파(Adafa)의 수도를 라 스타(Lasta)산에 있는 오늘날의 랄리벨라인(Lalibelain)에 정하고 출범했다. 자그웨왕이 악숨에서 시작된 에티오피아 기독교 정교회를 계승했다. 그리 고 랄리벨라에 있는 성 조지 교회(The Church of Saint George)와 같은 여러 석조 교회를 세웠다. 그러나 이 왕국은 옛 악숨제국(Aksumite)왕의 후예이자 솔로몬의 후예라고 자칭한 새 조직에 의해 1270년에 전복되었다.

랄리벨라에 건립한 성 조지 교회는 땅 위에 세워진 것이 아니라 거대한 기존 암반을 망치와 끌로 쪼아, 40년이 걸려서 축조한 대단하고 독특한 건축물이다. 그래서 에티오피아 사람들은 이에 자부심을 갖고 랄리벨라에 거주하는 성스러운 주민들이라 믿고 있다. 그리고 성 마테오가 여기 에티오피아에서 사망했다고 믿는다. 에티오피아에는 유대교인들도 있지만 언제부터인지는 잘 알려져 있지 않다.

🌱 에티오피아 정교회인의 춤

"모든 이의 눈길은 그곳으로
힘을 다하여
팔을 흔들고
발을 놀리고
머리를 흔들고
어깨를 흔들고
갖고 있는 모든 율동을 다하여
모든 신체 부분을 다 동원하여
신을 찬양한다."

에티오피아는 기원전 6세기부터 기원전 1세기경에 건국되었다고 볼 정도로 오랜 역사를 갖고 있는 훌륭한 나라다. 그리고 일찍부터 고유한 문자를 보유한 문명국이었다. 또 최근에 가장 오래된 원시인의 유해가 이 나라에서 발견되었다.

4세기 중엽에, 악숨의 왕이 기독교로 개종되었다는 기록이 있다. 로마

제국의 콘스탄틴 황제가 기독교로 개종되었던 것이 312년이었고, 성 패트릭이 아일랜드에서 기독교로 개종된 것이 433년이었으며, 에티오피아 기독교가 330년경에 전래되었다고 하니, 이 땅에 기독교가 전래된 것은 비교적 매우 앞서 있다.

옛날 어느 상선이 에티오피아에 왔다. 그 상선에 잡혔던 사람들은 다 사살되었는데, 혼자 살아남은 프루멘티우스라는 아이를 악슘의 왕이 데려와 키웠고, 후에 자라서 왕을 대신해 섭정을 펼치다 알렉산드리아에 가서 336년에 주교로 보좌되었다. 그리고 에티오피아로 돌아와 기독교의 포교에 힘썼다.

에티오피아는 블루나일(Blue Nile)이 시작하는 곳이다. 영국의 제임스 브루스(James Bruce)가 1769년에 블루나일을 처음으로 발견했다고 한다. 에티오피아는 끊임없이 외세의 침입을 받아 전쟁터가 되어 왔다. 이집트, 터키, 사우디아라비아, 이탈리아, 영국, 프랑스 등의 침략을 받으면서도 끈질기게 버텨 자기들의 국체와 전통을 지켜 온 민족이다. 가톨릭 예수회가 에티오피아에 가톨릭을 전교하러 들어갔으나 실패하고 엄청난 저항을 받았다. 이렇게 그들은 독자적인 기독교를 전승해서 이제까지 지키고 있다.

작물도 이렇게 외부와 접촉이 단절되었기 때문에 독자적인 진화 과정을 거쳐 완전히 독특한 형질을 지니게 되었다. 1980년경 에티오피아가 커다란 식량난을 겪고 있었을 때, 저자는 세계식량기구의 요청으로 에티오피아에 갔다. 아디스아바바에서 남쪽으로 약 100km 떨어진 나사렛이라는 읍에 도착했을 때는 마침 그들의 성 미카엘 기념 축일이어서, 온 읍민들이 맨발로 1km나 되는 교회에 나아가는 거창한 신도들의 행렬을 지켜보고, 공산 정권의 혹독한 치하에도 불구하고 축일을 기념하러 나아가는 그들의 모습에 탄복하며 그야말로 고개가 숙여졌다. 현재 에티오피아 정교회 신자는 인구의 62.8%이다. 바로 옆에 강력한 이슬람 국가들이 있는데도 자기들의 기독교를 2천 년 넘게 고스란히 지켜 내려와 오늘에 이르렀다.

에티오피아의 수도는 원래 지금의 수도보다 더 북쪽인 엔토토(Entoto)에 있었다고 한다. 그런데 그 지역에 나무가 사라져 땔감이 없어지자 1887년에 지금의 수도인 아디스아바바로 옮겼다는 것이다. 아디스아바바라는 말의 뜻은 '새 꽃'이라는 의미다. 황폐한 옛 수도에서 나무를 찾아 옮겨 왔기 때문에 그렇게 붙여진 이름이다. 그러나 지금의 아디스아바바 주변은 나무를 찾아보기 힘들다. 벌써 산림이 다 파괴된 것이다. 에티오피아는 아프리카에서 환경 파괴가 가장 심한 나라 중 하나다.

에티오피아는 알맹이가 아주 작고 단위 면적당 수확량이 매우 적은 '테프(teff)'라는 화본과 곡식 작물을 심어 양식으로 삼고, 거기에서 나오는 짚은 가축의 먹이로 사용한다. 다른 작물을 심는 것을 꺼려 하는 매우 보수적인 농법을 고집하는 민족이다. 또 동물, 특히 소와 낙타를 많이 사육하여 젖을 얻고 고기를 얻어 식용하고 있다. 그러나 땅은 척박한데 많은 동물을 사육함으로써 환경 파괴가 더욱 극심해졌다. 여름에 비가 많이 오면 사태가 일어나고

[그림 103] 세계식량기구의 요청으로 에티오피아를 방문했을 때 아디스아바바에서 구입한 성모님 그림(양피지에 그린 그림)

겨울에 바람이 불면 심한 사진(沙塵) 현상이 일어나, 부식된 표면의 흙이 바람에 다 날아가 지력이 크게 떨어지므로 곡식이 잘 되지 않는다. 에티오피아는 보리의 원산지 중 하나로 알려져 있다. 많은 야생 근연종 보리가 여기 에티오피아에서 보고되고 있다.

절대적인 솔로몬 왕국이 건립되었고, 아비시니아(에티오피아의 옛이름)

사람들이 그 지역을 지배했다. 이때부터 아비시니아가 알려졌다. 이 아비시니아 사람들이 1270년 이후 20세기까지 특별한 일 없이 줄곧 통치해 내려왔다. 이 왕국이 근세에까지 에티오피아의 대부분을 지켜 왔다.

이탈리아는 에티오피아와의 협상에서, 이탈리아어와 암하릭(Amharic)어로 번역한 조약문에 의미 차이가 있어 에티오피아를 하나의 영토로 알았다. 그래서 에티오피아가 1893년의 조약을 파기했다. 이를 계기로 1895년에 이탈리아가 에티오피아에 전쟁을 선포하기에 이르렀다. 1896년 최초로 이탈리아와 에티오피아 간에 아두와(Adwa) 전쟁이 일어났고, 이탈리아가 패전했다. 그 결과 아디스아바바 조약이 서명되었고, 에리트레아와 경계가 확실해졌으며, 이탈리아가 에티오피아의 독립을 인정하기에 이르렀다. 이로써 그 힘이 새로이 입증된 강력한 에티오피아에 영국과 프랑스에서 사

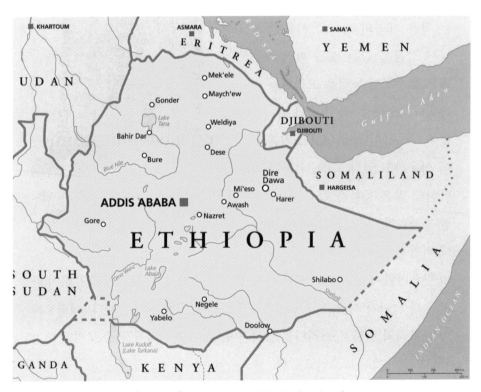

[그림 104] 에티오피아의 상세 지도(ⓒ 픽스타)

신을 보내와, 에티오피아 인근에 있는 그들 식민지 영토에 대해 협상하게 되었다.

1935년에 이탈리아 군대가 데보노 제독(Marshal Emilio De Bono)의 지휘하에 에티오피아를 재침공했다. 이것이 제2차 이탈리아-에티오피아 전쟁이다. 이 전쟁은 7년간 계속되다가 이탈리아의 승리로 끝났다. 그래서 에티오피아 제국은 이탈리아의 동아프리카 식민지가 되었다.

이 전쟁 중 이탈리아는 7년 전에 선포한 제네바 조약을 무시하고 화학 무기를 사용했다. 이탈리아는 비행기로 화학 약품을 공중에 살포해서 15만 명이 피해를 보았다. 이 전쟁이 끝나고 이탈리아는 에티오피아를 그들의 동아프리카 다른 식민지와 연합하여 새로운 이탈리아 동아프리카 식민지로 만들었다.

1940년 이탈리아는 영국과 프랑스에 대항하여 전쟁을 선포했다. 당시 프랑스는 독일에 의해 정복 직전에 있었을 때였고, 이탈리아 무솔리니(Mussolini)는 식민지를 확장하려 할 때였다. 이탈리아는 영국령 소말리아를 1940년에 정복했다. 하지만 그 전쟁은 이탈리아에 불리하게 돌아갔다. 영국에 망명해 있던 하일레 셀라시에 황제가 영국에서 돌아와 이탈리아에 대한 저항 운동을 이끌었다. 영국은 이 기회를 이용하여 1941년 에티오피아 자유전선의 도움을 받아 침입했다. 결국 이탈리아의 동아프리카 저항군은 1941년에 항복했고, 이탈리아의 지배가 끝났다.

[그림 105] 1933년 10월 3일자 영국 신문 톱기사다. 이탈리아 무솔리니가 에티오피아에 5만 명의 군대를 투입하여 전쟁을 일으켜 많은 인명을 살상했다는 내용이다.

[그림 106] 1968년 방한해 에티오피아 참전 기념관 제막식에 참석한 하일레 셀라시에 황제
(춘천 에티오피아 한국전쟁참전기념관)

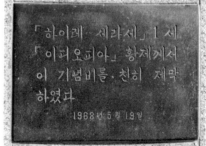

[그림 107] 춘천 공지천에 건립한 에티오피아 한국전쟁참전(1951~1953)기념비(2019년
10월 9일 탐방)

1974년에 소련 마르크스-레닌 군사 정권의 도움을 받아 멩기스투(Mengistu Haile Mariam)가 이끈 '데르그(Derg)'는 하일레 셀라시에 황제를 몰아내고 공산 정권을 수립했다. 하일레 셀라시에 황제는 감옥에 수감되었고, 불확실한 이유로 사망했다.

[그림 108] 춘천 공지천에 건립한 에티오피아 한국전쟁참전기념관(2019년 10월 9일 탐방)

　1968년 하일레 셀라시에 황제는 한국을 방문해 춘천 공지천에 건립한 에티오피아 '한국전쟁참전기념비' 제막식에 참석해 직접 제막했다. 한국전쟁참전기념비는 6·25 전쟁 당시 유엔군의 일원으로 참전했던 에티오피아 참전군의 전공을 알리고 전쟁의 교훈을 되새기기 위해 춘천시에서 설립했다. 에티오피아군은 1951년 5월 1일 한국에 도착해 1965년 3월 1일 철수할 때까지, 3개 대대 6,037명을 파병했다. 이후 양구, 화천, 철원 지역 등에서 작전을 수행하면서 253회 전투에 참여하여 121명의 전사자와 536명의 전상자를 내어, 총 657명의 군인들이 피를 흘렸다. 1968년 춘천 공지천에 에티오피아 '참전기념비' 건립을 계기로 2004년에 춘천시와 아디스아바바 시 간에 자매결연을 체결했고, 2007년 3월에는 춘천 시민의 뜻을 모아 '참전기념관'을 건립했다. 기념관은 면적 530.71m^2 규모로 에티오피아 전통 가옥 양식인 돔 형태로 지었다. 1층에는 에티오피아군의 참전 과정, 전투 상황, 전쟁 유품들을 전시해 놓았으며, 2층에는 에티오피아의 역사, 문화, 종교, 생활 풍습 등을 살펴볼 수 있는 풍물 전시실과 교류 전시실을 설치해 놓았다.

　하일레 셀라시에 황제는 6·25 전쟁에 참전한 이유를 이렇게 술회했다고 한다. "우리가 전쟁으로 허덕이고 있었을 때 세계에 절실히 도움을 요청했지만 어떤 나라도 필요한 외원(外援)을 주지 않았다. 우리가 경험했던 그

때를 생각해 도움이 필요한 한국에 파병하게 되었다." 그런데 우리는 그들에게 도움이 필요할 때 그들을 도왔던가?

🌾 농업

에티오피아의 농업은 인구 중 85%의 노동력을 흡수한다. 국가 경제는 농업에 의존하고 있다. 에티오피아의 주된 농작물은 커피, 콩류, 유류 작물, 화곡류, 감자, 사탕수수, 채소다. 커피는 가장 많이 수출되는 종목이다.

[그림 109] 에티오피아 특유의 화곡 작물 테프 밭. 테프는 이삭이 매우 작고 가늘며 알갱이도 매우 작다. 오른쪽 사진은 왼쪽 사진을 확대한 것이다(©이현수).

[그림 110] 테프로 요리한 밥. 매우 맛있다.

[그림 111] 에티오피아 원산인 엠머 밀 재배. 이 밀이 이집트에 전해졌을 것이다(©이현수).

[그림 112] 에티오피아 원산인 엠머 밀을 수확하는 농부(©이현수)

[그림 113] 참깨 수확 건조

에티오피아의 특산 농작물 테프는 화곡 작물로 오직 에티오피아에서만 재배 생산되는 작물이다. 테프의 짚은 동물의 사료로 쓰인다. 매우 비생산적인 농작물이지만 이 지역의 환경과 풍토 문화에 알맞은 작물이다.

1억 이상의 인구를 가진 에티오피아는 종종 한발의 영향으로 극심한 식량난에 봉착한다. 이 식량 문제를 극복하기에 매우 어려운 조건을 갖고 있지만, 다양한 환경 조건을 잘 이용한다면 에티오피아가 충분히 식량을 자급할 수 있으리라고 본다.

[그림 114] 동부 아프리카 우간다에 자생하는 야생 참깨 꽃과 열매(ⓒ성백주)

❧ 기후

에티오피아의 기후는 지형에 따라 변화가 심한 열대 몬순 기후다. 고원 지대가 에티오피아의 대부분을 차지하며 상당히 선선하지만 적도 근방의 지대는 온난하다. 대부분의 도시들은 대략 2,000~2,500m 고지에 있다. 현재의 수도 아디스아바바는 엔토토 산록 2,400m 지대에 있다. 연중 기온이 고르고 덥지도 않고 춥지도 않다. 아디스아바바에서의 계절은 비가 내리는 것을 기준으로 10월부터 다음 해 2월까지 건계, 3월부터 5월까지 우계로 정하고, 6월부터 9월까지 폭우기로 나뉜다. 연평균 강수량은 1,200mm이다.

일조량은 평균적으로 하루에 7시간 정도다. 건계에는 연중 가장 일조량이 많다. 우기인 7월과 8월에도 일조량이 많다. 아디스아바바의 연평균 기온은 20~25℃이다. 에티오피아 대부분 지역의 기후는 아디스아바바의 기후와 비슷하다. 고도가 좀 낮은 저지대에서는 매우 덥고 연평균 기온이 34℃이다(위키피디아에서 옮겨 번역).

제7 작물의 고향, 남멕시코·중앙아메리카 센터

제7 작물의 센터는 면적이 매우 작은 지역이지만 여러 주요 작물의 발상지다.

화곡류(禾穀類, cereals & grains)

옥수수(corn, *Zea mays* L.)

강낭콩(common bean, *Phaseolus vulgaris*[L.] Savi.)

리마콩(lima bean, *Phaseolus lunatus* L.)

채소류(菜蔬類, vegetables)

흑종호박(malabar gourd, *Cucurbita ficifolia* Bouche)

호박, 남과(南瓜, winter crookneck pumpkin, *Cucurbita moschata* Duch.)

토마토(속)(mexican tomato, *Physalis aequata* Jacq.)

토마토(속)(체리토마토, cherry tomato, *Lycopersicum cerosiforme* Dun.)

뿌리 작물(root and tuber crops)

고구마, 감저(甘藷, sweet potato, *Ipomea batatas* Poiret.)

감자, 마령서(馬鈴薯, potato, *Solanium tuberosum*, 또 하나의 센터, 유럽에
   전래된 감자의 원산지 중미 마그달레나 계곡)

트리피다 얌(trifida yam, *Dioscorea trifida*)

향신료 식물 및 기호성 식물(香辛料植物/嗜好性植物, spice plants and stimulants)

고추(pepper, *Capsicum annum* L.)

섬유 식물(纖維植物, fiber plants)

면화(육지면), 목화(木花, upland cotton, *Gossypium hirsutum* L.)

열대 과실(熱帶果實, fruits of the tropical zone)

파파야(papaya, *Carica papaya* L.)

아보카도(avocado, *Persea Schiedeana* Nees.)

구아바(guava, *Psidium guayava* L.)

캐슈너트(cashew, *Anacardium occidentale* L.)

카카오(cacao, *Theobroma cacao* L.)

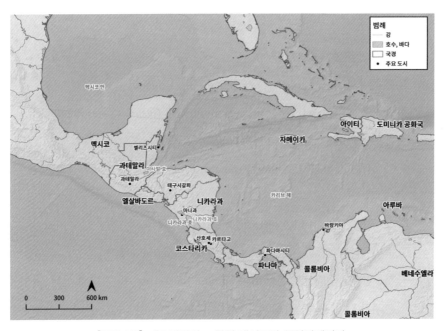

[그림 115] 제7 작물의 고향인 멕시코와 중앙아메리카

식물 지리 분석법(phytogeographic method)을 통해 여기가 옥수수의 원산지임이 확실하게 드러났다. 또한 강낭콩, 호박, 고추, 그리고 몇몇 열대 과일 종의 센터이기도 하다. 카카오의 원산지이고, 아마도 고구마의 고향 중 하나일 것이다. 현재 전 세계에서 널리 재배되고 있는 면화도 남부 멕시코와 함께 여기가 독립된 원산지의 하나다. 여기서는 옥수수가 유럽의 밀만큼이나 중요한 역할을 했다. 옥수수 없이는 마야 문화가 발전할 수 없었을 것이다.

중앙아메리카

지역 국가
벨리즈, 코스타리카, 엘살바도르, 과테말라, 온두라스, 니카라과, 파나마

면적: 521,876 km²
인구: 47,448,333명
인구 밀도: 91/km²
FDP: 3,037억 3,000만 달러
1인당 GDP: 4,783달러

❦ 역사

중앙아메리카(Central America)는 과테말라 북쪽에서 파나마 중서부까지 펼쳐지는 중남미 생물 다양성 중심부의 일부다.

1609년부터 1821년까지 중미 지역의 대부분은 멕시코시에서 스페인 총독이 통치했다. 1821년 스페인 총독 후안 데 오도노주(Juan de O'Donojú)가 코르도바(Cordoba) 조약에 서명하면서 스페인에서 독립되었다. 벨리즈는 1981년에 영국에서 독립했다. 파나마는 1543년에 시작된 다음, 한때 페

루 수도권의 일환으로 1739년까지 관리되어 남아 있다가 뉴그라나다(New Granada) 수도권으로 옮겼다. 1819년 총독의 해산 전까지 남아 있다가, 1822년 군사적·정치적 투쟁 끝에 그랑콜롬비아(Gran Colombia) 공화국의 일부가 되었다. 1830년 그랑콜롬비아가 해체된 후, 우여곡절 끝에 1903년 결국 파나마가 탈퇴했다.

1930년대까지 유나이티드 과일 회사(United Fruit Company)는 중미와 카리브 지역에 140만 정보의 땅(한국 벼 재배 면적의 1.8배, 필리핀에도 대면적의 바나나 재배지가 있다)을 소유했고, 과테말라에서 가장 큰 토지 소유자가 되었다. 여기에서 대대적으로 바나나를 재배하여 수출해 왔다. 저자는 온두라스에 건립된 유나이티드 과일 회사 바나나 연구소에 가본 적이 있다.

❧ 지리

중앙아메리카는 독특하고 다양한 지리적 특징을 지닌 좁은 지형이다. 남서쪽에 태평양, 북동쪽에 카리브해, 북쪽에 멕시코만이 놓여 있다. 중미 지방에는 남동쪽으로 뻗어 흐르는 아트라토(Atrato)강이 있는데, 남미 북서부의 태평양 저지대와 연결된다. 중미는 작은 지역이지만 고산이 많이 있다. 그중 과테말라의 타후물코(Volcán Tajumulco) 화산은 4,220m로 가장 높고, 다음으로 코스타리카의 세로 치리포(Cerro Chirripó)산으로 3,820m나 된다. 그리고 파나마에는 3,474m나 되는 바루(Volcán Barú) 화산이 있다.

무역풍(trade winds)은 중앙아메리카의 기후에 상당한 영향을 미친다. 중미 지역의 기온은 여름철 우기 전에 가장 높으며, 건조한 계절인 겨울에는 무역풍의 영향으로 가장 낮다. 4월에 가장 높은 기온이 발생하는데 일조량이 많고 구름이 적으며 무역풍이 감소하기 때문이다.

🌱 생물 다양성

중앙아메리카는 세계 생물 다양성의 7%라고 자랑할 만큼 매우 두드러진 곳이다. 특히 코스타리카와 파나마에 생물 다양성이 현저하다. 조류가 태평양 이동 경로를 따라 남북으로 이동할 때, 이곳은 북미와 남미를 연결해 주는 다리 역할을 한다. 그러나 최근 농지 확장을 위해 삼림 채벌이 심해지면서 환경 변화가 일어나 생물 다양성이 위협받고 있다.

중앙아메리카와 멕시코 남부의 삼림은 열대와 아열대 습지 활엽수의 서식 지역이다.

19

제8 작물의 고향, 남아메리카 센터

남미 페루(Peruvian), 에콰도르(Ecuadorean), 볼리비아(Bolivian) 지역이다.

뿌리 작물(root and tuber crops)

감자(속), 마령서(馬鈴薯, potato, *Solanum andigenum* Juz. et Buk., 여러 감
　자 종류가 있다)

고구마, 감저(甘藷, sweet potato, *Ipomea batatas* Poiret., 고구마도 여기가
　원산일 것이다)

화곡류(禾穀類, cereals & grains)

강낭콩(common bean, *Phaseolus vulgaris* L., 제2 센터)

열대 과실(熱帶果實, fruits of the tropical zone)

패션프루트(passion fruit, *Passiflora ligularis* Juss.)

구아바(guava, *Psidium guajava* L., 재배종과 야생종)

약용 식물(medical plants)

퀴닌나무(속)(quinine tree, *Cinchona calisaya* Wedd., 말라리아 약의 원료
　식물)

담배(tobacco, *Nicotiana tabacum* L.)

코카인(cocaine bush, *Erythroxylon coca* Lam.)

채소류(菜蔬類, vegetables)

호박(pumpkin, *Cucurbita maxima* Duch.)

페루, 에콰도르, 볼리비아의 고산지(3,500~ 4,300m)에는 감자와 그 밖의 재배 작물이 야생종으로 또는 재배종으로 존재한다. 여기에 야생종과 재배종 간의 교배종들도 많이 있다. 잉카(Inca)에서 농업은 이집트 농업처럼 2차적이다. 이집트와 잉카 농업은 인공 관수로 이루어졌다. 이곳에 농민이 정착하여 살기 전에는 원래 식물이 없었고, 옥수수와 면화도 없었다. 관개된 곳의 대부분 식물은 중앙아메리카 또는 코르딜레라스(Cordilleras)의 동부 경사지에서 도입된 것들이다.

기본적 식물 기원인 페루 센터(Peruvian Center)에 칠로에(Chiloe) 남부 해변가의 작은 섬을 추가해 넣어야 할 것이다. 여기에 유럽 사람들이 감자(*Solanum tubersum*)와 자주감자(*S. andigenum*, 2n = 48)를 페루 사람들에게 얻어 재배했던것 같다. 이 감자는 유럽 아일랜드 감자(Irish potato)와 형태적으로 유사하다. 이 품종은 유럽 조건에 적합한데 비교적 오랫동안 그곳의 장일 조건하에서 재배되어 유럽의 일장 조건에 적응할 수 있었기 때문이다. 페루와 볼리비아, 에콰도르에서 유럽으로 감자를 가져와서 곧바로 재배하면 괴경을 형성하지 않는다. 왜냐하면 그곳의 감자는 단일 조건에 맞게 적응되어 있기 때문이다. 그래서 유럽의 장일성 여름 조건에 맞지 않아 괴경을 형성하지 못하는 것이다.

남아메리카

페루, 에콰도르, 볼리비아

[그림 116] 남아메리카

페루(Peru)

면적: 1,285,216 km²
인구: 32,495,510명
인구 밀도: 23/km²
GDP: 2,329억 1,800만 달러
1인당 GDP: 7,118달러

페루는 남미 서부 국가로, 북쪽에는 에콰도르와 콜롬비아가 있고, 동쪽으로는 브라질, 남동쪽은 볼리비아, 남쪽은 칠레, 서쪽은 태평양이 있다. 태평양 연안 지역 국가로, 건조한 평야에서 안데스산맥의 봉우리에 이르기까지 거대한 국가다. 북쪽에서 남쪽으로 뻗어 있고 동쪽으로는 아마존강 상류 다우(多雨) 분지가 있다. 여기에서 농학의 토양학 연구가 활발하게 이루어지고 있다.

페루는 여러 고대 문명 발원지의 하나다. 세계 5대 문명의 요람이고, 아메리카에서 가장 오랜 역사를 자랑하는 곳이다. 기원전 32세기의 노르테 치코(Norte Chico)에서 시작해 콜롬비아 이전 가장 강력한 군주 국가였던 잉카 왕국에 이르기까지, 그 어느 나라보다 화려하고 오래된 역사를 갖고 있으며, 기원전 4세기까지 소급되는 가장 오래된 문명 국가 중 하나다. 기원전 10세기에서 20세기에 걸쳐 페루의 해변가에 펼쳐진 쿠피스니크(Cupisnique) 문명은 잉카 문명 이전에 있었던 화려한 문명이다. 해변가에 있었던 모히카(Mochica)인들이 10세기에 건조한 지역에 관수하기 위해 만들어 낸 관수(irrigation) 체계는 놀랄 정도로 훌륭하다. 당시 막강한 스페인 왕국은 16세기에 이 지역을 정복하고, 남미의 거의 전 지역을 지배하는 총통 정치를 시작했다. 그들은 페루 리마를 수도로 정했다. 그러다가 1821년 독립을 선언하고 전쟁에 들어갔다. 그 후 1824년에 독립하여 정치적·경제적으로 비교적 안정을 이루었다. 그러다가 칠레와 전쟁한 이후, 사회적으로 여러 복잡한 문제가 생겨 오늘에 이르렀다. 최근 안정을 되찾아 정치 경제에서 발전의 기로에 있다. 이 나라의 주산업은 광업, 제조업, 농업, 어업이다. 저자는 고구마 연구를 위해, 또 국제감자연구소의 회의차, 페루에 두 차례 가본 적이 있다.

🌱 선사 시대와 콜롬비아 이전 시대

페루 지역에 가장 처음 인간이 있었다는 증거는, 기원전 90세기로 거슬러 올라간다. 당시 안데스의 사회는 농경 위주였다. 이때 관개 시설을 갖추어, 농수로를 만들어 원거리에서 물을 날라다 농업용수로 이용했고, 계단식 농지 정리법도 이용했으며, 낙타를 사육해서 노역에 이용했고, 어업도 했다. 페루에서 가장 오래된 노르테 치코 문명은 기원전 20세기 내지 30세기에 태평양 연안에 번성하여 꽃을 피웠다. 초기에는 해변가에서, 그리고 안데스 지역에서 발전했다.

쿠피스니크 문명은 기원전 10세기에서 20세기에 걸쳐 지금의 페루 태평양 해변가에서 번창한 것으로, 잉카 문명 이전의 일이다. 기원전 15세기 내지 3세기에 걸쳐 꽃피웠던 차빈(Chavin) 문명은 정치적인 것이 아니라 종교적인 것이었으리라 보고 있다. 1세기 초에 차빈 문명이 쇠퇴하고, 해변가에서 그리고 고지에서 여러 지방의 특수한 문명이 생겨났다가 사라졌다. 1세기에 일어났던 모치카(Mochica) 문명은 관개 체계를 세워 건조한 농지에 관수해 농사지었고, 매우 고급스러운 요업이 성했다.

15세기에 와서 잉카 문명이 시작되어 쿠소(Cuso)를 수도로 수 세기 동안 콜롬버스 이전의 가장 강력한 국가를 형성했다. 파차쿠티(Pachacuti) 황제와 그 아들의 강력한 통치하에서 곧 잉카가 안데스 전역(Topa Inca Yupanqui)을 지배했다. 당시 인구는 900만 명 내지 1,600만 명 정도였을 것이라고 추정된다. 파차쿠티는 태

[그림 117] 페루의 마추픽추. 콜롬비아 이전. 페루의 심벌이다(ⓒ 픽스타).

양의 신(The God of the Sun)이라는 절대적·세속적·영적 권력자로서 쿠스코(Cusco)를 재건했다. 그리고 1438년부터 1533년까지 안데스 고산지에서 오늘날 콜롬비아에서부터 칠레에 이르는 서부 남아메리카 전역과 태평양에서부터 동쪽으로 아마존 다우 삼림 지대를 통치했다. 잉카는 태양신을 신봉했고, 그들의 왕을 태양의 자손, 또는 태양신의 아들이라고 했다.

❦ 스페인 식민지 시대

마지막 사파 잉카 아타후알파(Sapa Inca Atahualpa)는 그의 아버지 잉카 후야나 카팍(Inca Huyana Capac)이 사망하고 내란이 일어났을 때, 그의 이복형 후아스카(Huáscar)를 죽이고 황제가 되었다. 1532년에 프란시스코 피사로(Francisco Pizarro)가 페루 정복을 위해 인솔하고 온 부대가 카야마르카(Cajamarca) 전투에서 아타후알파 황제를 사로잡았다. 그때는 페루가 스페인의 미주 식민지화에서 가장 중요한 목표지였다. 그 후 수십 년간의 군사적 격돌 끝에 스페인이 승리해서 모든 왕의 수도인 리마(Lima)에 페루의 제독을 두어 통치했다.

그렇게 잉카 원주민들은 스페인 사람들의 폭정과 사회적 변화, 스페인 사람들이 도입한 유행병으로 급격히 몰락했다. 프란시스코 데 톨레도(Francisco de Toledo) 제독이 1570년에 페루를 재조직하여, 금광과 은광을 그들의 주된 경제 목표로 삼고 원주민들의 노동력을 동원했다. 금광과 은광을 오늘날의 볼리비아 포토시(Potosi)와 우앙카벨리카(Huancavelica)에서 발견해서, 그곳은 페루 제독의 광물 자원지로 매우 번창했다. 그러자 페루의 금은 덩어리가 스페인 왕국의 중요한 자원이 되어 유럽과 필리핀까지 금은 무역이 왕성해졌고, 노동력의 부족으로 아프리카에서 노예를 들여와 충당했다. 스페인 사람들은 각 도시에 교회를 짓고 강제적으로 토속 신앙을 버리게 해서 가톨릭 신자로 귀화시켰고, 원주민들의 토속 교당과 토속 신앙을 말살했다. 그렇게 형성된 페루의 가톨릭교가 많은 라틴아메리카 나라의 토속 예식을 가톨릭 축제에 영입해 뿌리내린 융합 신앙이 되어, 스페인 정착인들의 문화 궤도에 원주민들을 끌어 모으는 데 중요한 역할을 했다.

🌱 독립

19세기 초에 대부분의 남미 국가들은 독립하기 위해 전쟁을 일으켰다. 그때까지 페루는 스페인 왕국에 강한 충성 국가로 남아 있었다. 지식층이 독립과 스페인 왕국에 대한 충성 사이에서 동요하게 되면서, 호세 데 산 마르틴(Jose de San Martin)과 시몬 볼리바르(Simon Bolivar)의 군사 행동에 의해 점령되고서야 비로소 독립이 이루어졌다.

유럽에서 스페인의 경제 위기와 실권이 북미의 독립 전쟁과 함께 영향을 미치자 페루 원주민들의 요동에 의해 남미에서 독립 운동이 활발하게 전개되었다. 그러나 페루의 집권자들은 특권을 누리기 위해 스페인 왕국에 계속 충성을 유지했다. 스페인의 권위가 실축됨에 따라 아르헨티나에서 반군이 일어나며 남미와 스페인 국가 간에 독립 운동이 일어났다. 아르헨티나에서 독립 전쟁을 일으킨 호세 데 산 마르틴은 안데스 군대를 창설했고, 21일 만에 아르헨티나에서 안데스를 넘어 칠레로 가서 1818년에 칠레를 독립시켰다. 그는 칠레 우아초(Huacho)에 사령부를 정하고, 스페인의 가장 강력한 충성국인 페루의 함락이 어렵다고 판단해 전략적으로 페루 정권에 사신을 보내 협상을 제의했으나 거절당해 성사되지 못했다. 그러는 사이 페루에서는 스페인에 충성한 자큐인 데 라 파주엘라(Joaquín de la Pazuela) 제독이 호세 데 라 세르나(Jose de la Serna)를 사령관으로 임명해 산 마르틴의 군대를 방어하여 페루를 지키도록 했다. 그러나 호세 데 라 세르나는 데 라 파주엘라에 대항하는 반군을 창설해서 스페인에서 페루 제독

[그림 118] 호세 데 산 마르틴이 아르헨티나에서 칠레 차카부코(Chacabuco) 전쟁에 행군하는 모습

으로 인정받았다.

군사적 충돌을 막기 위해 산 마르틴은 새로 임명된 호세 데 라 세르나 제독을 만나 제헌 국가의 창설을 제의했으나 거절당했다. 그리고 호세 데 라 세르나는 리마를 버리고 떠나갔다. 그래서 1821년에 산 마르틴은 리마를 점령하고 페루의 독립을 선포했다. 3년 후에 시몬 볼리바르의 군대가 페루를 완전 해방시켰다. 그리고 호세 데 산 마르틴을 페루의 섭정자로 선포했다. 이때 볼리비아가 라틴아메리카 연방을 제의함으로써 페루의 국가 정체성이 확립되었다. 시몬 볼리바르는 북쪽으로부터 군대를 이끌고 1821년에 카르보보(Carbobo) 전투에서, 그리고 다음 해 피친차(Pichincha) 전투에서 승리해서 뉴그라나다를 해방시켰다. 1822년 과야킬(Guayaquil) 회의에서 볼리바르는 산 마르틴과 회동하여 볼리바르가 페루를 통치하기로 하고, 제1차 국회 모임을 가진 후 산 마르틴은 정치에서 물러났다. 그 회의에서 볼리바르는 페루의 전권자로 임명되어 군대 통솔권을 받았다. 그는 안토니오 호세 데 수크르(Antonio Jose de Sucre)의 도움으로 1824년 주닌(Junin)의 전투에서 스페인 대부대를 격퇴했고, 또 그 해 아야쿠초(Ayacucho) 전투에서도 승리해 페루와 알토페루(Alto Peru)의 독립을 공고히 했다. 알토페루는 나중에 볼리비아가 되었다. 초창기 독립국 페루는 군

[그림 119] 페루 해변가의 칭차(Chincha)
섬에 있는 해조(海鳥) 분비물 퇴적층인
구아노. 엄청 많다. 중요한 자연산 무공
해 비료다.

부 간에 알력이 생겨 정치적 불안전성
이 컸다.

1840년부터 1860년 사이, 페루는
라몬 카스틸랴(Ramón Castilla) 대통령
의 통치하에 '구아노(guano)'를 수출해
국가 재정이 튼튼해지고 경제적 안정
을 누렸다. 구아노는 바다 조류와 박
쥐의 분비물이 오랫동안 퇴적된 것이
다. 이것을 자연산 무공해 비료로 사
용한다. 특히 질소와 인산, 칼륨 성분
이 높다. 매우 중요한 인산질 비료다.
그러나 1870년경 구아노가 고갈되자
국가는 심각한 빚으로 재정난과 함께
정치적 불안을 겪어야 했다. 페루는 철도 건설로도 적자를 보았다.

1879년부터 1884년까지 페루는 칠레와 태평양 전쟁을 했다. 볼리비아
는 페루와 동맹을 맺어 칠레와 전쟁을 치렀다. 5년간 지속된 전쟁으로 타
라파카, 타크나, 아리카(Tarapacá, Tacna, Arica)도(道)를 잃었다. 1900년에
와서야 정치적 안정이 이루어졌다.

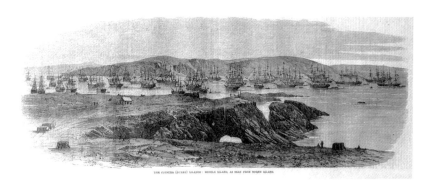

[그림 120] 구아노를 캐내서 좋은 비료로 유럽, 아시아, 북아메리카에 대량 수출했다.

208

🌱 지리

페루는 남아메리카의 서쪽 태평양 연안 중앙에 위치한다. 페루는 완전히 적도 이남에 있다. 페루의 최북단은 적도에서 남쪽으로 3.3km의 거리에 있으며, 면적은 1,285,216 km²이다.

서쪽 해변가에 좁은 평원이 있는데, 계곡에서 흐르는 강을 제외하고는 주로 건조 지역이다. 숲이 있는 산간 지역은 안데스 지역으로 거기에 알티플라노(Altiplano) 고지대와 페루에서 가장 높은 봉우리(6,768m)인 우아스카란(Huascarán)산이 있다. 제3 지역에는 아마존 상류의 다우 지대 정글이 있는데, 이 나라의 60%에 해당한다. 그리고 대략 60개의 하천이 있다. 그중 52개는 해변 분지에 있는 작은 것으로, 물을 태평양으로 흘려보낸다. 그리고 나머지 둘은 아마존 분지에 있는 것으로 대서양으로 물을 흘려보낸다.

두 번째 분지는 거대한 아마존강의 시발점으로 페루 전 면적의 75%를 점한다. 페루는 전 세계 물의 4%를 갖고 있다.

[그림 121] 아레키파(Arequipa) 화산

🌱 기후

열대 고도, 산간 지역, 지형적 변이, 그리고 해류는 페루의 기후에 거대한 다양성을 준다. 해변가는 보통의 온도에 강수량이 적으며 다습하다. 북쪽으로는 온난하고 다습한 지역이 있다. 산간 지역은 여름에 비가 자주 오고 고도가 높아 안데스의 한랭한 고지로 올라감에 따라 온도와 습도가 낮아진다. 그리고 페루의 아마존 지역은 비가 많이 오고 기온이 높다. 최남단에는 추운 겨울이 있고 계절에 따라 비가 온다(위키피디아에서 발췌 번역).

🌱 제8-a 작물의 고향, 칠로에 센터

칠로에(Chiloe)는 칠레 남쪽 서해안의 섬이다. 기본적 식물 기원 센터인 페루 센터(Peruvian center)에 칠로에 남부 해변가의 작은 섬을 추가해서 넣어야 할 것이다.

[그림 122] 제8-a 작물의 고향인 칠로에

뿌리 작물(root and tuber crops)

감자, 마령서(馬鈴薯, common potato, *Solanum tuberosm* L., 2n = 48 염색체)

🌱 제8-b 작물의 고향, 브라질·파라과이 센터

두과 식물(荳科植物, legume plant)

땅콩, 낙화생(落花生, peanut, *Arachis hypogaea* L.)

뿌리 작물(作物, root and tuber crops)

카사바, 마니옥, 유카(cassava, *Manihot esculenta* L.)

공예 작물(工藝作物, industrial plant)

고무나무(rubber tree, *Hevea brasiliensis* Múll.)

채소류(菜蔬類, vegetables)

딸기(strawberry, *Fragaria chiloensis* Duchesne, 야생 딸기)

파인애플(pineapple, *Ananas comosa*(L.) Merr.)

열대 과실(熱帶果實, fruits of the tropical zone)

캐슈너트(cashew nut, *Anacardium occidentale* L.)

카카오(cacao, *Theobroma cacao* L.)(제2 센터)

브라질너트(brazil nut, *Bertholletia excelsa* Humb. & Bonpl.)

브라질은 면적면에서 광대하다. 그리고 세계에서 가장 큰 아마존강이 흐르고, 대밀림이 있으며, 폭넓은 기후 조건을 갖고 있다. 식물학자에 따르면, 여기에는 4만 종의 식물이 있다. 하지만 재배 작물은 고작 카사바,

[그림 123] 초콜릿 원료를 만드는 카카오나무와 나의 카메룬 제자.

[그림 124] 카카오나무는 줄기에 꽃이 핀다.

[그림 125] 완숙된 카카오 열매

[그림 126] 카카오 열매에서 씨를 받아 건조한다.

[그림 127] 건조한 카카오 종자. 이것을 가공해 초콜릿을 만든다.

땅콩, 그리고 파인애플뿐이다. 그리고 이들은 우림(雨林, rain forest) 지역이 아니라 반건조(半乾燥, semiarid) 지역에서 나왔다. 브라질은 넓지만 작물 빈곤 지역이다. 하지만 브라질은 황금 작물인 고무나무와 카카오나무(cocoa)를 낳았다. 영국, 프랑스, 네덜란드가 고무나무와 카카오나무를 아프리카와 동남아시

[그림 128] 제8-b 작물의 고향인 브라질과 주변 국가

아에 가져다 심고 가공해서 엄청난 재미를 보았다.

　저자는 1992년과 1993년 2년에 걸쳐, 저자의 연구 대상 작물 카사바의
원산지인 브라질에서 매년 1만 km를 육로로 달리며, 첫해는 새로운 수도
인 브라질리아에서 출발해서 파라과이와의 국경 지역까지 갔고, 두 번째
해에는 브라질리아에서 벨로 호라이즌트를 거쳐 살바도르에 갔다가 거기
서 내륙으로 들어가 브라질리아로 돌아왔다. 저자가 가난한 아프리카 대
륙, 가난한 사람들의 주식 작물인 카사바의 내병다수성 품종을 만들어 그
들의 식량 안전에 기여한 그 유전자원을 여기 브라질에서 얻어 왔다.

20

제9 작물의 고향, 서부 아프리카 센터(새로 추가한 센터)

바빌로프 박사는 아마도 서부 아프리카를 탐사하지 않았던 것 같다. 서부 아프리카에 대한 언급이 전혀 없기 때문이다. 그래서 중요한 서부 아프리카의 재배 식물이 센터에 포함되지 않았다.

저자가 이 지역에 위치한 국제열대농학연구소에서 23년간 연구하며 여러 나라를 방문 조사한 결과, 서부 아프리카에 뿌리를 둔 주요 작물들이 많았다. 그러므로 서부 아프리카를 새 작물의 센터로 추가할 것을 제의한다. 이렇게 주장할 근거는 충분히 있다.

서부 아프리카의 니제르강 상류 사바나 지역인 말리, 니제르에서 원초적 인간이 기원전 5000~4000년경(이보다 훨씬 이전일 것이다)에 주로 수수, 조 등 잡곡류의 재배와 가공 기술을 개발해 농경 문화를 일으켰다. 잡곡류 재배와 가공 기술이 에티오피아로 넘어가 중동으로 전해졌고, 더 나아가 동남아와 중국, 한국에까지 전해졌다고 한다(Murdock, 1959; 형기주, 1993).

서부 아프리카에는 우리 벼와 가장 가깝고 오직 하나뿐인 사촌 아프리카 벼(*Oryza glaberrima*)가 있다. 그렇게 멀고 먼 서부 아프리카에서 독립적으로 발상하고 거기에 정착해 일가를 이루었다. 어떻게 그곳에서 수천 년 수만 년 동안 연명하고 살았을까?

서부 아프리카에는 쓴 수박(bitter water melon)이 많이 재배되고 있다. 우리가 흔히 먹는 수박(sweet water melon)이 쓴 수박에서 나왔을 것이라고 한다. 그리고 참외도 서부 아프리카에서 발상했다고 본다. 바빌로프 박사는 서부 아프리카에서 발상한 수박과 참외, 아프리카 벼, 수수, 동부, 기름 야자(oil palm) 등의 원산지를 밝히지 않았다.

　우리는 모든 뿌리를 아프리카에 두고 있다. 현재 아프리카가 낙후되었다는 이유로 이 사실을 부정하려 들지만 그렇게 하면 결코 진짜 뿌리를 찾을 수 없다. 영국, 프랑스, 포르투갈 등 아프리카 식민지 종주국들은 아프리카를 비하해 왔다. 그러다가 최근에 와서 아프리카를 재평가하고 있다. 피카소 등 현대 미술의 대가들도 아프리카 미술에서 아이디어를 얻었을 것이다. 서구 사람들은 아프리카의 노래와 춤을 야만적이라고 폄하했다. 그러나 요즘 아프리카의 노래와 춤이 세계를 주름잡고 있다. 심지어는 한국 K 팝도 아프리카의 노래와 춤에 뿌리를 두고 있다.

　일본 문화의 뿌리는 한국에 있다. 하지만 오늘날의 일본인들은 한때 한국이 그들의 식민지였다는 이유로 그것을 의식적으로 부정한다. 그렇게

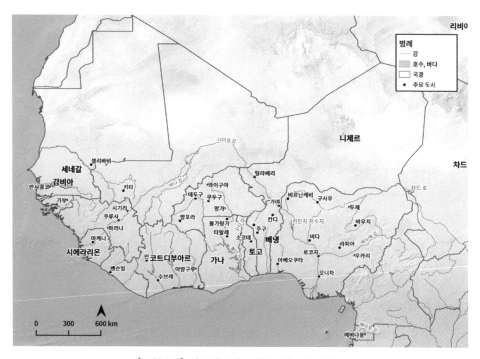

[그림 129] 제9 작물의 고향인 서부 아프리카

해서는 진짜 그들의 뿌리를 찾을 수 없을 것이다. 《작물의 고향》을 쓰면서 이것이 너무 확연히 드러났다.

화곡류(禾穀類, cereals & grains)
수수(속)(sorghum, *Andropogon sorghum* sub.sp. *verticilliflorum* Brot.)
진주조(속)(眞珠 粟米, pearl millet, *Pennisetum glaucum* L.)
벼(속)(rice, *Oryza glaberrima* L. 우리 벼와 가장 가깝고 유일한 사촌 벼)

두과 식물(荳科植物, legume plant)
동부(속)(cowpea, *Vigna unguiculata* L., Walp.)

뿌리 작물(root and tuber crops)
흰 마(white yams, *Dioscorea rotundata* L.)
노란 마(yellow yams, *Dioscore cayanensis* L.)

기호성 식물(嗜好性植物, stimulants)
콜라너트(kola nut, *Cola acuminata*)

공예 작물(工藝作物, industrial plant)
기름야자(oil palm, *Elasis guinensis*(Palmae))

채소류(菜蔬類, vegetables)
씨 수박(egushi melon, bitter, *Cucumis lanatus*)
수박(water melon, sweet, *Cucumis lanatus*)
참외(oriental melon, *Cucumis melo* var. *makuwa*)

열대 과실(熱帶果實, fruits of the tropical zone)

식용 바나나(plantain, *Musa* sp., AAB type, 제2 센터)

기름야자는 서부 아프리카가 원산지인데, 영국과 네덜란드 사람들이
동남아시아의 말레이시아와 인도네시아에 가져가 재배해서 이 지역이 주
산지가 되었으며, 팜유(팜오일)를 세계에 수출하고 있다. 대신 영국과 프랑
스 사람들은 브라질에서 땅콩과 고무나무, 카카오를 서부 아프리카에 들
여와 심어 그 원료를 수입해 갔다.

[그림 130] 서부 아프리카 벼에서 찧어 나온
쌀. 이 쌀밥을 여러 차례 먹어 봤는데 입안
에 잡히지 않고 떠돌아다니는 느낌이었지만
분명히 쌀밥이다(위키피디아).

[그림 131] 동부(cowpea, *vigna ungui-
culata*). 여러 색깔의 동부가 있다. 이것은
변이가 크다는 것을 알려 준다. 기원 센터의
작물들은 이렇게 다양하다.

[그림 132] 흰 얌의 뿌리(*dios-corea rotun-
data*). 길거리에 내놓고 판다.

[그림 133] 기름야자나무(oil palm trees)

[그림 134] 기름야자의 열매. 기름은 열매 표피에 있다.

[그림 135] 나이지리아의 에구시(egushi) 쓴 씨 수박. 이 수박은 씨를 먹고 쓴 과육은 먹지 않는다.

[그림 136] 쓴 씨 수박의 씨를 건조하는 장면. 이 수박씨로 수프를 만든다(우: 근접 사진).

[그림 137] 물이 귀한 세네갈에서는 소에게 먹일 수박을 따로 재배한다. 소에게 물 대신 수박을 먹인다.

[그림 138] 야생 멜론

[그림 139] 야생 참외

[그림 140] 콜라너트, 각성제. 콜라너트를 밤 먹듯이 씹어 먹는다. 맛은 좀 씁쓸하다. 카페인이 들어 있어 운전할 때 졸음을 막아 준다.

[그림 141] 동쪽 나이지리아 어느 마을을 방문했더니, 추장들(왼쪽)이 저자(추장)를 환영하면서 콜라너트를 제일 먼저 저자에게 하나 주고 나머지 너트를 쪼개어 다른 추장들에게, 그리고 손님들에게 나누어 주고 감사기도를 했다. 그런 다음 함께 콜라너트를 먹었다. 이것이 콜라너트와 관련된 귀한 전통 예절이다.

[그림 142] 서부 아프리카에서 재배되는 식용 바나나(ⓒR. Swennen)

[그림 143] 서부 아프리카의 식용 바나나(3배체)와 아시아의 2배체 바나나와의 교잡종 (4배체, ⓒR. Swennen.)

서부 아프리카(West Africa)

지역 국가(16개국)

베냉, 부르키나파소, 감비아, 가나, 기니, 기니비사우, 코트디부아르, 라이베리아, 말리, 모리타니, 니제르, 나이지리아, 세네갈, 시에라리온, 토고

면적: 5,112,903 km²
인구: 362,201,579
인구 밀도: 49.2/km²
GDP: 655억 달러
1인당 GDP: 1,929달러

❦ 인류의 유전적 배경, 발상과 분산

인간의 미토콘드리아 DNA 연구 결과로 밝혀진 바에 따르면, 인간은 모두 같은 조상을 갖고 있다. 인간은 아프리카 남서부 지역(나미비아와 앙골라)에서 발상했다고 본다.

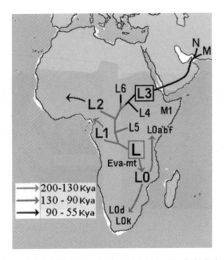

[그림 144] 원초적 인간의 발상과 분산 경로(위키피디아)

DNA의 특수 하플로그룹(haplogroup) L2는 8만 7,000년에서 10만 7,000년 전 사이에 생겼다. 아프리카 전역에 걸쳐 분포된 L2 그룹의 연대와 전파와 다양성은 아프리카 내에서 발상 지역을 꼭 집어 말할 수는 없지만, 서부 아프리카의 가장 큰 다양성으로 볼 때 서부 아프리카 또는 중앙아프리카에서 몇 개 L2 그룹의 기원이 가능하다고 본다. 대부분 서부 아프리카와 중서부 아프리카로 좁혀진다. E-V38를 가진 아프리카 사람들은 대략 1만 9,000년 전에 동쪽에서 사하라 사막을 넘어 서쪽으로 갔다는 것을 알 수 있다(위키피디아에서 발췌 번역).

❧ 역사

서부 아프리카의 역사는 다섯 가지 주요 시대로 나누어 볼 수 있다.

- 첫 번째 상고 시대 : 이때 최초의 정착 인간이 도래하여, 농업 개발을 시작해 북쪽 사람들과 접촉한 시대
- 두 번째 철공(鐵工) 문화 왕조 시대 : 철공 제품으로 아프리카 내외에서 교역을 확장하고 중앙 집권제를 굳힌 시기
- 세 번째 주된 정책이 꽃핀 시대 : 아프리카 외의 국가들과 대대적으로 교역하기 시작한 시대
- 네 번째 식민지 시대 : 영국과 프랑스, 포르투갈이 거의 전 지역을 지배했던 시대
- 다섯 번째 독립 후기 시대 : 현재의 국가가 형성된 시대

상고 시대인 1만 년에서 8만 년 전에 고베로(Gobero)에서 장신의 키피안(Kiffian) 수렵인들이 녹색 사하라(Green Sahara) 시대에 살았다. 그리고 수렵과 어업, 소 목축업을 한 신체 날씬한 테네리아(Tenerian)족이 7,000년

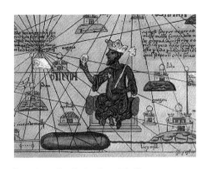

[그림 145] 말리 제국 황제(Emperor of Mali Empire) 만사-무사1. (Mansa-Musa1, 280~1337). 금전을 들고 있다(Holding gold coin, from 1395 map of Africa).

에서 4,500년 전 녹색 사하라 시대 후기에 살았다.

기원전 5000년경에 정착 농업을 시작했고 동물을 가축으로 순화했다(이보다 훨씬 이전일 것이다). 기원전 1500년경 철공 기술의 발전으로 농업 생산성을 증가·확장했으며 초기 부락을 형성했다. 북부 부족은 벽을 쌓고 정착 생활을 했다. 남쪽 숲 지대에서 철(鐵) 문화가 번창해 지역 간 교역이 시작되었다. 사하라가 사막화되어 기후 변화가 생기자, 사하라 사막을 넘어 지중해 연안 사람들과도 교역했다. 낙타를 가축화해서 사하라 횡단 교역을 시작했다. 주요 수출 품목은 금, 면제품, 철제 장식물, 철물, 피혁물이었고, 물물 교환 수입물은 소금, 말, 직물 등이었다. 피혁물과 직물, 금은 다음의 제국들에 풍요와 번영을 가져왔다.

1,600년경 서부 아프리카 지역의 경제 발전으로 다르 티치트(Dhar Tichitt)를 위시하여 중앙 집권적 국가와 문화가 형성되었다. 이것은 그 후 9세기에서부터 12세기에 걸쳐 번성한 가나(Ghana) 제국으로 이어졌고 훗날 말리 제국 건립에 길을 터주었다. 오늘날 모리타니에 티치트 도시 유적이 있는데 말리 제국이 이 지역에 군림해서 수 세기 동안 지배했다.

한편 12세기에는 남쪽에 강한 도시 국가를 세운 이보족이 등장했고, 요루바족 가운데 이페(Ife) 제국이 14세기(유물로 보아 이보다 훨씬 일찍 건립되었을 것이다)에 일어났으며, 북쪽에 오요(Oyo) 제국이 15세기에 건립되었고, 그보다 남쪽에 막강한 베냉(Benin) 제국이 건립되었다.

이보족의 은리(Nri)왕은 독특하게도 군대가 아니라 성스러운 정신 존중 정책을 펴서 백성을 다스렸다. 이보 제국은 제철 기술을 발전시켜 철로 농기구를 만들어 썼고, 강력한 철제품을 만들어 이집트에 수출했다. 이집트

[그림 146] 나이지리아 오요 오바(왕)와 함께. 왕의 왼쪽이 저자(이키레 마을 추장).

가 철제품을 이용해서 피라미드를 건설했고, 인도에서도 철제품으로 가장 오래된 철조 건물을 지었다고 한다. 이보 지역에서 얌(마)이 순화되어 대량 재배되고 있다. 그리고 매년 얌의 페스티벌을 개최한다.

오요 제국은 교역의 폭을 넓혀 요루바 지역만이 아니라, 오늘날의 베냉

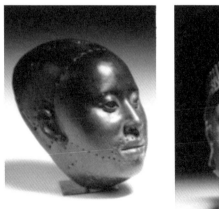

[그림 147] 나이지리아 이페 제국의 8세기 동제 두상

[그림 148] 나이지리아 이페 제국의 문화재다. 최근에 대영박물관이 전시하며, 르네상스 문화재와 버금간다고 평한 8세기 걸작이다.

공화국과 그 인근 지역까지 통치한 막강한 국가였다.

이페 제국도 요루바 지역에서 가장 발전한 막강한 문명 국가였다. 나이지리아에서 훌륭한 유물을 남긴 왕조는 베냉과 이페다. 르네상스에 버금가는 매우 훌륭한 문화 유물을 남겼다. 8세기에 합금 기술로 제작한 문화유산은 그야말로 놀랍다. 저자는 이페 제국의 지파인 이키레 왕조의 오바(왕)로부터 '농민의 왕'이라는 칭호의 추장에 봉해졌다.

❧ 유럽과의 접촉과 노예 비극

평화를 존중했고 질서를 귀히 여겼던 서부 아프리카는 유럽 사람들과 만나게 되면서 불운에 봉착했다. 포르투갈의 상인들은 1445년 이래 서부 아프리카 해변에 정착하기 시작했고, 그 후 프랑스, 영국, 스페인, 독일, 네덜란드가 뒤를 이어 서부 아프리카에 진출해, 이 지역 국가들의 경제와 문화, 그리고 사람들의 삶의 질서를 교란시켰고 쇠약하게 만들었다. 노예 교역으로 인해 아산테 제국과 밤바라 제국, 그리고 다호미 제국이 생겼다. 이곳에서는 유럽인들을 통해 320만 명의 노예 거래만이 아니라 무기 판매도 성행했다.

❧ 식민지화

19세기 초 서부 아프리카 북부에 풀라니(Fulani) 개혁파들이 득세하면서 서부 아프리카를 휩쓸어 여러 왕국이 전복되었고 지금의 말리도 삼켜 버렸다. 이런 틈을 타서 영국과 프랑스 사람들이 진군해 들어와 왕국을 하나둘씩 점령해 버렸다. 이 지역은 19세기에 와서 호황에 들어갔으니, 거기에는 여러 요인이 있었다.

식민 제국들의 땅콩 수요가 증가하면서 땅콩, 카카오, 기름야자, 고무 생산과 교역이 성행했고, 따라서 노예 수요도 줄어들었다. 영국이 감비아, 시에라리온, 가나, 나이지리아를 식민지로 했고, 프랑스는 세네갈, 기니, 말리, 부르키나파소, 베냉, 코트디부아르, 니제르를 그들의 식민지로 삼았으며, 독일이 뒤늦게 나타나서 토고와 카메룬을 식민지로 하려다가 제1차 세계 대전에서 패한 다음 프랑스와 영국이 나누어 갖는 결과로 이어졌다. 오직 라이베리아만이 미국의 보호하에 독립국으로 남게 되었다.

식민지 시대 영국, 프랑스, 그리고 포르투갈 사람들은 아프리카의 현금 작물, 즉 고무나무, 카카오, 목화, 땅콩, 캐슈너트 등에 역점을 두었을 뿐 식량 작물에는 소홀했다.

❧ 독립

제2차 세계 대전 후 서부 아프리카에서도 민족주의자들의 자립 운동이 벌어졌다. 1957년에 가나가 콰메 은크루마(Kwame Nkrumah)의 영도하에 사하라 사막 이남에서 처음으로 영국에서 독립했다. 다음으로 프랑스 식민지 기니가 1958년에 독립했고, 1960년에 나이지리아가 영국에서 독립했다(위키피디아에서 발췌 번역).

21

작물 발상 센터 맺는 말

이상에 열거한 식물의 9개 발원 센터는 서로 독립적 또는 독자적으로 발전되었다.

오랫동안 각 센터에서 주민들이 특유한 농법, 기구, 가축을 써서 순화해 온 작물들은 식물학상의 속(genera), 종(species), 품종(variety)으로 구분되었다.

[그림 149] 중앙아시아는 서쪽으로 두 개의 큰 사막, 그리고 동쪽으로 톈산산맥과 고비 사막으로 막혀 있다(ⓒ픽스타).

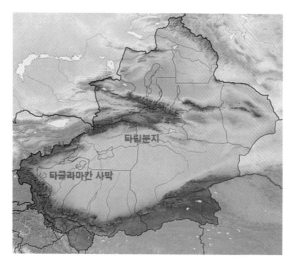

[그림 150] 톈산산맥과 타클라마칸 사막

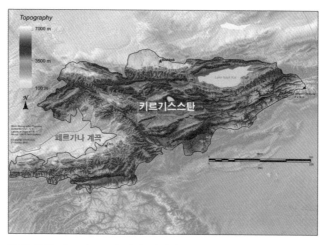

[그림 151] 키르기스스탄 산악 지대와 페르가나(Fergana) 계곡(서쪽)

이 기본적 센터들은 사막, 산, 바다로 막혀 고립되어 있다. 중국·한국 센터(Chinese/Korean Center)는 거대한 사막, 반 사막과 고원으로 중앙아시아 센터와 떨어져 있고, 중앙아시아 센터(Central Asia Center)는 서쪽으로 키질쿰(Kyzyl Kum) 사막, 타클라마칸 사막, 그리고 동쪽으로는 고비 사막과 톈산산맥이 가로놓여 고립되어 있다.

[그림 152] 우즈베키스탄의 비옥한 페르가나 계곡

[그림 153] 카자흐스탄 칸텐그리(Khan-Tengri)산(7,010m), 타지키스탄과 키르기스스탄 동쪽 끝 톈산산맥의 고산 자락에 위치

[그림 154] 에티오피아 시미엔(Simien)산(3,600m)

    그리고 중동 센터(Middle East Center)는 타르(Tar) 사막에 의해 인도와 떨어져 있다. 에티오피아 센터(Abyssinia Center)는 사막으로 둘러싸여 있다. 남아메리카 센터(South American Center)는 페루의 고산 지역과 볼리비아의 서쪽으로 아타카마(Atacama) 사막으로 격리되어 있고, 남부 멕시코 센터(South Mexican Center)는 북쪽으로 멕시코 사막에 의해 막혀 있다.

이러한 이유로 제1 센터는 지리적으로 서로 떨어져 있다. 이런 자연적 조건이 작물의 독립적 또는 독자적 진화에 도움을 주었으며, 인간에게 독립적 또는 독자적 농업 문명 발전을 가져다주었다. 사막과 고산과 바다는 원시인들에게 가장 큰 영향을 끼친 격리 조건이다.

사막, 고산, 바다가 있어 고립된 상태로 재배되어 온 작물에서 우리는 매우 재미있는 사실을 발견한다. 이렇게 자연 격리됨으로써 자가수정(自家受精), 즉 근연종끼리 교배(inbreeding)되어 또는 자연변이가 생겨 유용한 열성 형질(recessive forms)이 발생한다. 이런 예가 많다. 중국 센터에서 예를 들어 보면, 제1 기원 센터(primary center of origin)에서 제2 센터의 새 기원종이 발생했다. 이들의 형질은 열성 형질이다. 또 껍질 없는 조, 껍질 없는 귀리, 껍질 없는 밀과 보리를 발견했다. 이런 형질은 정미해서 먹기에 편리하다. 이런 유용한 열성 형질은 중동과 중앙아시아에서 생겼지만, 옛날 중국 육종가와 한국 육종가가 발견하고 선택해서 더욱 개량한 것이다.

옛날 사람들은 넓은 사막이라든지 높은 산맥, 망망대해로 고립되어 다른 사람들과 접촉이 불가능했다. 그래서 자기들이 살고 있는 그곳이 전부였고, 그곳이 바로 그들의 세계였다. 그곳에서 주어진 작물을 가지고 세세만년 길러 먹으며 살아가야 했다. 따라서 외부와 접촉이 없었고 작물도 외부와 격리되어야 했다. 그러므로 거기에 있는 작물들이 갖고 있는 형질들은 오랫동안 수천 수만 년 외부의 영향 없이 독립적으로 또는 독자적으로 변화되어 왔다. 자연적으로 또는 인위적으로 한곳에서 변화된 것들이다.

예를 들어 보면, 저자가 아프리카에서 연구한 얌(마)에는 3개의 발상지가 있다. 주된 발상지는 동남아시아인데, 서부 아프리카에도 독립적으로 또는 독자적으로 순화된 얌의 발상 센터가 있고, 중미에도 독립적 얌 발상 센터가 있다. 어떻게 바다를 넘어 멀리 격리된 이들 지역에서 독자적으로 얌이 발상·진화되었을까? 매우 불가사의하다.

어떻게 해서 작물들이 한곳에서 변화되었을까? 작물은 꽃이 피어 수정되면 종자를 맺는 것이 대부분이다. 인간이 작물을 밭에 심고 길러 살아가면서, 작물은 바람이나 매개 곤충을 통해 자연적으로 다른 것과 교배되어 종자를 맺고 그것이 떨어지거나, 또는 인간이 수확해서 다시 땅에 심었을 것이다. 또 자연변이가 일어나기도 했을 것이다. 그러는 와중에 새 것이 발생하고, 이러한 과정이 되풀이되어 다른 것이 발생되었을 것이다.

인간은 언제나 자기에게 유리한 것을 찾는다. 과일 그리고 종자의 크기라든지, 색깔이라든지, 맛이라든지, 탈곡하기 쉬운 것이라든지, 조숙성인 것이라든지, 저장이 잘 되는 것을 찾는다. 그래서 인간이 작물을 기르다가 이런 형질의 변종이 나타나면 바로 그것을 택하여 심고 다시 심고 그랬을 것이다. 이처럼 작물이 오랜 세월을 걸쳐 오면서, 자연적으로 그리고 인위적으로 변화·개량되어 오늘날 다양한 모습을 한 여러 품종이 생긴 것이다.

3부

몇 가지 중요 작물

22

벼

벼(稻, rice, *Oryza sativa*)는 제2 작물의 고향 동남아시아 센터가 원산지인 화곡 작물이다. 아시아인에게 벼는 서구인의 밀처럼 중요한 작물이다. 특히 우리 한국인에게는 더욱 그러하다.

수천 년에 걸친 인류의 피나는 노력으로 벼는 야생 벼에서 재배 벼로 변신해 왔다. 언뜻 보기에 약하디약한 벼를 사람들은 어째서 주식 작물로 재배한 것일까? 수많은 작물 중에서도 가장 높은 생산력을 뽐내면서 세계 인구의 절반을 먹여 살리는 벼의 비밀은 습지대에서부터 아한 지대에까지 살아남는 뛰어난 적응력에 있다(이종훈·太田保夫, 1994).

벼는 화곡 작물 가운데 가공하기 가장 용이한 작물이다. 껍질을 쉽게 벗겨(정미하여) 이용할 수 있기 때문에 편리하다. 벼의 재배종으로는 두 가지가 있다.

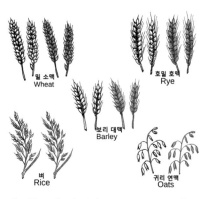

- 아시아의 벼(*Oryza sativa*)
- 아프리카의 벼(*Oryza glaberrima*)

[그림 155] 화곡류(Cereals collection)

[그림 156] 아프리카 벼 자생지. 아프리카 벼의 나락(위키피디아)

[그림 157] 아프리카 벼 알갱이와 정미한 쌀(위키피디아). 나의 연구팀 가운데 식물 병리를 연구한 병리학자가 서부 아프리카 벼 연구소(WARDA)의 소장이었다.

아시아의 벼는 동남아시아에서 발생했고, 아프리카의 벼는 서부 아프리카의 니제르강 상류 지역에 있는 말리, 시에라리온, 라이베리아, 세네갈, 감비아에서 재배되어 온 것이다.

아시아의 벼는 아프리카의 벼보다 훨씬 재배 면적이 넓다. 아프리카 벼는 재배 면적이 매우 미미하지만 서부 아프리카 사람들에 의해 오늘날까지 재배·보존되어 왔다. 이렇게 지리적으로 멀리 떨어진 두 대륙에서, 가까운 두 종류의 벼가 독립적으로 발상해서 존재해 왔다는 것은 참으로 불가사의하다.

이 두 벼의 종(種)은 형태적으로 매우 비슷하지만 상호 교배 불임성(不稔性)이 심하다. 그래서 교배가 잘 안 되지만 가능하다고는 한다. 이것으로 보아 두 종류가 가까운 근연종(近緣種)이 아니라, 멀지만 비교적 가까운 원

[그림 158] 동부 아프리카 우간다에서 발생하는 야생 벼 생육지(ⓒ성백주)

연종(遠緣種)이라는 것을 알 수 있다.

이 두 가지 벼의 종은 독립적이며 평행적인 진화의 선물이다. 이 두 가지 벼의 종간(種間)에 진화의 연결 고리가 있지 않겠는가? 벼(Oryza)는 단일 계통의 작물이므로, 결국 공통의 선조가 있어야 마땅하다. 하지만 그 존재 여부가 밝혀지지 않았다. 아프리카 벼와 동남아, 대양주, 호주, 중남미에 있는 야생 벼의 근연종은 초기 백악기 지구가 분할되기 이전에 공통의 선조가 있었을 것이다(Chang, T. T., 1995).

동부 아프리카 우간다에서 선교 활동을 하고 있는 성백주 박사가 최근에 우간

[그림 159] 동부 아프리카 우간다에 발생하는 야생 벼의 꽃과 열매(ⓒ성백주)

[그림 160] 동부 아프리카 우간다에 자생하는 야생 벼(©성백주), 벼 낟알의 모습은 아시아의 벼와 가깝다. 낟알의 탈곡성이 매우 강하다.

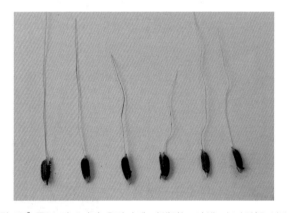

[그림 161] 동부 아프리카 우간다에 자생하는 야생 벼 낟알(©성백주)

다에서 야생 벼를 발견했다고 한다. 늪지에서 자라는 야생 벼인데 탈곡성이 심해 종자를 받을 수 없다고 한다.

아프리카에서 발생한 태초의 인간은 서부 아프리카 니제르강 주변에서 아프리카 벼를 야생종에서 순화시켜 오랫동안 재배해 왔다. 여기에서 순화된 수수, 조, 동부가 에티오피아에 전해져 재배되다가 중동에서 동남아로 전해졌고 결국 중국과 한국에 전해졌다고 하니(Murdock, 1959; 형기주,

1993), 아프리카의 벼도 이 경로를 통해 인도와 동남아에 전해져 중국과 한국으로 오면서 변화되어 동양 벼가 생기지 않았을까? 아프리카를 중심으로 한 곤드와나 대륙(Gondwanaland, 태초 분할 전의 육지)의 습지대에서 발생한 것이, 곤드와나 대륙에서 아시아 대륙이 분할되어 나오면서 우리가 재배하는 벼의 선조가 생겨났을 것이라고 했다(Chang, T. T., 1995). 인간도 아프리카에서 처음으로 발상해서 아시아 대륙이 곤드와나 대륙에서 분할되면서 아시아인이 생겼을 것이다. 그렇다면 인간이 아프리카에서 처음으로 발상해서 아시아로 이동했듯이, 수십억의 인구를 먹여 살리는 벼도 아프리카에서 처음으로 발상해서 아시아로 이동하지 않았을까? 따라서 구대륙인 아프리카의 벼 자체가 동양 벼의 선조일 수는 없을까? 아니면 아프리카 벼의 직속 조상(*Oryza Longistaminata*와 *Oryza barthii*)이 동양 벼와 아프리카 벼의 공통 선조일 수는 없을까? 또 그 이전의 야생 벼가 동양 벼의 선조일 수는 없을까? 이 반대는 아닐 것이다. 다시 말해서 아시아인이 아프리카인의 선조가 아니듯이, 아시아 벼가 아프리카 벼의 선조는 분명 아닐 것이다.

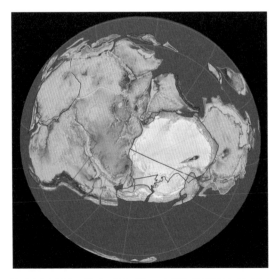

[그림 162] 4억 2천만 년 전 곤드와나 대륙. 아프리카를 중심으로 한 곤드와나 대륙에서 갈라져 아시아, 호주, 남북미가 생겨났다(위키피디아).

물론 이에 대해 오카(H. I. Oka)와 창(T. T. Chang)이 깊이 있는 연구를 해왔고, 최근에는 글라베리마(*glaberrima*) 게놈 분석을 통해 아프리카 벼가 아시아 벼와 완전히 다른 기원의 산물이라고 밝혔다(Wang., M. et al., 2014).

아프리카 사람들이 1550년대 브라질, 가이아나, 엘살바도르, 파나마에, 그리고 1784년에 미국 노예로 끌려갔을 때, 아프리카 벼를 그들의 곱슬머리 속에 숨겨 가지고 가서 재배했다고 한다. 그렇게 한 이유는 졸라(Jola) 사람들과 미국에 간 서부 아프리카, 특히 세네갈, 감비아, 디올라(Diola) 사람들의 전통적 종교인 아와세나(Awasena) 신봉자들이 아프리카 벼와 그들의 혼령이 연관되었다고 믿었기 때문이라고 한다. 그럴 정도로 아프리카 사람들에게 아프리카 벼는 하늘이 그들의 조상에게 내려준 매우 귀중한 선물이다.

그런데 동양 벼가 들어와 재배되면서 그런 귀중한 신의 선물이고 문화유산인 아프리카 벼가 애석하게 소멸되고 있다. 아프리카 사람들은 자기네 선조들에게서 전수받은 귀중한 아프리카 벼를 개량하지 못한 탓으로 오늘날 그 피해를 톡톡히 보게 된 것이다.

벼의 선조는 다년생이었을 것이라고 한다. 야생종 벼는 까락(awns)이 길고, 탈곡성이 강하며, 종자 휴면성이 길다. 이런 형질은 잡초처럼 오래 존재하기에 좋은 형질이다. 그리고 이들의 야생종 간 교배가 잘 이루어진다. 이런 다년생 벼가 오늘날 우리가 재배하고 있는 일년생 초본으로 변했다. 인간이 다루기 좋은 모습으로 변화시킨 것이다. 여러 환경 조건과 인간 문화 속에서 벼는 오랫동안 진화되어 오면서 형태적·생리적으로 변화가 생겼다고 보고 있다. 진화되면서 이삭의 가지치기, 입자의 크기, 종자 생장 속도, 분주(分株)성, 이삭 발육 등이 증가된 반면, 색깔, 근경(rhizome) 형성, 물에 떠 다니는 성질, 까락, 탈곡성, 종자 휴면성, 일장 반응, 저온 감응성 등이 감소했다.

이런 변화는 근대 과학이 등장하기 훨씬 이전에 이루어졌다. 자연적으로 나타나는 벼의 변이와 돌연변이와 자연 교잡으로 생긴 것들 중에서 인간이 쓸모 있는 형질을 가진 것을 골라 오늘의 벼로 만든 것이다.

많은 학자들이 인도가 벼(*Oryza sativa*)의 원산지라고 하지만, 고고학적 증거에 따르면 인도의 벼 재배 역사는 겨우 기원전 2500년밖에 안 된다. 그리고 몇몇의 학자들은 동남아시아가 벼의 고향이라고도 한다. 그러나 태국에서 발견된 토기로는 기원전 3500년 정도밖에 안 된다. 그에 반해 중국의 신석기 시대 유물로는 기원전 8500년 이전으로 소급된다(Chang, T. T., 1995). 그리고 벼 재배 기록으로 보면 중국이 4000년 전으로 소급된다(이종훈·太田保夫, 1994).

순화는 야생 근연종이 밀집한 곳에서 반드시 일어나는 것이 아니라, 재배종이 극대로 다양화된 센터 안에서 이루어졌으리라고 본다(Chang, T. T., 1995). 이것을 기초로 하고 생리, 고생대 풍토(paleo-chlimatology), 환경 등을 참작하여 인도 아삼 지역, 북방글라데시, 미얀마, 태국, 라오스, 베트남, 남부 중국의 삼각 지대가 벼의 제1차 순화 센터라고 본다. 여기에서 시니카(sinica), 곧 일본(japonica)형이 황하·양쯔강 유역에 도입되어 온대 지대에 맞는 벼가 생겼을 것이다(Chang, T. T., 1995). 기원전 1000년에 여기에서 중국 양쯔강 하류를 통해 하이허강 하류로, 그리고 거기서 산둥반도 또는 황하 하류로 연결되는 어떤 해안으로부터 황해를 건너 해로로 또는 육로로(대부분의 작물이 중국에서 우리나라에 육로로 전해졌다) 우리나라에 들어왔고, 우리나라를 통해 2300년경에 일본으로 전래되었을 것으로 본다(Chang, T. T., 1995; 이종훈·太田保夫, 1994). 그리고 인도 동북부에 열대형(indica) 또는 센(sen)이 도입되었을 것이다.

일본 사람들은 우리나라를 통해 중국 문물을 전해 받았다는 사실을 기피하고, 중국으로부터 직접 전해 받았다고 하기를 좋아한다. 그런데 벼를 비롯해 많은 작물들의 전래 과정을 살펴보면서 뚜렷이 밝혀진 것은, 중국의 문물 대부분이 우리나라를 통해 일본에 전해졌다는 사실이다. 물론 사람들의 이동을 통해 그런 작물들이 원래 없었던 일본에 전해진 것이다. 그리고 초기 작물의 문화가 초기 인류 문화를 대변하기 때문이다. 일본에서 1906년에 벼 교배 육종이 처음 이루어져 오미니시카(Ominishika)라는 교배 신품종을 냈다. 그리고 미국에서는 1922년에 벼 교배 육종을 시작했다(Chang, T. T., 1995).

1960년 필리핀에 국제미작연구소(IRRI)가 설립되어 벼 개량 연구가 활발히 진행되면서 세계 벼 증산으로 이어져 식량 확보에 기여했다. 우리나라의 통일벼를 만들어 우리나라 녹색 혁명에 기여했다. 국제미작연구소는 저자가 일했던 국제열대농학연구소와 자매 연구소다.

❧ 소로리 탄화미(炭化米)

충북 청원군 소로리에서 세계 최고(最古)의 볍씨 탄화미(炭化米)가 발견되었다고 보고했다. 1만 2,000년에서 1만 7,000년 전의 것이라고 한다(BBC, 2003). 그래서 우리나라가 세계에서 가장 오랜 벼의 역사를 가지고 있을 것이라고 했다. 이제까지 밝혀진 벼의 발생과 전파, 그리고 재배의 역사로 보아 이 주장은 다음 과제에 대한 연구가 필요하다.

1. 벼의 원산지는 동남아 열대 지방이다. 동남아에서 발상한 벼가 중국을 거치지 않고 우리나라에 직접 들어왔을 가능성이 희박하다.
2. 우리나라에서 재배되는 벼는 일본 계통이다. 중국 북쪽에서 우리나라에 온 벼가 3,000년 전부터 재배되어 왔고, 그것이 일본에 전해졌다(Chang, T. T., 1995 ; 이종훈 · 太田保夫, 1994).
3. 소로리에서 발견된 벼 낟알이 1만 2,000년에서 1만 7,000년 전의 것이라면, 이것은 인도(B.C. 2500), 태국(B.C. 3500), 그리고 중국(B.C. 8500)에서보다 훨씬 이전에 우리나라에서 벼가 재배되었다는 것이

다. 그러나 벼가 재배 작물로 순화된 것은 불과 9,000년밖에 안 된다(Suh, 2008). 그리고 우리 민족이 정착농업을 시작한 때가 기원전 6000년경이라고 한다(구자옥, 2011).

4. 문명은 앞으로 전진한다. 그런데 1만 2,000년에서 1만 7,000년 전의 소로리 볍씨가 그 후 우리 땅에 계속 존재해 왔고, 우리 선조들이 재배·이용했다는 증거가 없다. 자그마치 1만 년이나 되는 긴 공백기가 있다.

5. 분석 결과 소로리 탄화미의 DNA는 현재 재배미의 DNA와 상이하다. 현재 재배미와 유전적 관련이 없다는 것이다.

6. 초기의 벼는 열대성 야생종으로 다년생이고, 생육 기간과 휴면 기간이 길며, 탈곡성이 심하다. 그런 야생종 벼가 한국 조건에 발을 붙일 수가 없다.

7. 잡초벼일 가능성도 없다. 잡초벼도 재배벼에서 나온 것이어서(Suh, 2008) 잡초벼가 그렇게 오래 전에 우리나라에 존재할 수 없다.

8. 벼는 서부 아프리카와 아메리카에서도 독립적으로 발생했지만 우리나라에서 벼가 독립적으로 발생해 존재해 왔다는 증거가 없다.

신용하 교수(2018)에 따르면, 최고의 인류 종(種)은 아프리카에서 출현해 진화하면서 유라시아 대륙으로 번져 나갔다. 우리가 재배하고 있는 벼와 가장 가까운 벼 종류인 아프리카 벼가 서부 아프리카에서 독립적으로 발상했다. 그리고 최근에 성백주 박사(2019)가 우간다에서도 야생 벼를 발견했다(p.236 사진 참고). 벼의 발상과 전파 그리고 재배에 있어 세계적인 권위자 창(Chang) 박사에 따르면, 아프리카를 중심으로 한 곤드와나 대륙에서 아시아 대륙이 분할되어 나오면서 우리가 재배하는 벼의 선조가 나왔을 것이라고 한다(1995). 그렇다면 소로리에서 발견된 탄화미는 이 가설과 연관성이 있을까?

❖ 벼의 족보

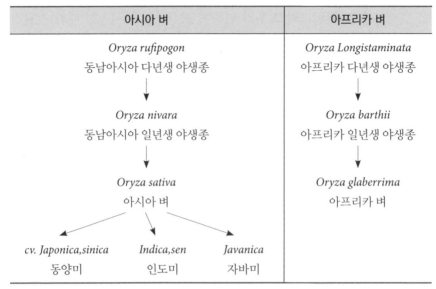

아시아 벼	아프리카 벼
Oryza rufipogon 동남아시아 다년생 야생종	*Oryza Longistaminata* 아프리카 다년생 야생종
↓	↓
Oryza nivara 동남아시아 일년생 야생종	*Oryza barthii* 아프리카 일년생 야생종
↓	↓
Oryza sativa 아시아 벼	*Oryza glaberrima* 아프리카 벼
cv. Japonica,sinica *Indica,sen* *Javanica* 동양미 인도미 자바미	

(Cahng, T. T., 1995)

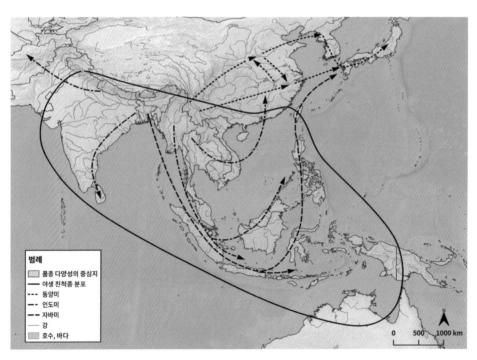

범례
- 품종 다양성의 중심지
- 야생 친척종 분포
- 동양미
- 인도미
- 자바미
- 강
- 호수, 바다

[그림 163] 벼는 발원지에서 여러 지역으로 전파되었다.

보리

보리(大麥, barley, *Hordeum vulgare* L.)는 제4 작물의 고향 중동 센터가 원산지인 화곡 작물이다. 보리는 밭작물로 재배가 용이하고, 여러 환경 조건에 적응성이 크며 소출이 비교적 많다. 양식으로, 맥주 원료로, 사료로 쓰인다. 보리는 밀보다 훨씬 일찍 재배된 작물이다. 그리고 밀보다 더 중요한 작물이었다. 보리는 중요하고도 값싼 화곡 작물의 하나다. 배고팠던 시절, 우리 조상들을 살려 준 고마운 작물이다. 그 은혜를 잊을 수 있겠는가?

보리는 가장 오래 전에 중동에서 인간이 순화·재배한 작물이다. 보리의 고고학적 유물은 기원전 9200년에서 8500년 전에 유프라테스강 언저리 유적지에서 발견되었다. 기원전 7000년에 서부 아나톨리아(Anatolia, Hacilar)와 이라크(Jarmo)에, 그리고 기원전 6000년 그리스에 도달했다. 이들은 모두 2조맥이었고, 껍질이 있는 보리였다. 쌀보리 나맥(裸麥, naked barley)은 기원전 6500년 아부 후레이라(Abu Hureyra)와 텔 아스와드(Tell Asward) 유적지에서 발견되었다. 그리고 6조맥은 알리 코스(Ali Kosh)에서 같은 시기에 발견되었다. 이집트에서는 기원전 4000년에 재배되었고, 중국에는 기원전 1세기의 《범승지서》에 보리에 대한 내용이 나왔으니 늦어도 그 이전에 도입되었을 것이다. 《제민요술》에도 그렇게 적혀 있다. 《도은거본초(陶隱居本草)》에서 보리(裸麥, 쌀보리)는 오곡 가운데 으뜸이라 했고, 화곡류에서 가장 오래 전에 순화된 작물이니, 아마도 보리는 이보다 훨씬 이전 중국에 도입되었을 것이다. 그리고 에티오피아에는 그 이전에 보리가 있었다. 따라서 보리가 우리나라에 전래된 것은 중국을 거쳐 왔으리라고 계산해 대략 3세기경에 도입되었을 것이다. 그보다 훨씬 이전일 수도 있다.

보리는 열대 지방에서는 재배되지 않고, 온난 내지 한랭 지역에 재배되는 매우 적응성이 큰 작물이다. 적응 폭이 넓어 기온의 변화와 토양의 비옥도, 염도에 강하다. 그래서 다른 작물이 재배되기 부적합한 곳에 보리가 재배되는데, 악환경 조건에서도 잘 자라고 조숙이면서 비교적 수량이 많아 선호되었다. 또 재배 방법이 수월하고 수분이 충분하면 열에도 잘 자라 강한 내열성이 있다.

한국인은 보리보다 쌀을 선호한다. 쌀이 부족한 시절 그 공백을 메워 준 작물이 보리다. 특히 보리는 춘궁기 때 가난한 사람들에게 매우 중요한 식량 작물로, 봄철과 초여름에 한국인의 배를 채워 살려 준 은혜로운 작물이다. 가을에 추수한 벼가 겨울을 나면서 다 떨어질 무렵, 즉 이른 봄에서부터 7월경에 보리가 익어서 가난한 사람들의 배를 채워 살려 주었다. 보리가 익어 7월에 수확한 후 벼가 익는 10월까지는 3개월을 기다려야 했다. 그동안 보리가 가난한 사람들의 양식이 되어 그 어려운 시기에 우리 조상들의 배를 채워 살려 주었다.

밀보다 보리가 우리에게 더 중요한 이유는, 보리로 밥을 지어 먹을 수 있다는 것이다. 밀도 봄에 수확하지만 수확기가 늦을뿐더러 밥이 되어 주지 못한다. 그래서 밀보다 보리가 벼 다음으로 우리에게 더 중요한 작물이다.

보리는 우리 가난한 조상들에게 '보릿고개'를 넘어가게 해준 참으로 귀중하고 고마운 작물이다. 우리 조상들은 보리보다 나은 작물을 발견하지 못하고, 보리에 크게 의존하며 대대손손 살았다. 우리에게 벼가 중요한 곡식이긴 하지만, 주곡의 위치에 오른 것은 불과 100년에서 200년밖에 되지

[그림 164] 왼쪽 2조맥: 두 줄 보리, 오른쪽 6조맥: 여섯 줄 보리(위키피디아)

[그림 165] 껍질 있는 보리(겉보리, 皮麥)와 껍질 없는 보리(쌀보리, 裸麥, 위키피디아)

않는다. 벼보다는 보리와 조, 수수 등 잡곡이 우리의 주곡이었다(구자옥, 2016).

보리가 완전히 익기도 전인 6월에 식량이 없다 보니 급하게 풋보리(미숙한 보리)를 수확해서 솥에 쪄서 말려 밥을 지어 먹었다. 물론 완

[그림 166] 독일 보리밭(©Jinbok Kim)

숙한 보리는 7월경에 수확한다. 따라서 벼가 나오는 10월까지 3개월 동안 보리가 우리 조상들의 식량 안전에 매우 중요한 역할을 하며, 우리 조상들의 배를 채워 살려 준 것이다. 이것을 모르는 오늘날의 젊은이들은 그 어려운 시절 보리가 베풀어 준 긴요한 역할을 이해해 주기 바란다.

보릿고개

식량 부족으로 어려웠던 시절 끼니를 걱정해야 했던 보릿고개. 보릿고 개를 모르면 우리를 모르는 것이다. 우리는 흔히 보릿고개라는 말을 쓰지 만 관념적으로 써왔을 뿐이다. 그러나 실질적으로 보릿고개를 짚어 본 적 은 없었다. 이게 보릿고개다.

[그림 167]의 그래프를 보면, 1940년부터 1975년 사이 식량 부족으로 보릿고개를 넘기 어려웠던 시기에 보리의 재배 면적이 현저히 늘었다. 이 것은 보릿고개를 넘기 위해 보리를 심지 않으면 안 되었기 때문일 것이다. 그러나 1980년에는 보리 재배 면적이 급격히 줄어들었다. 이때부터 벼의 증산으로 식량이 안정되었다는 것을 말해 준다. 이렇게 해서 보릿고개를 우리에게서 떠나보냈다.

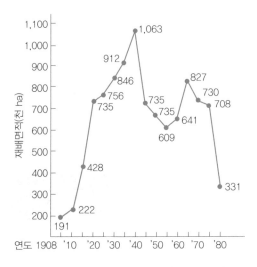

[그림 167] 1908년부터 1980년 사이 보리 재배 면적 추세를 보면, 1940년을 전후해서 보 리가 가장 많이 재배되었고, 1970년대까지 많이 재배되었다. 그리고 이때 인구 증가율이 가 장 컸다. 1980년대에 들어서며 보리 재배 면적이 급격히 줄어들었다(이은섭 외, 1983).

246

보리의 종류

　보리의 종류 중에 2조맥(두 줄 보리)과 6조맥(여섯 줄 보리)이 있다. 맥주맥은 대개 2조맥으로 수량이 적고 단백질 함량이 적다. 식량으로 삼는 보리는 대개 6조맥으로 수량이 더 많다. 2조맥이 6조맥보다 먼저 이 세상에 나왔다. 저자는 수량이 많으면서 맥주용으로 사용할 수 있는 6조맥 육성에 대한 연구도 한 적이 있다. 그리고 학위 논문으로 보리에 해를 가하는 딱정벌레에 대한 저항성 연구를 했다.

　보리에는 가을보리(秋播性)와 봄보리(春播性)가 있다. 가을보리는 가을에 파종하여 추운 겨울을 나는 보리 종류이고, 봄보리는 이른 봄에 파종하는 보리 종류다. 대개 가을보리가 봄보리보다 수량이 많다. 가을보리를 봄에 심으면 온도가 충분히 낮지 않아 이삭이 나오지 않고, 봄보리를 가을에 심으면 겨울에 얼어 죽는다. 그런데 양절성(兩節性) 보리는 가을에도 봄에도 심을 수 있다.

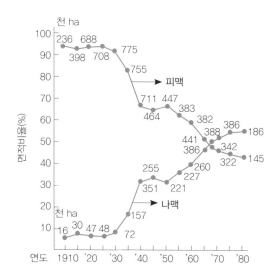

[그림 168] 1910년에서부터 1980년 사이 나맥(裸麥, 쌀보리)의 재배 면적은 급격히 증가했고, 피맥(皮麥, 겉보리)의 재배 면적은 급격히 줄어들었다(이은섭 외, 1983).

보리에는 껍질이 있는 보리(겉보리, 皮麥)와 껍질이 없는 보리(쌀보리, 裸麥)가 있다. 껍질이 있는 보리는 정곡하기 어렵고, 껍질이 없는 보리는 정곡하기 쉬워서 껍질 없는 나맥이 선호된다. 봄에 몰래 서리해 먹었던 보리는 피맥이 아니라 나맥이었다. [그림 168]의 그래프에서 보면, 1910년에서부터 1980년 사이 피맥의 재배 면적은 급격히 줄어들었으나, 나맥의 재배 면적은 급격히 증가했다. 나맥이 가공하기, 즉 절구에 찧어 먹기가 훨씬 수월하기 때문이다.

6,500년 전에 중동 아부 후레이라와 텔 아스와드에서 나맥 또는 미모(米䅖, 쌀보리)의 고고학적 유물이 발견되었다고 하니, 상당히 오랫동안 재배되어 왔을 것이다. 그리고 《금양잡록(衿陽雜錄, 1491)》과 《산림경제(山林經濟, 1715)》에도 나맥이 나온다고 한다. 그렇다면 쌀보리가 이미 오래전에 우리나라에 들어왔다는 것이다. 이렇게 편리한 미모, 곧 나맥이 1930년대에 와서야 재배 면적이 증가되었다고 하니, 알려지지 않은 무슨 곡절이 있었던 것 같다.

[그림 169]의 그래프에서 보면, 밭에 보리를 심는 전작보다 가을에 벼를

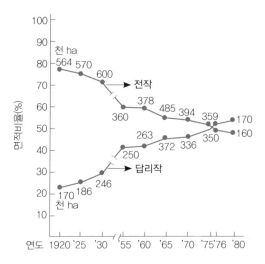

[그림 169] 1920년부터 1980년 사이, 보리를 밭에 심는 전작(田作)보다 가을에 벼를 수확하고 그 논에 보리를 심는 소위 답리작(畓裏作)이 더 증가했다(이은섭 외, 1983).

수확하고 그 논에 보리를 심는 소위 답리작이 계속 증가했다. 이로써 수분 관리가 보다 잘 조절되는 논에 가을보리를 심어 안전한 보리 재배를 노렸고 수량도 증가했을 것이다. 그리고 토지 이용 효율과 노동 분배의 효율성도 증대했을 것이다.

보리는 키가 큰 장간종(長幹種)과 키가 작은 단간종(短幹種) 보리가 있다. 장간종 보리는 성숙기에 가까워 이삭이 무거워지면 비가 올 때 도복(倒伏)되기 쉽고, 단간종 보리는 무거운 이삭을 머리에 이고 잘 버텨줘서 도복의 피해가 적다.

《송남잡식(松南雜識, 1855)》에 '서저맥앙(黍低麥昻)'이라는 말이 있다. 뜻인즉 '기장(黍)은 익으면 고개를 숙이고, 보리(麥, 맥류)는 익어도 고개를 숙이지 않는다'라는 뜻이다. 매우 의미 깊은 뜻이다(김종덕, 2007).

《시경(詩經)》에서는 '태아래모(胎我來牟) 제명율육(帝命率育): 우리에게 밀과 보리를 주심은 상제께서 명하여 두루 기르게 하신 것이다'라고 했다. 또 '어황래모(於皇來牟) 장수궐명(將收厥明): 아, 훌륭한 밀과 보리가 장차 그 밝게 주심을 받게 되었으니'라고도 했다. 주자주(朱子註)에 래(來)는 밀(小麥)이고, 모(牟)는 보리(大麥)라고 했다. 여기서 래와 모는 밀과 보리를 의미하는 것으로, 당시 주나라 사람들은 밀과 보리를 하늘에서 내려준 곡식으로 여길 정도로 중시했다(김종덕, 2007).

보리를 대맥(大麥)이라 하고 밀을 소맥(小麥)이라고 한다. 보리로 학위를 얻은 저자는 이 말을 자주 썼었지만 의미를 잘 몰랐다가, 김종덕 박사(농학, 한의학, 한학에 조예가 깊은 학자이자 저자의 제자)가 저술한 훌륭한 저서 《한의학에서 바라본 먹거리》에서 그 뜻을 알게 되어 매우 기쁘다.

보리를 대맥이라 하고 밀을 소맥이라 한 이유는, 중국에서 보리가 밀보다 먼저 생겼고 전래되고 이용되어 더 중요한 작물이었기 때문이라고 한다. 매우 지당하다고 본다. 초기 농업에서는 밀보다 보리가 훨씬 좋은 면이 있다. 우선 보리가 재배에 용이하고, 토양과 기후에 대한 적응성이 훨씬 크며, 무엇보다도 가공해 먹기가 편리했기 때문이다. 더욱이 쌀로 만든 밥에 익숙한 동양인에게 보리는 쌀처럼 밥을 지어 먹을 수 있어 쌀을 대신해 줄 수 있기 때문이다.

다시 말해서 보리가 밀보다 먼저 생기고 도입되어 먼저 재배되고 이용되었기 때문에, 보리를 대맥이라 했고 밀을 소맥이라 했을 것이라고 본다. 먼저 태어난 이가 형이고, 뒤에 태어난 이가 아우인 것처럼 말이다.

'밀'을 뜻하던 '래(來)'가 약 2,000년 전부터 '오다'라는 뜻으로 쓰이게 되었다. 보리를 뜻하는 '모(牟)'는 '크다'라는 뜻이 담겨 있으며, 모자와 맥자가 합성되어 보리를 의미하는 '모(麰)'로도 사용한다. 《향약구급방(鄕藥救急方, 1236)》에 대맥을 백성들이 '포래(包來)' 또는 '포의(包衣)'라 했다고 전해지는데, 이것이 '보리'라는 우리의 옛말이라고 한다. 《금양잡록》과 《산림경제》에서는 보리의 종류에 추모(秋麰, 가을보리), 춘모(春麰, 봄보리), 양절모(兩節麰, 가을과 봄보리), 미모(米麰, 쌀보리)가 있다고 했다. 이에 따르면 양절성 보리와 '쌀보리'가 상당히 오래전부터 재배되었음을 알 수가 있다(김종덕, 2007). 그래서 지혜로운 우리 조상들은 수량이 많은 6조맥을 찾아 재배했고, 까락이 없는 보리와 껍질이 없는 나맥을 재배했다. 우리 조상들은 특히 단간종 보리를 찾아내어 재배했으며, 가을에 심을 수 있고 봄에도 심을 수 있는 양절성 보리도 찾아내어 재배했다. 아마도 단간종 보리와 양절성 보리는 우리 조상들이 찾아낸 작품일 것이다. 우리 조상들은 이렇게 지혜로운 작물 육종가였다.

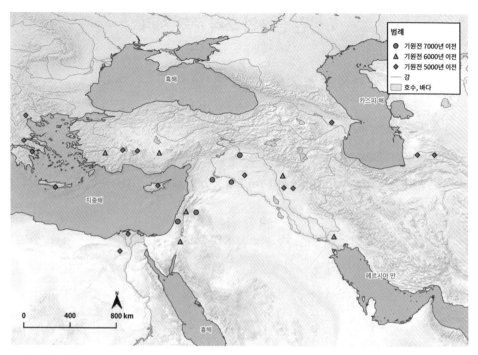

[그림 170] 신석기 시대 보리 순화 지역. 주로 중동 지역에서 보리가 순화·재배되기 시작했다.

[그림 171] 이라크 야생 보리(©김석태)

고상안 선생의 보리 춘화 처리

🌱 한국의 세계적 농업 기술 응용(1619년)

The Vernalization Treatment with Winter Barley
by Koh Sang An.
World Class Agricultural Practices of Korea in 1619.

한국에서 러시아의 리센코(Lysenko)보다 300년 앞서 고상안(高尚顏) 선생(1553~1623)이 보리 종자를 춘화 처리(春化處理, vernalization)하는 기술을 처음으로 정리해서 매우 정확하게 보고했다. 응용성은 크지 않지만 매우 과학적이다.

고상안 선생은 호가 태촌(泰村)이다. 퇴직하여 문경에 살면서《농가월령(農家月令)》이라는 농서를 편찬했다. 그러나 처음에는《태촌집(泰村集)》에 서문만 발견되었다가, 1959년에 대구교육대학 홍재휴가 고상안 선생의 후손인 고휘림의 집에서 필사본을 발견했다. 그 내용이 1968년《동양문화》에 발표됨으로써 전모가 세상에 알려졌다.《농가월령》은 고상안 선생이 활동했던 상주, 함창 등지의 낙동강 상류 전작 지대의 농법을 기록한 것이다(김종덕, 2007). 농서에는 춘화 처리에 대해 다음과 같이 매우 정확하게 과학적으로 기록되어 있다.

산간 지대인 문경에서 가을보리를 가을에 파종하면 너무 추워 어린 싹이 모두 얼어 죽는 해가 있고, 가을보리를 봄에 파종하면 보리 씨가 저온 감응(低溫感應)이 안 되어 식물체만 무성히 자란 채 이삭이 패지 않는 좌지 현상(座止現象)이 일어나는 것을 보았다. 그래서 얼보리(凍麥, 얼은 보리)를 이렇게 개발했다. 대한(1월 20일경)에 가을보리 씨를 물에 불려 얼지 않도록 움집에 놓아두었다(이때 보리 씨는 싹튼다). 입춘 무렵(2월 4~5일) 가을보리

씨를 꺼내 그늘진 곳에 두어 45일가량 얼린 다음, 우수(2월 20일경)에서 경칩(3월 20일경) 사이에 얼음이 풀리는 대로 전년 가을에 지어 놓은 보리 고랑에 얼보리를 파종하라고 했다. 이렇게 하면 겨울을 넘기는 동안 보리 싹이 얼어 죽을 염려도 없고, 물에 불려 얼린 얼보리 씨는 그 사이 저온 감응되어 가을에 파종한 가을보리와 같은 수확을 거둘 수 있다고 했다.[8]

이 이론은 러시아의 트로핌 리센코(Trofim Lysenko, 1898~1976)가 1928년에 개발한 춘화 처리와 같은 원리다. 고상안 선생은 리센코보다 300년 앞서 가을보리의 추파성을 소거해 춘파성으로 변화시켜, 봄에 심을 수 없는 가을보리를 봄에 심어 성공적으로 재배하는 기술을 처음으로 정확히 보고했다(김영진, 2017).

훌륭한 보리 춘화 처리 방법과 기술의 가치를 당시 우리나라 조정과 국민들은 알아주지 않았고 그 후에도 몰라주었다. 그래서 이 세계적인 기술이 널리 알려지지도 못했다. 새로운 기술과 이론은 알아주는 이가 있으면 세상에 드러나 빛을 발하고, 그렇지 못하면 사라진다. 코페르니쿠스의 지동설도 갈릴레이와 케플러 등이 지지해 주어 세상에 드러나 빛을 보았고, 멘델은 1865년에 유전의 법칙을 세상에 알렸어도 지지를 받지 못하다가, 1915년에 토머스 헌트 모건과 보페리-서튼 재발견해서 반세기 만에 빛을 보게 되었다.

그러나 러시아의 스탈린은 밀과 보리의 춘화 처리 방법을 밝힌 리센코를 농업 아카데미 총장으로 발탁했고, 러시아 농업 과학의 총수로 삼아 러

---

8 가을보리와 봄보리
보리에는 가을에 파종하는 가을보리와 봄에 파종하는 봄보리가 있다. 가을보리가 봄보리보다 대체로 수량이 많다. 가을보리를 봄에 심으면 겨울 저온을 당하지 않기 때문에 이삭이 나오지 않는다. 그래서 헛수고다. 그리고 봄보리를 가을에 심으면 겨울에 얼어 죽는다. 이것도 마찬가지로 헛수고다. 그래서 고상안 선생이 추파성 가을보리를 저온 처리하여 보리의 잠을 깨워, 다시 말해서 춘파성으로 바꾸어 봄에 가을보리를 심어 수량을 늘리려 한 것이다. 매우 과학적이다.

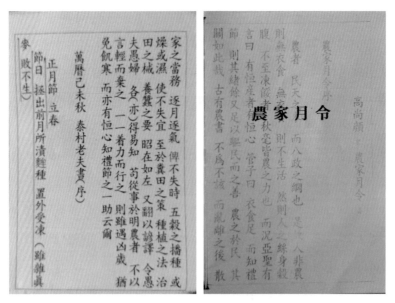

[그림 172] 고상안의 《농가월령》, 대맥 춘화 처리(구자옥 박사 제공)

시아 농업을 이끌어 가게 했다. 이 연구 결과가 러시아를 뒤흔들었고, 세계적인 유전육종 대학자 바빌로프 박사를 몰아내고 쓰러뜨렸다. 물론 결과는 파멸로 돌아갔지만 말이다. 이 세계적인 우리 기술을 살펴볼 수 있어 매우 기쁘다.

24

밀

밀(小麥, wheats, *Triticum vulgare*)은 제4 작물의 고향 중동 센터가 원산지인 화곡 작물로, 세계에서 벼(稻) 다음으로 중요한 식량 작물이다. 인간이 1만 년 전 처음으로 중동 지역에서 양식을 얻기 위해 밀을 재배하기 시작한 것은 인류 문명과 상호 연관성이 있다.

'역사는, 우리가 죽음을 맞는 전쟁터는 기념하면서 번영의 터전인 논밭은 비웃는다. 역사는, 왕의 서자 이름은 줄줄이 꿰고 있지만 밀의 기원에 대해서는 알려 주지도 못한다. 이것이 바로 인간이 저지르는 어리석음이다.'

-앙리 파브르(하인리히 E. 야콥, 2005)

밀은 인위적인 순화 과정을 거치면서 종자를 스스로 퍼뜨릴 수 있는 능력을 상실했다. 밀만이 아니라 모든 작물이 그렇게 되었다. 그래서 오늘날 밀의 번식은 온전히 인간에 의존하게 되었다. 인간은 밀을 세계에서 가장 중요한 작물로 발전시켜 전 세계에 널리 재배되고 있는 화곡 작물로 만들었다. 그리고 다른 작물들과 함께 밀을 순화하여 다량의 곡물을 생산했다. 이렇게 해서 인간은 정착 생활을 하게 되었고, 공동생활을 할 수 있는 부락을 형성했으며, 인구가 증가하고 문화가 형성되었다.

지금까지 밀에 현저한 변이가 생성되어 수만 개의 품종이 나왔다. 밀은 여러 환경 조건하에서도 잘 자라 소기의 수량을 낸다. 밀은 북위 67°의 노르웨이, 핀란드, 러시아에서 남위 45°인 아르헨티나에까지 재배되고 있다.

[그림 173] 14,400년 전 요르단의 화덕. 여기에서 밀과 보리를 갈아 넙적한 빵을 만들어 먹었을 것이다(로이터 연합뉴스).

[그림 174] B.C. 2435~2305의 빵, 이집트 박물관(위키피디아)

그러나 열대 지방과 아열대 지방에서는 주로 고원 지대에 한정하여 재배되고 있다. 밀의 주산지는 남부 러시아와 우크라이나, 미국 중부 평원 지대, 그리고 인접국인 캐나다, 서북 유럽, 지중해 연안국, 중국 북부 중앙지대, 인도 북부, 아르헨티나, 호주다.

오늘날 재배되고 있는 대부분의 재배종 일반 밀은 6배체(Hexaploid 2n=6x=42, *Triticum aestivum* var. *aestivum*)이다. 특히 배(胚)에 글루텐 함량이 많아서, 6배체 일반 밀과 그의 갱질(更質) 품종이 제빵에 선호되고 있다. 끈끈한 글루텐 단백질이 효모 발효 시 생성되는 이산화탄소를 끌어들여서 반죽이 잘 부풀게 한다.

더럼 밀(Durum, *Triticum turgidum* var. *durum*)은 현대의 주된 4배체 (2n=4x=28) 종이다. 이것은 비교적 건조한 지역에서 주로 재배된다. 특히 지중해 연안, 호주, 인도, 러시아, 강우량이 적은 미국 평원지(주로 노스다코타와 미네소타 북부)와 캐나다 서스캐처원 지대에 많이 재배되고 있다. 알이 크고 갱질성(更質性)인 밀알은 파스타와 세몰리나(semolina) 제품에 좋은 '적은 글루텐 밀가루'를 만든다.

밀알은 인간에게 필요한 주요 양분의 대부분을 함유하고 있다. 즉 탄수화물(주로 전분 60~80%), 필수 아미노산(리신 제외), 트립토판과 메티오닌

등을 함유하고 있다. 지방질(1.5~2.0%), 광물질(1.5~2.0%), 그리고 종합 비타민 B와 E 등이다. 이처럼 고영양가 외에 수분 함량이 적어서 가공과 운송 그리고 저장성이 좋다. 그래서 밀은 10억 인구의 주식이 되어 전 세계 인구의 35%를 먹여 살리고 있다. 지난 50년간 밀의 수량은 1.0t/ha에서 2.4t/ha로 증가했고 전 세계 화곡 작물 생산량의 25%를 점한다.

밀은 여러 면에서 순화에 매우 적합한 특성을 갖고 있다. 밀알이 커서 원초적 인간의 관심을 샀고, 여러 환경 조건에 적응했으며, 건조한 지역의 농업에 적합했다. 특히 밀은 자가수분하는(제 꽃에서 수분되는) 작물이어서 특정 형질이 다음 세대에 잘 전해진다는 이점이 있다. 간혹 타가수분되어 (다른 꽃과 수분되어) 새로운 조합의 밀이 생길 수 있다. 밀의 야생종은 원래 척박한 자갈밭에서 자생했기 때문에 비옥한 지역에 옮겨지면 더 잘 자란다.

밀의 순화는 종자 전파와 연관되어 있다. 야생종은 주로 성숙하면 밀알 이 저절로 땅에 떨어져 전파되었다. 이런 형질은 옛사람들에게 환영받지 못할 형질이어서, 옛날 원시인들이 수확하기에 유리하지 않았을 것이다. 그래서 알맹이가 터져 나가지 않는, 곧 탈락하지 않는 계통을 찾게 되었을 것이다. 밀의 야생종은 겉보리처럼 껍질이 있었다. 그래서 원시인들은 껍 질 없는 밀을 찾았을 것이다. 오늘날의 밀은 다음 3가지 선발 과정을 통해 발전되었을 것이다.

1. 초기 식량 작물을 재배한 원시인들이 계속 재배하고 수확하는 도중 자연적으로 선발되었을 것이다.
2. 원시인들 또는 중세기 농민들이 밀밭에서 좋다고 여겨진 것을 선발 했을 것이다.
3. 과학적 근대 육종 방법으로 선발되었다.

이 과정을 거쳐 첫 단계로 성공한 것은, 밀알이 떨어져 나가지 않는 형질과 한꺼번에 성숙되는 형질, 또 조속히 균일하게 성숙되는 형질, 조속히 균일하게 발아하는 형질 등이었을 것이다. 그동안 밀은 광역 적응성으로 변했을 것이다.

원시인들은 그들에게 필요한 밀 알갱이를 가려서 심었을 것이다. 따라서 이런 선발 압력은 상당히 연속적으로 작용했을 것이고, 또 다른 원시 농업인들은 원하는 형질을 선발함으로써 이제까지 없던 또 다른 형질을 가진 밀로 만들어 나갔을 것이다. 이런 일련의 노력으로 밀 수량이 증가되었을 것이고, 밀알의 크기가 큰 것으로, 보다 나은 밀가루 품질로, 그리고 여러 환경 조건에 적응된 밀이 생겼을 것이다. 이처럼 여러 형질을 가진 밀이 같은 밭에 섞여 재배되면서 그들 간의 자연 교배로 새로운 계통이 생겼을 것이다.

최근의 밀 포장에는 유전적으로 순종의 밀을 심기 때문에 돌연변이가 없이는 자연적·유전적 변화가 발생하기 어렵다. 하지만 최근에는 밀의 품종과 그의 유전자원을 상호 교환하여 인위적으로 교배함으로써 유전적 변이가 증가되었다. 동시에 내병성 또는 다수성 품종으로 개량되었고 비료 시비의 증가에 적합한 품종도 나왔다.

밀이 중국에 전래된 것은 2,000년 전일 것이라고 보고 있다. 따라서 우

[그림 175] 고대의 밀 빻는 기구(위키피디아)

[그림 176] 제분하는 맷돌질(한국민속대백과사전, 국립민속박물관), 제분노동요(http://folkency.nfm.go.kr/kr/topic/detail/954)

리나라에 전해진 것은 그 이후일 것이다. 일본에는 한국을 통해 4~5세기에 전해졌을 것이라고 한다. 밀은 밥이 될 수 없어, 우리나라에서는 밥을 지을 수 있는 보리만큼 중요시되지 않았다. 밀의 원조는 아프리카를 중심으로 한 곤드와나 대륙의 에티오피아 산간 지대에서 발생해서 곤드와나 대륙에서 중동과 아시아 대륙이 분할되어 나오면서 밀의

[그림 177] 옛날에는 밀을 이런 맷돌로 갈아 가루로 만들어야 이용할 수 있었다. 맷돌은 중동에서 처음 만들어져 중국을 거쳐 우리에게 전해졌다(대한민국역사박물관, 소장번호 수증 868).

여러 파조(派祖)가 생겼을 것이다. 그리고 그들이 각 지역에서 독립적으로 진화·발전해 왔을 것이다. 일반 재배 밀이 이라크에서 발전했을 것이고, 엠머(emmer) 밀이 에티오피아와 이집트에서 발전했을 것이며, 일입성 밀(einkorn)과 더럼(durum) 밀 등 여러 종류의 밀이 중앙아시아에서 발전했을 것이다. 보리도 이런 식으로 아프리카에서 타 지역으로 전파되었을 것이다.

밀은 벼와 보리 같은 곡식 작물과 달리 가루(분말)로 만들지 않으면 이용할 수가 없다. 또 빵으로, 국수로 만드는 기술이 있어야 이용할 수 있다. 특히 누룩을 만들어 밀가루를 발효시키는 기술이 있어야 한다. 이런 기술이 이집트에서 개발되어 중국에 들어오고 나서야 밀이 재배·이용되었다.

밀의 주된 개량은, 미국의 보겔(O. Vogel) 박사가 북미의 밀 품종과 단간인(키가 작은) 일본의 밀 품종 노린 10(Norin 10)과의 교잡으로 내도복성, 내병성 품종을 만들어 내어 밀 육종에 괄목할 만한 발전을 가져왔다. 이런 내병성 단간 밀 품종으로 밀식다비(密植多肥)해도 도복(倒伏) 없이 수량 증가가 가능했다. 이 단간 밀 품종을 이용하여 멕시코에 설립된 국제옥수수/밀연구소(저자가 일했던 국제열대농학연구소의 자매 연구소)에서 밀 육종을 연구

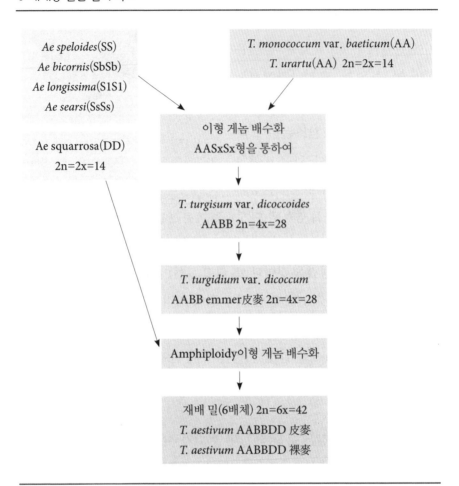

일반 재배 밀의 족보는 매우 복잡하다. 밀은 A 게놈과 B 게놈과 D 게놈의 합으로 이루어진 6배체, 즉 2n=6x=42이다.

한 볼로그 박사(N. E. Borlaug, 1914~2009)가 내병다수성 단간 밀 품종을 만들어 인도와 파키스탄에 보급해 그들의 식량 문제를 해결하고 소위 녹색혁명을 일으킨 공로로 1970년에 노벨 평화상을 수상했다(Feldman, M. et al., 1995).

　일본은 원래 작물 자원 빈곤국 중 하나다. 대부분의 일본 작물 자원과

[그림 178] 국제옥수수/밀연구소의 볼로그 박사가 우리의 앉은뱅이 밀이 제공한 단간 밀 유전자를 이용해 단간 내병다수성 밀 품종을 만들어 녹색 혁명을 일으켰다(위키피디아).

문물이 한반도를 통해 그들에게 전해졌다. 일본의 문화는 중국과 한국에 비해 뒤늦게 발전했다. 지리적, 역사적 그리고 인간 이동으로 보았을 때, 중국 문물이 한반도를 통해 일본에 전해진 것이다. 미국의 보겔 박사와 국제옥수수/밀연구소의 볼로그 박사가 단간 밀을 만들기 위해 단간 유전자원으로 사용한 일본 밀 품종 노린 10의 조상은 한국의 앉은뱅이 밀이다. 1905년에 재배되었던 앉은뱅이 밀의 키는 92~130cm이다. 한국 강점기에 앉은뱅이 밀이 일본으로 도입되어, 그로부터 1914년에 달마(達摩)라는

[그림 179] 밀 포장

❖ 우리의 단간종 '앉은뱅이 밀' 품종을 이용해 일본의 단간종 노린 10 밀 품종을 만들어 낸 경위

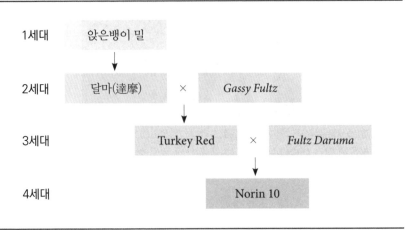

1세대	앉은뱅이 밀		
2세대	달마(達摩)	×	Gassy Fultz
3세대	Turkey Red	×	Fultz Daruma
4세대	Norin 10		

우리의 단간종 앉은뱅이 밀에서 단간성 유전 형질을 얻어, 그것을 모본으로 이용해 단간종인 노린 10을 얻었다. X는 교배를 알린다. X의 왼쪽은 모본이고 오른쪽은 부본이다(조장환, 1983).

밀 계통이 선발되었다. 이것을 육종 모본(母本)으로 하고 개시 풀즈(Gassy Fultz)를 부본(父本)으로 해서 풀즈 다루마(Fultz Daruma)를 얻어, 그것을 다시 모본으로 하고 터키 레드(Turkey Red)를 부본으로 해서 노린 10 품종이 선발되었다(조장환, 1983). 밀은 원래 중동이 원산지로 가장 오래된 작물 중 하나다. 이 밀이 실크로드를 통해 중국에 전래되었고, 이후에 한국에 도입되었을 것이다.

한국에 도입된 밀을 우리 선조들이 선발하여 단간종 '앉은뱅이 밀'을 만들어 냈을 것이다. 이것의 중요성을 미국의 보겔 박사가 발견하고 이용하여 미국에서 단간 밀 품종을 만들어 밀의 다수확을 기했을 것이고, 볼로그 박사가 그것의 가치를 인정하고 이용해 단간의 내병다수성 밀 품종을 만들어 인도와 파키스탄에 보급해서 소위 녹색 혁명을 이루었다. 이처럼 작물의 재래종은 중요한 유전자원을 제공해서 작물 육종을 통해 세계에 크게 공헌할 수 있다.

25

귀리

귀리(耳麥, Oats)는 제4 작물의 고향 중동 센터가 원산지인 화곡 작물이다. 재배종 귀리(*Avena sativa*)는 6배체(hexaploid, 2n = 6x = 42)이다.

귀리의 원산지는 중동 또는 근동이다. 여기에 여러 야생종이 있다. 이곳에서 두 개의 야생종 2배체가 서로 자연 교배되었다. 다시 말해서 하나의 야생종 2배체(2n = 2x = 14)와 다른 2배체(2n = 2x = 14)와의 교잡종이 자연적으로 생겼다. 이것이 또 자연적으로 염색체가 배가(倍加)되어 4배체(2n = 4x = 28)가 되었다. 4배체가 다시 2배체(2n = 2x = 14)와 교잡해 6배체

❖ 귀리의 족보

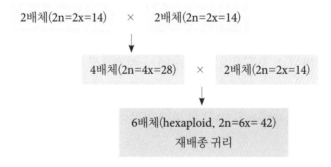

n은 짝짓기 기본 염색체 수. x는 배수 수준(ploidy level), X는 교배를 알린다.

(2n=6x=42) 재배종이 된 것이다. 오랫동안 자연 상태에서 이런 과정이 이루어진 것이다. 참으로 신통하다.

야생 귀리의 유물이 기원전 1000년 유럽의 유적지에서 출토되었다. 야생 귀리는 껍질이 있으며 탈곡성이 강하고 종자 휴면 기간이 길다. 그러나 원산지인 중동 또는 근동에서 야생 귀리가 앞서 밝힌 진화 과정을 거쳐 6배체 귀리가 되어, 1세기 유럽에서 비로소 인간이 작물로 재배했을 것으로 추정하고 있다. 따라서 귀리는 오래된 작물이 아니라 비교적 뒤늦게 등장한 작물이다.

그리고 중동에서 화곡 작물인 밀과 보리의 야생종으로부터 귀리가 생겼을 것이라고 보기도 한다. 귀리는 보리나 밀보다 더 넓은 환경 적응성이 있어, 밀과 보리를 심을 수 없는 지역에서도 귀리를 성공적으로 재배할 수 있다.

귀리는 단백질 함량이 16%이고 지방이 8%로서 고품질이다. 에너지가 높아 동물의 좋은 사료로 쓰인다. 요즈음 귀리는 건강 식품과 화장품 원료로도 선호되고 있다.

나귀리(naked oats), 즉 껍질 없는 귀리는 껍질 없는 계통(*Avena sativa* L. var. nada)과 껍질 있는 일반 재배종 귀리(*Avena sativa* L.)의 교배로부터 나왔다. 껍질 없는 귀리 품종이 나온 다음 귀리 생산에 도움이 되었다. 나귀리 품종의 수량은 껍질 있는 일반 귀리 품종의 껍질을 제거한 것과 같거나 오히려 더 많다. 그리고 껍질 없는 귀리가 품질 면에서도 고품질이어서, 다른 곡류에 비해 가공해서 이용하는 데 유리했으므로(Hugh Thomas, 1995) 껍질 없는 귀리 품종이 선호·재배되었다.

세종 24년(1442)《세종실록》에 이런 기록이 있다.

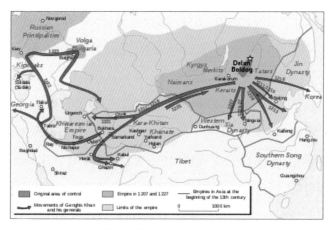

[그림 180] 원나라 이동(위키피디아)

호조(戶曹)에서 임금께 아뢰기를, 귀리는 보리 같으나 그보다 알이 작고 그 성질이 바람과 추위를 잘 견디며, 척박한 땅에서도 알맞고 황무(黃霧, 녹병)·수병(銹病)에도 강하며, 3월 파종으로 6월에 수확할 수 있습니다. 강원도 진부, 대화나 함경도 갑산 지방 사람들이 즐겨 재배하고 있습니다. 호조에서 이미 아뢴 대로, 사람을 보내어 귀리의 재배법과 지어 먹는 방법을 묻고, 종자 2석을 바꾸어 와 전농사(典農寺)에서 적성 재배 시험을 한 바, 그 수량이 37석(石) 8두(斗)였습니다. 쪄서 말려 찧으니 3두(斗)에 정곡(精穀) 4승(升) 5합(合)이었고, 밥이나 떡을 지어 보니 모두 백성들에게 간절히 쓰일 것입니다. 청하옵건대, 각 도(各道)에 종자를 나누어 주어 재배토록 함으로써 백성들에게 이롭도록 인도하여 주옵소서. 이에 임금이 그 간에 따르다.

귀리는 서아시아가 원산지로, 6세기 중국의 농서《제민요술(齊民要術)》에 귀리 재배법이 처음으로 기록되어 있다. 이로 보면 아마도 한무제 때 실크로드가 개통되면서, 대상들이 말 먹이로 휴대하면서 중국에 전래된 것으로 보인다.

우리나라에는 13세기 후반 고려 때 원나라 군대가 주둔하면서 말 먹이로 가져와 보급되었다는 설이 있다. 1618년 허균(許筠)의《한정록(閑情錄)》에 귀리를 작맥(雀麥)이라 했고, 류중림의《증보산림경제》에 이맥(耳麥)이라고 했다.

귀리는 내풍(耐風), 내한(耐寒), 내병(耐病), 조파성(早播性) 등 작물로서의 장점을 두루 갖추고 있다. 주곡 작물 중 최저 온도인 1~2°C에서 발아하고, 재배 지대는 북위 45~63° 사이이며, 해발 500m 이상의 산간 지대에서도 잘 재배된다. 이런 지역에서 월동하는 작물이 없는데 귀리는 잘 자라, 호조가 이런 산간지(山間地)에 보급코자 했다. 그리고 백성들에게 간절히 필요한 곡식이라고 했다.

백제의 사비성 터에서 탄화된 귀리가 발견된 것으로 보아, 귀리는 아마도 삼국 시대에도 재배되었으리라고도 추측한다. 기록에 따르면, 귀리가 우리나라에 도입된 것은 삼국 시대였을 것이라고 했다(김영진,《한국농업사 이모저모》에서 발췌·요약).

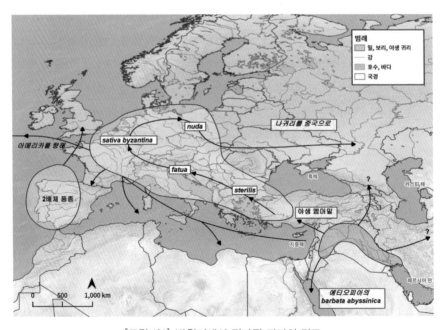

[그림 181] 발원지에서 전파된 귀리의 경로

266

[그림 182] 오른쪽이 귀리이고 왼쪽이 보리다. 미국 미시간 주립대학에서 보리와 귀리를 연구하신 은사 그라피우스(John E. Grafius) 박사. 그라피우스 박사는 세계적으로 유명한 식물 유전육종학자였다. 이 분의 지도로 이 두 작물을 연구해서 학위를 받았다. 1990년경 저자가 방문했을 때 홀로 되신 은사님의 사모님께서 직접 주신 귀한 사진이다.

그러나 귀리는 1세기에 유럽에서 작물로 재배하기 시작했을 것이라고 하니, 귀리가 삼국 시대에 우리나라에 도입되었다는 것은 합당하지 않다. 본격적으로 산간 지역에서 재배된 것은 조선 초기였을 것이다. 그러니까 600년 전 원나라 군대들이 말 먹이로 가져온 것을 농민들이 재배하기 시작했을 것이다.

[그림 183] 귀리 사진

26

콩

콩(大豆, soybean, *Glycine max*)은 제1 작물의 고향인 중국·한국 센터가 원산지인 화곡 작물이다.

콩은 세계에서 가장 중요한 농작물 중 하나다. 콩은 원래 중국과 한국이 원산지인데, 요즘 주산국은 미국, 브라질, 중국이다. 콩은 아시아인들을 살린 영양 음식의 주종이다.

콩은 지방이 18~23%, 단백질이 39~45%로, 기름을 짜고 남은 비지는 사람이 먹고 콩깻묵은 고단백 동물 사료로 쓰이고 있다. 재배되는 콩의 종(種)은 글리신(*glycine*) 속(屬)에 속한다. 이 글리신 속은 두 아속(亞屬, subgenera), 즉 글리신과 소자(*soja*[Moench] F. J. Herm.)로 되어 있다. 글리신 속과 두 아속은 아시아 열대 지방에 자생하는 그들의 선조로부터 나왔다. 그러니까 이들의 고향은 아시아 열대 지방이다(식물 분류는 문강목과속종의 순서로 계열되어 있다. 그러므로 속은 분류상 종의 위쪽에 있다).

아시아 열대 센터로부터 나온 글리신 속의 야생 다년생 아속 글리신이 성공적으로 호주에 갔고, 아속 소자의 야생 일년생 초가 중국 북부로 갔다. 아속 글리신은 호주에 15개의 다년생 종을 갖고 있으며, 15개 야생 다년생 종 모두 호주가 원산지다. 모두 2n = 40 염색체(2배체)를 갖고 있다. 아속 소자는 *G. max*(재배종 콩 2n = 40)와 그의 야생종 일년생 *G. soja*(2n = 40)로 되

268

어 있다. 이들 야생종(*G. soja*)과 콩(*G. max*)은 교배된다. 그러므로 이 야생
종과 콩은 매우 가까운 근연종이라는 것을 알 수 있다.

❖ 이상을 요약하면

Glycine 속(屬, genera)은 두 아속(subgenera)을 갖고 있다.
(*Glycine* 속은 원래 아시아 열대 지방 원산이다.)

아속 *Glycine*　남쪽 호주로 이민 갔다　　15개 야생 다년생을 두었다.
아속 *Soja*　　북쪽 상나라의 서울에 갔다　*G. max*(콩)와 *G. soja* 두 형제를 두었다.

그래서 콩의 족보는 다음과 같다. 콩의 할아버지는 글리신인데 아시아
열대 지방에서 살았다. 거기서 아들 둘을 두었다. 큰아들 글리신은 남쪽 호
주로 이민 갔고(글리신은 콩을 낳지 못했다), 북쪽 상(商)나라 서울로 올라간
둘째 아들 소자는 재배종 콩(*max*)을 낳아 세계에 퍼뜨려 대대손손 세세만
년 만민을 살렸다. *G. max*는 재배종 콩의 학명(學名)으로 하고 야생 일년생
콩은 *G. max* sub. *Soja*(Sieb. and Zucc.) Ogahi라 제의되어 여러 학자들 간
에 공감되고 있다.

❖ 대두공(**大豆公**)의 족보

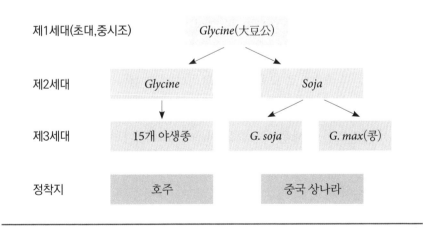

이렇게 해서 콩은 기원전 11세기에 중국 동북부에 재배종으로 순화되었을 것으로 보고 있다. 이 놀랄 만한 일이 우리 선조인 동이족의 상나라(B.C. 1600~1046)에서 일어났을 것이란다. 그러니까 우리 조상들의 얼이 서려 있고, 우리 문명의 뿌리였던 상나라에서 재배종 콩이 생겼다는 것이다. 이렇게 콩의 뿌리와 우리의 뿌리는 같다. 우리의 뿌리를 찾았을 때 너무 좋아 소리를 질러 댔고, 춤이라도 추고 싶었다.

이이(李珥, 1583~1584)의 《기자실기(箕子實記, 1581)》에 '기자(箕子)가 조선에 도래하여 백성들에게 예절과 농사를 가르치면서 정전제(井田制)를 시행했다'는 기록이 있다. 그 내용은 이러하다.

기자가 은(殷)나라(B.C.1600~1046, 상나라가 마지막으로 옮긴 수도가 은이어서 상나라를 은나라라고도 한다)에서 태어나 살다가, 주왕(紂王)이 그를 감옥에 가두었다. 그러자 주나라(B.C.1046~256) 무왕(武王)이 은을 멸하고 그를 방면해 그에게서 치국론(治國論)을 배웠다. 그는 홀연히 동쪽 조선 땅으로 갔다. 그때 5,000명의 시, 서, 예, 악, 의, 무, 음양, 전술을 하는 무리와 백공기예(百工技藝)의 무리를 데리고 가서 평양 땅에 도읍을 정했다(기씨조선, B.C. 1122~195). 기자는 백성들에게 예의와 농업, 잠업, 직조를 가르치고, 정전제를 시행하여 질서 확립을 위한 8조의 금법(禁法)을 시행했다.

한백겸(韓百謙, 1552~1615)이 평양성 밖 정전 유적(丁田遺蹟)의 실체를 확인했고(箕田圖, 箕田遺制說), 박세채(朴世采, 숙종조)는 '기자는 주나라의 문물을 조선의 풍속으로 교화시킨 인물이다'라고 했다(구자옥, 2016).

기자는 콩의 원산지인 상나라 사람이었다. 기자가 주나라에서 평양으로 와서 기자조선을 세우고 농업을 가르쳤다고 한다면, 기자가 그때 필경 콩을 가지고 왔을 것이다. 그렇다면 기원전 1122년에 콩이 우리나라에 도입되었을 것이다.

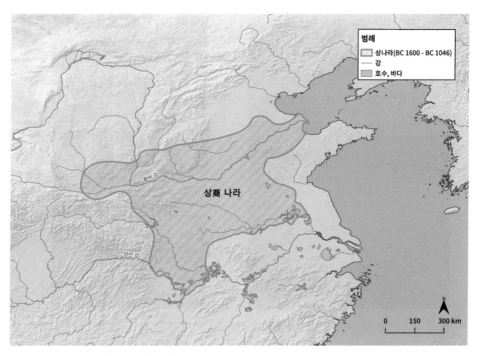

[그림 184] 상나라(B.C. 1600~1046)에서 콩 재배가 시작되었다.

오산리에서 출토된 신석기 초기의 토기에 박힌 '콩'과 압흔 토기에 부착된 탄화물의 연대가 7,175~7,160년 전이라고 한다(신용하, 2018). 그렇다면 한국에서 콩 재배는 훨씬 오래전부터 시작되었을 것이다. 그 후 1세기에서부터 15~16세기에 일본, 인도네시아, 필리핀, 베트남, 태국, 말레이시아, 버마, 네팔 등지에까지, 그리고 인도에까지 전파되었을 것이다 (Hymowitz, T., 1995).

인류 최초의 중국 최고 농서(最古農書)인《범승지(氾勝之)》의 원저《범승지서(氾勝之書)》에는 콩 재배법에 대해서 기술하고 있다. 여기에 이런 지적이 있다. '콩은 해마다 땅을 바꾸어 심지 않아도 잘 되는 곡식이다(大豆保歲易爲.)' 2,100년 전에 콩이 근류균에 의해 공중의 질소를 고정하여 살아가고, 남은 고정 질소분을 땅에 남겨 땅을 거름지게 한다는 것을 어떻게 알았을까? 참으로 놀랍다(구자옥 외 옮김, 2007a).

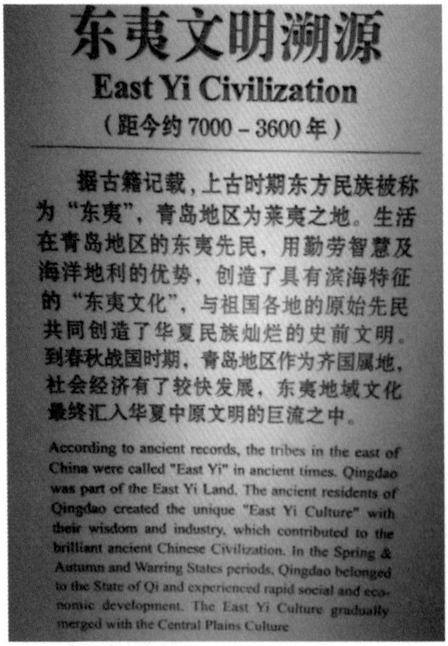

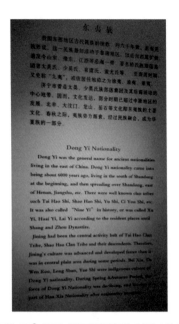

东夷文明溯源
East Yi Civilization
（距今约 7000 – 3600 年）
据古籍记载，上古时期东方民族被称为“东夷”，青岛地区为莱夷之地。生活在青岛地区的东夷先民，用勤劳智慧及海洋地利的优势，创造了具有滨海特征的“东夷文化”，与祖国各地的原始先民共同创造了华夏民族灿烂的史前文明。到春秋战国时期，青岛地区作为齐国属地，社会经济有了较快发展，东夷地域文化最终汇入华夏中原文明的巨流之中。
According to ancient records, the tribes in the east of China were called "East Yi" in ancient times. Qingdao was part of the East Yi Land. The ancient residents of Qingdao created the unique "East Yi Culture" with their wisdom and industry, which contributed to the brilliant ancient Chinese Civilization. In the Spring & Autumn and Warring States periods, Qingdao belonged to the State of Qi and experienced rapid social and economic development. The East Yi Culture gradually merged with the Central Plains Culture

[그림 185] 중국 청도박물관에 이런 자보가 있다. 고대 기록에 따르면, 중국의 동쪽 부족을 '동이(東夷)'라 했다. 청도는 동이 땅의 일부였다. 옛 청도인들은 그들의 지혜와 노력으로 독특한 동이 문명을 발전시켰다. 하여 중국의 훌륭한 고대 문화에 공헌했다. 춘추 전국 시대에 청도는 기(Qi)나라에 속했다. 그들은 급속도로 사회와 경제 발전을 이루었다. 동이 문명은 점진적으로 중부 문명과 합류했다(운헌 한동억).

Dong Yi Nationality
Dong Yi was the general name for ancient nationalities living in the east of China. Dong Yi nationality came into being about 6000 years ago, living in the south of Shandong at the beginning, and then spreading over Shandong, east of Henan, Jiangshu, etc. There were well known clan tribes such Tai Hao Shi, Shao Hao Shi, Yu Shi, Ci You Shi, etc. It was also called "Nine Yi" in history, or was called Xu Yi, Huai Yi, Lai Yi according to the resident places until Shang and Zhou Dynasties.
Jining had been the central activity belt of Tai Hao Clan Tribe, Shao Hao Clan Tribe and their descendents.

[그림 186] 중국 청도박물관에 이런 자보가 있다. 동이는 중국 동부에 살았던 고대 국가의 명칭이다. 동이는 6,000년 전에 존재했던 나라로 초기에는 산둥 남쪽에 살았다. 그 후 산둥 전역과 하이난, 장슈 등지에 번져갔다. 역사에 따르면, 거기에 상나라와 주나라가 생기기 전까지 '타이하오시'를 위시하여 9개 이(夷) 족속이 있었다. 타이하오 부족 등의 중심지는 지닝(Jining)이었다. 그래서 지닝 문화가 오랫동안 중부지역보다 훨씬 발전했다. 동이에는 베이진(Bei Xin) 등 여러 원주민의 문명 등이 그 안에 있었다. 춘추전국시대에는 동이국의 세력이 쇠퇴했다(운헌 한동억).

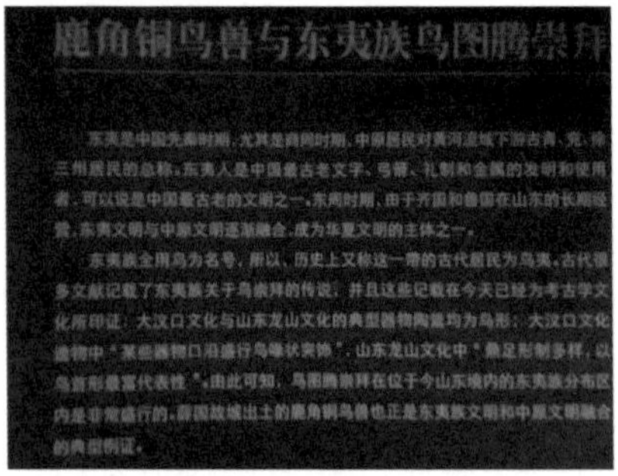

[그림 187] 중국 청도박물관에 이런 자보가 있다(운헌 한동억).

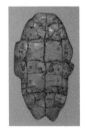

[그림 188] 상나라의 갑골 문자. 인간 문명이 발상한 이 지역에서 콩도 발상했다.

동이족

고대 중국의 가장 오랜 서적《상서(商書)》와《예서(禮書)》에 구려국(九黎國, 九麗國)의 왕 '치우(蚩尤)'가 나온다. 또 그 밖의 여러 기록에도 나온다. '치우'는 동이족으로 고대(단군 이전) 고조선에 환웅천왕(桓雄天王)이 건국한 배달국의 14대 천왕이었다. 또한《대변경(大辯經)》에서는 신시씨(神市氏, 환웅)는 하늘에 근본을 두고, 청구씨(靑丘氏, 치우)는 밝으면서 땅에 근본을 두어 고조선 건국 이전의 조상들 간 관계와 특징을 설명하고 있다. 이런 치우천왕의 전설은 2002년 한일 월드컵 축구대회를 통해 일반 국민에게 알려졌다. 치우가 우리 배달민족의 선조이자 백전불굴의 승리를 상징하는 인물인 이유로 우리나라 응원단의 표상을 치우의 의지를 '붉은 악마'로 내세웠다. 우리 배달민족의 선조는 중국의 한족과 다른 고구려의 동이족이고, 치우의 전설처럼 백절불굴하는 강인한 힘과 기질을 가진 인물이다. 아울러 철기제작의 지혜와 재주, 중원 땅을 누비는 결집된 단결력, 4계절(天時)을 가려 하늘의 뜻(天道)을 걷는 생명과 생물의 온상, 즉 인재와 농업 생산을 일으키는 역사의 주인이다. 우리의 농경문화와 농본사상을 낳았고, 반만 년의 오래되고 끈질긴 저항과 극복의 역사를 면면히 이어지게 했다. 이처럼 신화가 암시하는 바는 우리 땅이 진취적이고 왕도적인 농본주의의 발상지였던 것이다. 이런 전통과 역사의 피가 우리의 농본사상을 낳았다(구자옥, 2016).

해바라기

해바라기(sunflowers, *Hrlimanthus annuus*)는 국화과(科)에 속하는 식물로 미국 중서부가 원산지이다.

미국 중서부 원주민들은 식량으로 해바라기 씨를 이용했다. 이곳의 원래 해바라기는 키가 컸고(장간형) 가지를 쳤다. 이것을 서구인들이 도입해 기름 작물로 재배하면서 키가 작고(단간형) 가지 치지 않은 것으로 만들어 재배했다. 이것을 소련이 도입해 중요한 기름 작물로 삼아 재배했다. 이곳의 기상 조건과 해바라기 원산지인 북미의 기상 조건이 비슷해 광활한 면

[그림 189] 원래 야생 해바라기는 키가 컸고 가지를 쳤다.

적에서 더욱 잘 자랐다.

이들이 해바라기 기름 함량을 28%에서 50%로 증가시킨 좋은 해바라기 품종을 만들었고(18~23% 콩기름 함량과 비교해 월등히 많다), 근연종과 교배해서 내병다수성 품종을 만들어 전국에 대대적으로 보급해 식용 기름을 확보했으며 동물 사료로도 사용했다(Knowles, P. F. & A. Ashri, 1995).

해바라기 꽃은 해를 따라 동쪽에서 서쪽으로 머리를 돌리는 것으로 알려졌다. 이런 특성을 향일성(heliotropism)이라고 한다. 특히 어린 해바라기 꽃이 그렇다고 한다. 그러나 나의 집 뒤뜰에 해바라기를 심어 놓고 관찰한 바에 따르면, 해바라기 꽃은 어려서나 자라서나 동쪽만 바라보고 피어 있다. 해를 따라 고개 돌리지 않고 노상 동쪽만 바라보고 있다. 모두 한결같이 고개 돌리지 않고 동쪽만 바라본다. 동쪽을 바라보며 꽃 피는 것은 꽃봉오리가 맺힐 때부터다. 그리고 꽃잎을 다 떨구고 열매를 맺고서도 해바라기 꽃 머리는 고개 숙여 동쪽을 바라다보고 있다. 해바라기는 꽃 피기 전에도 꽃 피고 나서도 꽃이 지고서도 오로지 동쪽을 향한다. 그래서 해바라기라고 이름 지었나 보다. 그래서 이렇게 적어 보았다.

오직 하나, 커다랗고
매우 무거운 꽃
머리 위에 피우는 까닭
해가 몹시도 그리워서라

해와의 거리
너무도 멀지만
해가 지나가면 이 땅 위에서라도
멀리 바라다만 보며
공손히 머리 숙인다

햇빛만 보내고서

말없이 서산에 지어 가는 해

동녘 아침 다시 솟아오르면

다 잊어버리고 해 바라다보며

다시 맞이하는 해바라기

캄캄한 어둔 밤

바람에 나부껴 흔들리면서도

오직 해만을 바라고

애타게 기다리는

한몸 한뜻의 해바라기

[그림 190] 해바라기 꽃은 한결같이 처음부터 줄곧 동쪽을 향해 꽃이 핀다.

[그림 191] 해바라기 열매

28

목화

목화(木花, 綿花, cotton)는 제3 작물의 고향인 중앙아시아 센터와 제7 작물의 고향인 중앙아메리카 센터가 원산지인 섬유 작물(纖維作物)이다. 목화는 섬유 (솜털)로써 면직물을 만들어 의류로 쓰이고, 면실(棉實, 목화 씨)은 면실유(棉實 油)로써 매우 고품질의 식용유를 인간에게 제공한다. 실크는 사치품이었지만 면직물은 생필품이었다.

목화는 식물학적으로 고시피움(*Gossypium*) 속에 속하는데, 그 밑에 4종 (species)이 있다. 아프리카-아시아에 2배체종(*G. aboreum*과 *G. herbaceum*)이 있고(2배체 2n = 2x = 26 염색체), 신대륙(아메리카)에 4배체종(*G. hirsutum*과 *G. barbadense*)이 있다(4배체 2n = 4x = 52 염색체). 이렇게 네 종류가 세계 목화 생산의 주종을 이룬다.

원산지	배수	염색체 수	종류
아프리카-아시아	2배체 2n = 2x	26	*G. aboreum*과 *G. herbaceum*
신대륙(아메리카)	4배체 2n = 4x	52	*G. hirsutum*과 *G. barbadense*

주: n은 짝짓기 기본 염색체 수, x는 배수 수준(ploidy level)

❖ 목화의 족보 고시피움(*Gossypium*) 속 족보

아프리카-아시아 목화 종 2배체(2n = 2x = 26)		아메리카 목화 종 4배체(2n = 4x = 52)	
G. aboreum	*G. herbaceum*	*G. hirsutum*	*G. barbadense*

[그림 192] 목화 재배

2배체 목화는 아직도 아프리카와 아시아에서 많이 재배되지만, 4배체 목화가 전 세계 목화 생산의 주종으로 재배되고 있다. 아프리카-아시아의 2배체종 중에서 해도면(G. barbadense)이 선호되고 있다. 왜냐하면 그것의 섬유가 길고, 강하고, 양질이기 때문이다. 하지만 이 종류는 수량이 떨어진다. 그래서 수량이 많은 아메리카 목화 종 육지면(G. hirsutum)이 40여 개국에서 90% 이상 재배·생산되고 있다(Wendel, J. F., 1995).

중국 농업 고서《범승지서》와《제민요술》에 섬유 작물인 삼(麻)과 모시에 대한 기술은 있으나 목화에 대해서는 전혀 언급이 없다. 이로 보아 목화는 한참 후에나 중국에 도입된 작물이다. 장건(張騫, ?~B.C. 114)이 서역(중동과 중앙아시아)에서 18년간이나 활동하며 참깨, 마늘, 포도, 석류 등을 중국에 수입했으면서, 그곳이 원산지인 중요한 목화를 왜 수입하지 않았는지 매우 궁금하다. 중국에서는 그 후 원나라(1271~1368) 초기에 양쯔강 이남 지역에서 목화 재배가 시작되었다고 한다. 이것은 실크로드를 통해 교역한 대상들, 아니면 원나라 사람들이 왕래하며 중동과 중앙아시아에서 도입했을 것이다. 그 시기가 원나라 초기라니 13세기 초일 것이다.

우리나라는 문익점 선생(文益漸, 1329~1398)이 고려 공민왕 12년(1363)에 중국에서 목화를 가져왔다고 하니, 중국에 처음 도입되고서 100년 뒤에 그 신작물을 들여왔다는 것이다. 그 이전에는 옷을 만들어 입을 섬유 작물이라고 해야 고작 삼과 모시뿐이었을 것이니, 당시 가난한 우리 조상들은 어떻게 입성(옷)을 만들어 그 추위를 견뎌 냈을까? 목화로 따뜻한 옷을 만들어 입게 했고, 따스한 이불을 덮고 편안히 잠잘 수 있게 하여, 가난한 선조들의 어려운 문제를 해결하고 보다 잘살게 해 준 문익점 선생이 고맙기

그지없다. 완전히 새로운 역사가 시작된 것이다. 우리를 백의민족(白衣民族)이라고 하는데, 이것은 문익점 선생이 목화를 중국에서 도입하고 재배하여 그것으로 하얀 무명옷을 만들어 입게 되었기 때문이다.

문익점 선생이 중국에서 도입한 목화의 종류는, 구대륙 아프리카-아시아 2배체종이다. 그렇게 좋은 섬유 작물이 비교적 가까운 이웃에 있었는데도 그것을 모르고 살았던 선조들이 불쌍하다. 하기야 그 당시 평민들은 동물 가죽으로 옷을 만들어 입었고, 고관과 부자들은 중국에서 비단옷을 사다 입었을 것이지만. 우리 조상들은 모직(毛織)을 만들어 입지도 못했다.

문익점 선생은 국가 발전과 국민의 생활 향상을 위해 크게 공헌했고, 성공적으로 기술을 도입·보급한 한국 최초의 식물 도입 육종가다. 식물 유전 육종학자인 저자는 옷깃을 여미고 경의를 표하며, 선생에 대해 더 알아보고자 한다. 《왕조실록》에 따르면, 고려 태조 7년(1398) 7월 정사일에 이렇게 기록되어 있다.

고려 공민왕 12년(1363) 서장관으로 원나라에 갔던 문익점은, 돌아오면서 목화씨를 구해 왔다. 다음 해에, 진주로 내려가 장인 정천익(鄭天益)에게 그것을 전했다. 정천익은 그 중 한 그루를 살려 종자 100여 개를 얻어 계속 증식했다. 1367년 그 씨앗을 향리의 이웃에게 나누어 주었다. 호승(胡僧) 홍원(弘願)이 정천익의 집에 가보니 본국(중국)에서 보았던 나무가 있었다. 그래서 홍원이 솜을 짓고 직물을 짜는 방법과 도구를 만드는 법을 알려 주어, 정천익이 자기 종을 시켜 면포 한 필을 짜니 이웃이 서로 배워 불과 10년 만에 전국에 퍼졌다.

이게 우리나라 역사에서 최초의 작물 도입 기록이다. 참으로 놀랄 만한 속도로 목화 재배가 확산되었고 면직물 생산이 이루어졌음을 알 수 있다. 우리나라 역사상 가장 눈부시게 성공적으로 성과를 거둔, 소위 '임팩트' 강한 획기적인 농업 신기술 도입과 보급의 사례다.

문정현의 논문 〈경북사학 26편〉에는 문익점 선생에 대해 이렇게 기록하고 있다.

문익점의 호는 삼우당(三憂堂)이고, 1331년(고려 충혜왕 원년)생이며, 1362년 32세 때 공민왕이 그를 원나라에 사신으로 보냈다. 원나라 강남(江南, 양쯔강 이남) 지방에서 목화씨 10개를 붓두껍에 몰래 넣어 가지고 1364년(공민왕 13년) 10월에 귀국한 후, 곧 고향 산청으로 갔다. 그는 목화씨 절반을 고향 산청군 사월리에서 시험 재배하고, 그의 장인 정천익은 인근 관정 마을(진양 정씨 집성촌)에서 나머지 절반을 시험 재배했는데, 정천익이 재배한 목화가 성공해 10년 안에 온 나라에 확산되었다. 정천익의 공로라고 할 수 있다.

🌷 목화를 우리 땅에 성공적으로 정착시킨 주요 요인

첫째 주요 요인은 재배 기술이다. 만약 목화씨를 처음에 경기도에 심었더라면 필경 실패했을 가능성이 크다. 다행히도 문익점 선생이 목화씨를 남쪽인 산청에 심었고, 자기 장인 정천익에게 주었기 때문에 목화 재배가 성공했다. 목화는 원래 열대 식물이어서 옛날에는 비교적 따뜻한 남쪽인 목포에 목화 연구소를 두었다. 연구를 거듭하여 해방 전에는 수원에서도 목화 재배가 가능해졌다.

둘째 주요 요인은 우리 선조들이 목화 가공 기술을 전수받아 적용할 수 있었다는 것이다. 목화씨를 빼내는 기구와 솜을 타는 기술과 실을 뽑아 내는 물레를 만들어 사용할 수 있었고, 베를 짤 수 있는 기술을 급속히 습득했다는 것이다.

셋째 주요 요인은 국민이 그 기술을 환영하고 받아들여서 잘 이용해 준 덕분이다.

넷째 주요 요인은 면직물이 절실히 필요했기 때문이다.

🌸 목화씨에 숨어 있는 의문

목화씨를 도입한 기록은 하나의 드라마 같다. 이 때문에 문익점 선생의 목화 스토리는 신화가 되었다고 한다. 문익점 선생은 원나라에 사신으로 들어가 나라의 어려움을 탄하다가 남방으로 유배를 가서 3년을 보냈다고 한다(木棉花記). 문익점 선생이 원나라 남방에 가서 목화씨를 가져온 것은 사실일 것이다. 왜냐하면 목화는 남방 작물이기 때문이다. 그런데 나머지는 모두 거짓이라고 한다. 목화는 원나라 수출 금지 품목이 아니었다. 그리고 목화는 문익점 선생이 목화씨를 원나라에서 가져왔다는 그때보다 100여 년 전부터 이미 원나라에 널리 재배·이용되었기 때문이다. 목화씨 10개를 붓두껍에 넣어 가지고 몰래 숨겨 들여왔다고 하는 것도, 또 상투 속에 넣어 가지고 왔다는 것도, 모두 희귀성을 드러내기 위한 것이다. 정천익이 목화씨를 심어 오직 하나만 나와 그것에서 씨를 100여 개 얻었다고 하는 것도 후인들이 그려 낸 하나의 일화일 것이다(이성주, 2009). 그렇다면 문익점 선생이 목화씨를 상당량 가지고 왔을 것이다.

그리고 호승 홍원이 찾아와 솜을 짓고 베를 짜는 기술, 도구를 만드는 법을 알려 주었다고 하는 것도 점검해 볼 과제다. 왜냐하면 문익점 선생이 남방에 가서 3년간 있었다면 거기서 목화 재배법이며 씨를 빼내는 법, 솜을 짓는 법, 실을 뽑는 법, 베 짜는 법을 잘 익혔을 것이고, 그에 쓰이는 도구를 샅샅이 관찰했을 것이며 실제로 그런 작업을 해보았을 것이라고 짐작할 수 있다. 그런 다음 목화씨를 가지고 귀국해서 목화를 얻었을 것이며, 목화씨를 빼내고 물레로 실을 뽑고 베를 짜는 기계를 직접 설계해 만들어 썼을 것이다. 아니면 문익점 선생이 그런 간단한 기구를 원나라에서 직접 가지고 와서 복제했을 수도 있다. 이런 가공 기술이 뒷받침되지 않았더라면 목화 재배가 그렇게 성공적으로 이루어지지 않았을 것이기 때문이다. 이게 더 신빙성이 있을 것이다.

《삼국사기》에 신라 경문왕 때인 869년 7월에 다른 여러 물품과 함께 목화로 만든 백첩포 40필을 당나라에 보냈다는 기록이 있다(삼국 시대에도 면직물은 생산되었다, 지식백과). 그러나 원나라(1271~1368) 초기에 양쯔강 이남 지역에서 목화 재배가 시작되었다고 하며, 필경 실크로드를 통해 교역한 대상들, 아니면 원나라 사람들이 중앙아시아나 중동에서 도입했을 것이다. 그 시기가 원나라 초기인 13세기이니 신라 시대 869년에 목화를 재배해 베를 짰다는 것을 인정하기 어렵다. 그리고 목화는 열대성 식물이기 때문에 신라의 기후에 맞지 않아 재배하기 어렵기 때문이다. 이때 길쌈하는 기술은 있었으나 목화는 없었다. 그때 목화가 있었다면, 그 좋은 것이 후대에 절대 사라졌을 리 없다.

[그림 193] 목화씨를 빼낸다. 어렸을 때 이렇게 목화에서 씨를 빼내어 어머니를 도와드렸다(공유마당, 저작자 미상, 창작년도 1891년, 한국저작권위원회).

[그림 194] 실을 뽑아내는 물레(가톨릭관동대학교 박물관 소장)

[그림 195] 아기를 등에 업고 물레질하는 여인(공유마당, 저작자 미상, 창작년도 1891년, 한국저작권위원회).

[그림 196] 물레로 실을 뽑는다. 어렸을 적에 물레로 실을 뽑아 보기도 했다.

　한국 드라마에서 고려 시대에 감자를 먹는 장면, 조선 초기에 옥수수를 먹는 장면 등등을 본 것 같다. 감자와 옥수수는 콜럼버스의 신대륙 발견 이후인 18세기에 도입된 작물이다.

　우리나라에서 목화 재배를 처음 기록한 농서는 강희안(姜希顔)이 1474년에 펴낸《사시찬요초(四時纂要抄)》이고, 그 후 허균(許筠)이 1618년에 펴낸《한정록(閑情錄)》에 목화 파종 시기를 기록했으며, 1655년 신속(申洬)의《농가집성(農家集成)》에도 목화 파종의 적기를 알렸다.

[그림 197] 이때도 시골에서 노인들이 거의 하얀 무명 두루마기를 입고 다녔다 (ⓒ에드워드 김, 1956).

[그림 198] 1970년 저자의 선친 장례 때 행여꾼이 하얀 무명 옷을 입었다.

1760년 신돈복(辛敦復)의 《후생록(厚生錄)》에 노란 꽃만 피는 품종과 붉은 꽃과 푸른 꽃, 누런 꽃이 뒤섞인 품종이 있음을 밝혔다(김영진, 2017). 이것은 문익점 선생이 1363년에 도입한 목화와 종류가 다를 수 있다. 왜냐하면 시기적으로 보아 400년 후의 일이기 때문이다. 그래서 그동안 중국으로부터 또 다른 목화 종류가 도입되었을 수도 있기 때문이다. 그리고 그 사이에 변종이 생겼을 가능성도 있다.

29

고추

고추(pepper, *Capsicum annuum*)는 제7 작물의 고향인 남멕시코와 중앙아메리카 센터가 원산지인 향신료 식물(香辛料植物)이다.

남아메리카 원주민들은 고추를 옥수수와 카사바 다음으로 중시하며 재배하고 있다. 그리고 그들의 토속 종교의 전례에 고추를 쓰기도 한다. 고추는 열대와 온대 전역에 널리 재배·애용되는 작물이다. 한국에서도 가장 중요한 채소 중 하나다. 고추의 칸시쿰(*Capsicum*) 속(屬)에 25~30종이 보고되어 있다. 그중에서 다음 5개의 종이 주를 이룬다.

🌱 칸시쿰 아눔(*Capsicum annuum*)

이 종(種)이 가장 널리 재배·이용되고 있고, 가장 경제성이 있다. 이 종에는 감미 고추(sweet pepper)도 포함되어 있다. 건조해서 고춧가루를 만들어 사용한다. 인간이 순화하여 재배하고 있는 품종(*capsicum annuum var. annuum*)과 야생 또는 초본형(*capsicum annuum var. glabriusculum*)이 있다. 이 종의 순화지는 중미로 알려졌다.

🌱 캅시쿰 바카툼(*Capsicum baccatum*)

이 종은 주로 남아메리카에서만 재배되고 있으며, 그 외에서는 그다지 재배되고 있지 않다. 순화한 품종(*C. baccatum* var. *pendulum*)과 야생종이(*C. baccatum* var. *baccatum*)이 있다.

🌱 캅시쿰 프루테스켄스(*Capsicum frutescens*)

잡초성 야생종인데, 반순화종으로 널리 분포되어 있다. 이것은 멕시코가 원산지이나 아메리카 저지대에도 분포되어 있다. 특히 향기가 좋고 매운 맛이 특이하여, 타바스코(Tabasco) 소스로 세계적으로 가장 널리 애호되고 있다. 타바스코 품종은 대개 고추가 직립성으로, 유일하게 외부 세계에서 재배된다. 타바스코라는 명칭은 멕시코의 타바스코 주에서 이름을 따서 붙였다. 타바스코는 멕시코 열대 지방이 원산지여서 종자 발아에 고온(25~30°)이 필요하다.

[그림 199] 타바스코 고추

🌱 캅시쿰 치넨세(*Capsicum chinense*)

열대 아메리카에 널리 분포되어 있다. 아마존 안데스 고원 지대에서 재배되고 있다.

🌱 캅시쿰 푸베스켄스(*Capsicum pubescens*)

안데스 고원 지대에서 재배된다.

이상의 고추는 모두 2배체 $2n = 2x = 24$이다. 그리고 위에서 네 번째까지 4종은 서로 교배가 가능하다. 이것은 서로 상당히 가까운 근연종이라는 것을 알려 준다.

선사 시대 고추는 아메리카 원주민들에게 매우 중요한 작물이었다. 멕시코, 페루에서 고추와 관련된 고고학적 유물이 보고되었는데, 멕시코의 유물에서는 *C. annuum*과, 페루에서는 *C. baccatum*, *C. chinense*, *C. frutescens* 등과 관련이 있었다. 이 사실은 아메리카에서 상당히 오래전부터 고추 재배가 시작되었다는 것을 알려 준다.

고추 재배는 남아메리카의 다른 발생 지역에서 각기 별도로 그리고 독립적으로 시작되었다. 이곳의 재배종은 각 지역의 원주민들이 오랫동안 각기 야생종에서 재배종으로 순화시킨 결과물이다. 순화로 생긴 변화는 특히 열매(고추)에서 두드러진다. 야생종은 원래 열매가 작고, 직립성이고, 탈과성인 것인데 순화를 통해 열매가 크고, 지향성(地向性)이고 탈과하지 않는 형질로 변화시켰다. 그리고 고추 색깔도 여러 가지로 발전했다. 일찍이 맵지 않은 고추가 알려졌지만, 그것에 대한 관심은 최근의 일이다. 또 순화를 통해 타가수분에서 자가수분으로 변했다(Heiser, C. B. Jr. 1995).

우리나라에 고추는 임진왜란(1592~1598) 때 일본으로부터 도입되었을 것이라고 하지만, 그 이전에 도입되었다는 주장도 있다(김종덕, 2007).

[그림 200] 고추 말리는 모습(ⓒ박창환)

[그림 201] 한국에서 고추는 가장 중요한 채소 작물이다.

[그림 202] 캅시쿰 아눔 품종. 멕시코에서 'chile'는 매운 고추를 말하고, 'pimienta'는 맵지 않은 고추를 말한다.

[그림 203] 우간다 고추(ⓒ성백주)

288

[그림 204] 아르헨티나의 고추 건조 장면(위키피디아)

[그림 205] 인도의 고추(©윤재복)

[그림 206] 중국의 고추 생산·건조

30

브라시카 속 채소류

브라시카 속(屬) 채소류(the vegetables belonging to the *Genus Brassica*)는 제1, 4, 5 작물의 고향인 중국·한국, 중동, 에티오피아 센터가 원산지인 채소 작물이다.

브라시카 속에는 여러 종(種)의 채소가 있다. 배추, 청경채, 양배추, 겨자, 순무, 브로콜리, 콜리플라워, 케일, 콜라비 등이다. 브라시카 속 채소는 이처럼 같은 종 안에서도 가장 다양한 형태적 특징들을 가지고 있으며, 다양한 영양 기관이 인간에게 이용되는데 크게 세 가지 형태로 구분된다. 배추와 양배추처럼 잎채소, 터닙(양순무·순무)과 콜라비처럼 뿌리채소, 또 겨자와 유채처럼 기름 작물(유료 작물)이 그것이다. 우장춘 박사가 이 작물들을 연구해 다윈의 진화론에 맞먹는 '종의 합성'이론을 정립해서 세계적인 명성을 떨쳤다.

🌱 우장춘 박사의 세계적인 논문의 비밀을 밝히다

우장춘 박사(1898~1959)는 1936년에 브라시카 속에 해당하는 식물들을 모두 수집하고 현미경으로 염색체를 관찰해서, 식물들이 유사한 종 간에 자연 교잡이 일어나고 배수체가 되어 다양한 종으로 발전된다는 '종의 합성' 이론을 제시했다. 염색체 개수가 다른 2배체 식물 3종인 배추(*Brassica*

[그림 207] 우장춘 박사(1898~1959) 근영

rapa 동양산, 염색체 n = 10), 양배추(*Brassica oleracea* 중동산, n = 9)와 검은 겨자(*Brassica nigra* 에티오피아산, n = 8)를 모본(母本)으로 자연 상태에서 그들 간에 종간 교잡(種間交雜)이 이루어져, 유채(*Brassica napus*, n = 19), 인도 겨자(갓, *Brasscia juncea*, n = 18), 에티오피아 겨자(*Brassica carinata*, n = 17) 등 3가지 4배체 식물이 창출되었다는 가설을 정립하고, 실제로 인공 교잡을 통해 이를 구현한 논문을 1936년에 보고했다. 이는 우장춘의 '삼각형 이론(U's triangle)'으로 명명되며, 지금도 전 세계 많은 과학자들이 인용하고 있다. 다윈의 진화론이 분화에 초점을 둔 것이라고 한다면, 우장춘의 진화론은 새로운 종 간의 합성을 통해 또 다른 신종이 만들어질 수 있다는 새로운 진화 이론을 실증적으로 증명한 것이다. 최근 배추, 양배추, 유채뿐 아니라 약 300종 이상의 식물 유전체가 완전 해독되면서, 모든 식물은 이런 배수체 현상을 통해 진화했다는 사실이 밝혀지며 우장춘 박사의 '종의 합성' 이론은 더욱 중요한 가치를 갖게 되었다.

[그림 208] 우장춘 박사 묘소. 수원 여기산에 모셔져 있다.

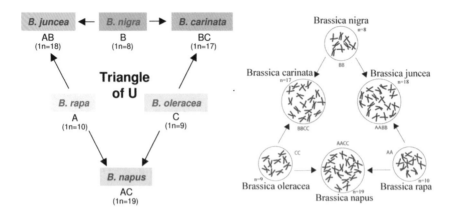

[그림 209] 우장춘 박사의 유명한 브라시카 삼각형(Brassica Triangle of U, 1936)을 변형한 것(Koh, J. C. O., 2017).

[그림 210] 유채의 씨다. 겨자씨도 이처럼 작다. 이 작은 씨앗에 유채의 게놈(genome)이, 즉 유채의 모든 유전적 정보가 가득히 들어 있다. 싹을 틔워라, 뿌리를 내려라, 줄기를 내어라, 잎을 만들어라, 꽃을 피워라, 씨를 맺어라 하는 등등의 잘 정돈된 생명 정보가 이 작은 종자 안에 들어 있다. 그래서 우장춘 박사가 종자는 바로 우주라고 했다. 성경에도 종자(씨, 實)는 말씀이라고 했다. 종자는 참으로 신비체다. 사람 하나하나에게도 이런 신비한 정보가 들어 있다. 우주가 들어 있다. 우주일실(宇宙一實), 세계일실(世界一實).

이것을 구체적으로 알리고자 다음의 '브라시카 속 채소류 족보'에 사진으로 제시했다.

브라시카 속 채소류 족보

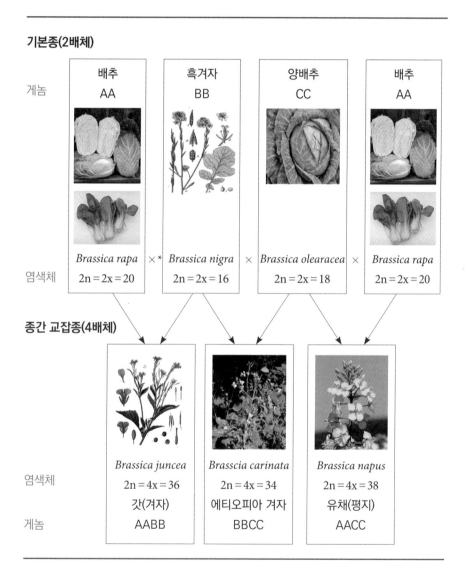

기본종(2배체)

게놈	배추 AA	흑겨자 BB	양배추 CC	배추 AA
염색체	*Brassica rapa* 2n = 2x = 20	× * *Brassica nigra* 2n = 2x = 16	× *Brassica olearacea* 2n = 2x = 18	× *Brassica rapa* 2n = 2x = 20

종간 교잡종(4배체)

염색체	*Brassica juncea* 2n = 4x = 36 갓(겨자)	*Brasscia carinata* 2n = 4x = 34 에티오피아 겨자	*Brassica napus* 2n = 4x = 38 유채(평지)
게놈	AABB	BBCC	AACC

* 여기에서 X는 교잡을 의미한다. 기본종 2배체 배추와 흑겨자를 교잡하여 4배체 종간 교잡종 갓(겨자)을 만들었고, 2배체 흑겨자를 양배추와 교잡하여 4배체 에티오피아 겨자를 만들었으며, 2배체 양배추와 배추를 교잡하여 4배체 유채(평지)를 만들었다.

이상에 대해 이해를 돕고자 개별적으로 다시 설명한다.

---

1) 2배체 배추(*Brassica rapa*, 2n = 2x = 20, AA 게놈)와 2배체 흑겨자(*Brassica nigra*, 2n = 2x = 16, BB 게놈)를 교잡(X)하여, 4배체 갓(*Brassica juncea*, 2n = 4x = 36, AABB 게놈)을 창성했다.

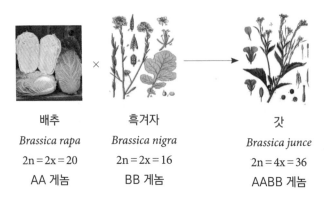

배추 | 흑겨자 | 갓
Brassica rapa | *Brassica nigra* | *Brassica junce*
2n = 2x = 20 | 2n = 2x = 16 | 2n = 4x = 36
AA 게놈 | BB 게놈 | AABB 게놈

2) 2배체 흑겨자(*Brassica nigra*, 2n = 2x = 16, BB 게놈)를 2배체 양배추(*Brassica olearacea*, 2n = 2x = 18, CC 게놈)와 교잡(X)하여, 4배체 에티오피아 겨자(*Brasscia carinata*, 2n = 4x = 34, BBCC 게놈)를 창성했다.

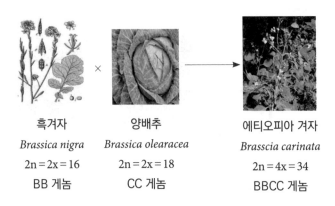

흑겨자 | 양배추 | 에티오피아 겨자
Brassica nigra | *Brassica olearacea* | *Brasscia carinata*
2n = 2x = 16 | 2n = 2x = 18 | 2n = 4x = 34
BB 게놈 | CC 게놈 | BBCC 게놈

3) 2배체 양배추(*Brassica olearacea*, 2n = 2x = 18, CC 게놈)와 2배체 배추(*Brassica rapa*, 2n = 2x = 2, AA 게놈)의 교잡으로, 4배체 유채(평지, *Brassica napus*, 2n = 4x = 38, AACC 게놈)를 창성했다. 이로써 우장춘 박사는 예측한 것을 실제로 증명했다.

양배추	배추	유채(평지)
Brassica olearacea	*Brassica rapa*	*Brassica napus*
2n=2x=18	2n=2x=20	2n=4x=38
CC 게놈	AA 게놈	AACC 놈

이상을 다시 설명하면, 우장춘 박사는 지금으로부터 약 1만 년 전에 자연 상태에서 이루어진 종간 교잡 현상을 염색체 수의 조합으로 설명했는데, 최근 게놈 프로젝트가 완료되고 나서 이 설명이 맞다는 사실이 완벽하게 증명되었다.

최근 배추, 양배추, 유채의 게놈이 완전히 해독되었다. 이 시험 결과로 지금으로부터 약 7,500년 전에 4배체 유채가 만들어졌다는 사실을 확인하게 되었다(Liu, S. et al., 2018).

이렇게 이종 간(異種間, 서로 다른 종류끼리)의 교배로써 새로운 종(기존의 종류지만), 특히 2배체를 가지고 4배체가 만들어진다는 사실을 1935년에 실증했으며, 이런 현상을 '종의 합성'이라고 했다. 이는 최근 많은 식물의 게놈 프로젝트가 완성되면서 모든 식물의 발전에서 정설이 되었다.[9]

---

9 게놈(Genome)이란 무엇인가?

게놈이란 한 생물체의 모든 유전인자를 가진 온전한 DNA 세트를 말한다. 각 게놈은 생물체를 형성하고 유지하는 데 필요한 모든 정보를 갖고 있다. 2배체 브라시카의 A 게놈, B 게놈, C 게놈은 각기 그들 생물체를 형성하고 유지하는 데 필요한 모든 정보를 그들 염색체 안에 갖고 있다. 수억 개 이상의 그들 DNA 기본 짝을 갖고 있는 전 게놈의 복제가 그들 각각의 세포 안에 들어 있다. 예를 들어, 2배체 배추의 A 게놈은 배추의 생물체를 형성하고 유지하는 데 필요한 DNA 정보 약

2배체 게놈으로 구성되어 있는 인간 남자의 46개의 염색체 모형(2n=46)

브라시카 염색체 배수성에 따른 게놈별 채소

2배체

AA 게놈 (2n=2x=20)

Brassica rapa 또는 *Brassica campestris*

배추　　　　　청경채　　　　양순무(터닙)

BB 게놈 (2n=2x=16)

Brassica nigra

흑겨자(성경에 나오는 겨자)

CC 제놈 (2n=2x=18) *Brassica oleracea*

양배추　　　　케일　　　　브로콜리　　콜리플라워　방울다다기양배추　콜라비
　　　　　　　　　　　　　　　　　　　　　　　　　(Brussels sprout)

4배체

AABB 게놈 (2n=4x=36)

Brassica juncea

인도 겨자　　　　갓(겨자)
(Indian mustard)

AACC 게놈 (2n=4x=38)

Brassica napus

유채(평지)　　　루타바가
(Rapeseed)　　(Rutabaga)

BBCC 게놈 (2n=2x=34)

Brassica carinata

에티오피아 겨자
(Ethiopian mustard)

 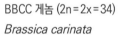

4.9억 쌍을 10쌍의 염색체 안에 갖고 있고, 2배체 양배추의 C 게놈은 양배추의 생물체를 형성하고 유지하는 데 필요한 약 6.3억 쌍의 DNA 정보를 9쌍의 염색체 안에 갖고 있다. 4배체 유채의 AC 게놈은 배추의 A게놈과 양배추의 C 게놈이 함께 있어, 두 게놈의 모든 정보를 가지고 있으며 약 11.3억 쌍의 DNA 정보를 19쌍의 염색체 안에 갖고 있다.

🌱 브라시카 속 게놈 해독에 따른 우장춘 박사의 '종의 합성' 이론 재조명

우장춘 박사가 1936년에 2배체 양배추(2n = 2x = 18, CC 게놈)와 2배체 배추(2n = 2x = 20, AA 게놈)를 교잡해서 새로이 4배체 유채(평지, 2n = 4x = 38, AACC 게놈)를 만들어 냈다. 참으로 놀라운 사실이었다.

다윈의 진화론은 분화에 초점을 둔 것이다. 그런데 우장춘 박사는 이종 간의 교잡으로 새로운 종을 합성할 수 있다는 새롭고 적극적인 진화 이론을 실증적으로 제시했다. 아니 그보다도 더 깊숙이 숨어 있는 태곳적 그 신비를 밝혀낸 것이다.

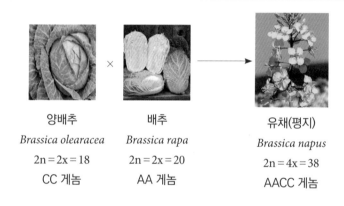

양배추	배추	유채(평지)
Brassica olearacea	*Brassica rapa*	*Brassica napus*
2n = 2x = 18	2n = 2x = 20	2n = 4x = 38
CC 게놈	AA 게놈	AACC 게놈

위에서와 같이 우장춘 박사가 양배추와 배추를 교배하여 유채(평지)를 만들어 내어 '종의 합성'이라고 했다. 그런데 유채(평지)에 양배추와 배추의 모습은 없다.

이게 우장춘 박사의 연구 핵심이다. 우장춘 박사가 만들어 낸 그 유채 속에 놀라운 비밀이 거의 100년 동안 숨어 있었다. 유채 속에 숨어 있었던 비밀을 리우(Liu) 등과 양태진 교수 연구팀이 최근에 분자 생물학적 방법으로 밝혀냈다. 이 또한 놀라운 사실이다. 리우 등(Liu, S. et al., 2018), 김 등(Kim, C. K. et al., 2018), 양태진 교수 연구팀의 연구 결과는 그 자체로도 훌

[그림 211] 제주 유채밭(©Dong Hak Shin). 유채(평지): 우장춘 박사의 연구 작품. 2배체 양배추와 배추를 교배해서 만든 4배체 유채

룽하지만 우장춘 박사의 연구를 더욱 빛나게 한다. 우 박사의 유채가 제주도와 한국 남부에 많이 재배되어 우 박사의 업적을 기리며 황금 물결로 춤을 추고 있으니 기쁘고 기쁘도다.

우장춘 박사는 1935년에 십자 모양의 노란색 꽃을 피우는 브라시카 속의 6개 종(種) 식물들에 대해, 당시 저배율 현미경을 이용해 염색체를 관찰하고 앞서 삼각형 그림으로 제시한 우장춘의 '삼각형 이론'을 정립했다.

CC 게놈의 양배추와 AA 게놈의 배추를 교잡하여 AACC 게놈의 유채(평지)를 만들어 내면 유채(평지) 안에, ① 배추의 염색체 2n = 20과 ② 양배추의 염색체 2n = 18이 함께 들어 있어야 한다([그림 212] 참조).

유채의 세포 안에 들어 있는 염색체 2n = 38 가운데 ① 배추의 염색체 2n = 20과 ② 양배추의 2n = 18 염색체가 아래 그림에서처럼 고스란히 들어 있음을 양태진 교수 연구팀의 게놈 연구로 매우 정밀하게 염색체 모양을 비교하여 증명했다. 그 연구 결과를 정리하면 [그림 213]과 같다.

이와 별도로 우장춘 박사가 연구한 6종 식물에 대해 게놈 연구를 비교 완료하여, 우장춘 박사의 '종의 합성' 이론이 정확하다는 것을 게놈 수준에

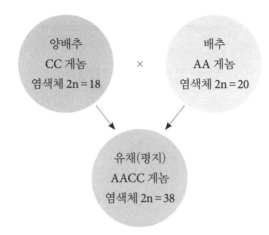

[그림 212] 배추와 양배추를 교잡하여 만든 유채(평지) 안에 배추 AA 게놈의 염색체와 양배추 CC 게놈의 염색체가 함께 들어 있어야 한다.

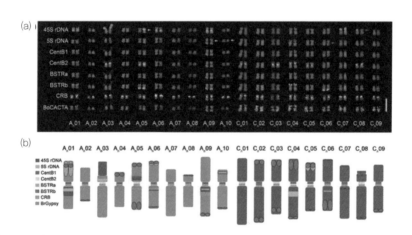

[그림 213] 유채의 19개 염색체와 염색체 모식도다. A1∼A10은 배추에서 유래한 10개의 염색체이고, C1∼C9는 양배추에서 유래한 9개의 염색체다(Kim, C .K. et al., 2018).

서 재조명했다(Kim, C .K. et al., 2018).

배추와 양배추 및 유채의 게놈 프로젝트에는 한국의 연구자들이 주도적인 역할을 하며 전 세계 연구자들과 협력하고 있다.

2013년에 배추(Bassica rapa, 2n = 2x = 20, AA 게놈), 2014년에 양배추(Brassica oleracea, 2n = 2x = 18, CC 게놈), 2015년에 유채(Brassica napus,

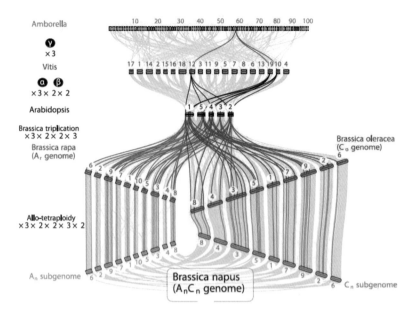

[그림 214] 4배체 유채(평지) rassica napus AACC 게놈 안에, 배추Bassica rapa 2n=2x=20 AA 게놈(파란 선으로 표시)과 양배추Brassica oleracea 2n=2x=18 CC 게놈(빨간 선으로 표시)이 들어 있음을 알린다. 선과 음영 색은 동일한 기원의 염색체 쌍을 표시한 것이다(Liu, S. et al., 2018).

*파란 선이 배추(Bassica rapa, 2n=2x=20, AA 게놈); 빨간 선이 양배추(Brassica oleracea, 2n=2x=18, CC 게놈); 회색 선이 유채(Brassica napus, 2n=4x=38, AACC 게놈)를 나타낸다.

2n=4x=38, AACC 게놈)에 대한 게놈 프로젝트가 완성되고서, 이 3종류의 채소에 있는 유전자들의 배열을 비교한 결과, 유채에 배추와 양배추의 염색체가 고스란히 존재한다는 사실이 밝혀졌다. 이것을 그림으로 나타내면 [그림 214]와 같다.

이렇게 최근에 브라시카 속 채소류의 게놈 프로젝트가 완성되면서, 우장춘 박사의 이론에 대한 가치와 천리안적 식견이 완벽하게 재조명되었다. 그리고 우장춘 박사가 이용한 배추, 양배추, 유채의 유전자를 비교해 유채가 지금으로부터 약 7,500년 전에 발상되었다는 사실이 드러났다(Chalhaub, B. et al., 2014). 그러고 보면 유채가 매우 오래전에 세상에 태어

300

났음을 알 수 있다. 유채와 양배추, 그리고 배추는 매우 오래전에 중동에서 생겼을 것이다.

이렇게 매우 오래전에 생긴 유채를, 우장춘 박사가 양배추와 배추를 교잡해서 새로이 다시 만들어 냄으로써 까마득한 태곳적 비밀을 밝혀낸 것이다. 참으로 참으로 오묘하도다! 참으로 참으로 위대하도다!(이상 브라시카속 채소의 분자생물학적 연구는 서울대 농생대 양태진 교수가 제공한 것임)

문제 1. 중국 송대(宋代) 작가 미상의 서적 《이아익(爾雅翼)》에는 이런 보고가 있다. '북방의 순무를 남방에 가져다 심으면 배추(菘)가 된다'(구자옥 박사 제공).

답. 순무는 *Brassica rapa*(AA) 또는 *Brassica campestris*(AA)에 속하는 것으로 북방 한랭 지역에서 재배되는 작물이다. 따라서 북방에서는 장일이고 비교적 저온 상태이며 남쪽에서는 단일이고 고온이어서, 장일 저온 조건인 북방에서는 순무가 형성되지만 단일 고온 조건인 남쪽에서는 순무가 형성되지 않고 그냥 잎만 무성하게 되었다는 것이리라.

문제 2. 《남방초목상(南方草木狀, 305)》에 이런 기록이 있다고 한다. 영교 이남에 한 선비가 순무 종자를 가져다 심었다. 땅에서 나와 갓(芥)으로 변했다. 곡강(曲江)에서는 배추가 되었다(김종덕, 2007).

답. 순무는 2배체 *Brassica rapa*(AA) 또는 *Brassica campestris*(AA)에 속한다. 배추도 2배체 *Brassica rapa*(AA)에 속한다. 그리고 갓은 4배체 *Brassica juncea*(AABB)다.

AA 게놈의 순무(*Brassica rapa*, AA)가 AABB 게놈의 갓(*Brassica juncea*, AABB)으로 되려면, AA 게놈의 순무가 BB 게놈의 흙겨자(*Brassica nigra*, BB), 또는 인도 겨자(*Brassica juncea*, AABB), 또는 에티오피아 겨자(*Brassica carinata*, BBCC)와 교잡이 되어야 *Brassica juncea*(AABB) 4배체, 곧 갓과 AA 게놈의 배추(*Brassica rapa*, AA)가 나올 수 있을 것이다.

그러나 우장춘 박사의 경우와 같이 순무가 흙겨자와 교잡되어 *Brassica juncea*(AABB) 4배체 갓으로 된 것이 《남방초목상》에 보고된 바와 같이, 영교 이남에 한 선비가 심은 순무 집단 가운데 몇몇이 나타났을 것이다. 우장춘 박사가 순무와 흙겨자를 교잡하여 Brassica juncea(AABB) 4배체 갓을 만들어 낸 결과와 같은 것이 벌써 오래전에 자연 상태에서 생성되었음을 보고한 것이다.

그리고 곡강(曲江)에서는 순무가 배추로 되었다고 하는데, 그것은 순무와 배추는 같은 AA 게놈(*Brassica rapa*)이므로 《이아익》에 보고된 바와 같이 환경적인 요인에 따른 변화일 수도 있다.

이렇게 다윈의 자연 진화 과정에서 새로운 유전적 구성과 형태의 식물이 나타난다. 이 사실을 우장춘 박사가 브라시카 연구로 실증한 것이다.

31

인삼

인삼(人蔘, ginsen, *Panax ginseng C. A. May*)은 제1 작물의 고향인 중국·한국 센터가 원산지인 온대(溫帶) 생약 식물이다.

❧ 인삼 속 식물들의 발원지와 분포 및 대륙 이동

서울대 식물생산과학부 양태진 교수 연구팀이 10년 이상의 연구 끝에 인삼 유전체 정보 전체를 해독했고, 약 30억 쌍(3Gbp)의 완성도 높은 유전체 서열을 처음으로 확보했다. 이 연구 결과로 인삼은 동북아시아가 원산

[그림 215] 고려 인삼이 약 7백만 년 내지 1백만 년 전에 미국으로 건너갔을 것이다. 실선은 인삼 속 식물들의 현재 분포 지역, 점선은 과거의 분포 추정 지역과 대륙 이동 경로를 나타낸다.

지인 것이 밝혀졌으며, 그것이 북미로까지 전파되었다는 사실도 알려졌다. 인삼이 어떻게 동북아에서 미 신대륙까지 갔을까? 매우 불가사의한 수수께끼다.

인삼은 두릅나무과에 속하는 식물로 다양한 진노사이드(사포닌)를 함유한 우리나라의 대표적 약용 작물이다. 다른 초본 식물들과 달리 4년 성장후 종자를 맺고 외부 환경에 민감한 데다 음지 식물이라서, 재배와 연구가까다롭고 특수한 기술이 필요한 식물이다.

인삼의 유전체 크기는 실험용 모델 식물인 애기장대의 25배, 벼의 9배에 해당하는 3.6Gbp이다. 다른 식물들보다 약 2배 많은 59,352개의 고유유전자를 갖고 있다. 이는 220만 년 전에 배수체로 되었기 때문이다. 인삼의 유전자는 현재까지 밝혀진 인간의 유전자 3만 개보다도 많으니 참으로경이롭다.

배수체화는 서로 다른 전체 유전체 세트가 합쳐져 하나의 새로운 유전체를 구성하는 변이 현상이다(327쪽 바나나 배수체 각주 참고).

인삼 속에 15종 정도가 분포되는데, 대부분 히말라야와 중국 윈난성, 베트남 등 열대 지방 1,600m 이상 높은 산악 지형의 서늘한 지역에 분포한다.

이런 곳에 분포하는 베트남 삼, 죽절삼, 전칠삼 등의 근연 식물들은, 염색체 수가 고려 인삼의 2분의 1밖에 되지 않는 12쌍을 가지고 있다. 겨울에월동하지 못하고 더운 기후에도 적응하지 못해, 연중 서늘한 1,500m 이상의 산악 지역에서만 겨우 생존한다. 따라서 기후 온난화에 따라 점점 분포고도가 올라가는 탓에 멸종 위기에 처해 있다. 반면 고려 인삼과 미국의 화기삼은 24쌍의 염색체로 구성되어 있고 월동 능력이 있어, 북반구의 넓은지역에 분포해 있다. 그 이유는 자연 상태에서 종간 교잡이 이루어졌든지아니면 스스로 배수체가 되어 환경 적응성이 커졌을 것이라 추론하고 있다. 인삼 속 식물들의 비교 유전체 분석을 통해 종의 분화 시기 등을 추정할수 있다. 또 2개의 다른 종이 각기 다른 시기에 다른 경로로 북미로 이주해

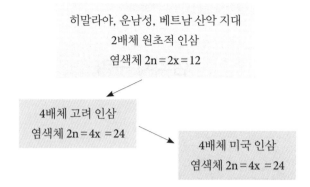

히말라야, 운남성, 베트남 산악 지대
2배체 원초적 인삼
염색체 2n = 2x = 12

4배체 고려 인삼
염색체 2n = 4x = 24

4배체 미국 인삼
염색체 2n = 4x = 24

염색체 2n = 2x = 12인 2배체 히말라야, 운남성, 베트남 산악 지대 인삼이
염색체 2n = 4x = 24인 4배체 고려 인삼으로 되었고, 그것이 미국으로 갔을 것이다.

정착되었을 것이라 보고 있다(머니투데이, 2018).

인삼의 전사체, 대사체 정보를 종합해 진노사이드 생합성 대사 경로를 구축했다. 아울러 인삼 속에만 존재하는 DDS(dammarenediol synthase) 유전자들과 진노사이드 생합성 관련 유전자 및 진노사이드 변형 유전자를 찾아 인삼의 대사 공학 기반을 제공했다. 인삼 유전체 및 유전자 서열, 상동성 검색, 생합성 경로 등의 정보들을 종합한 데이터베이스를 구축해서 인삼 연구자들이 자유롭게 데이터를 사용할 수 있도록 공개했다. 이번에 공개한 인삼의 유전체·유전자 정보는 24쌍의 염색체 수준으로 아직 미완성 상태이며, 앞으로 제3대 유전체 분석 기술 도입 등 더 많은 노력을 통해 염색체 수준의 고품질 유전체 해독을 진행할 계획이다. 이 연구는 삼육대 김현희 교수, 성균관대 이동엽 교수, 주식회사 파이젠 등과 협업으로 진행되었다. 인삼 유전자의 기능 분석 페이지 예시, 해당 유전자의 DNA 서열, 아미노산 서열을 FASTA 포맷으로 다운받을 수 있으며, 해당 유전자가 어떤 도메인을 갖고, 어떤 기능을 할 것인지에 대한 설명을 확인할 수 있다.

참외와 수박

참외와 수박(西瓜)은 새로 추가한 제9 작물의 고향인 서부 아프리카 센터가 원산지인 채소 작물이다.

🌱 참외(*Cucumis melo var. makwa*)

참외의 야생종은 서부 아프리카에 자생하지만 아무도 관심을 가져 주지 않는다. 서남아시아(South-western Asia), 소아시아(Asia minor)에서 아프가니스탄에 이르는 지역에 야생 참외와 멜론이 보고되었다고 하지만, 확실치 않다. 그런데 아프리카에 야생종이 산재한다. 따라서 참외는 아프리카에서 발상해 서쪽으로 이동한 다음, 거기서 식용으로 순화되었을 것으로 본다.

중국에는 기원전 1000~500년에 참외와 관련된 기록과 고고학적 유물이 있다고 한다. 중국에서 2000년 전에 참외가 중요하게 쓰였다는 사실이 고서와 유물에 잘 드러나 있다고 한다. 아마도 아프리카에서 도입해 거기서 순화한 것이 아닌가 추측할 뿐이다.

🌷 수박(*Citrullus lanatus*)

우리나라 고농서 《증보산림경제》에 수박은 회흘국(回紇國, 744~848년 중앙아시아 지역에 있었던 나라로, 757년 당나라가 안녹산의 난으로 위기를 맞았을 때 장안까지 진군하여 당나라를 구해 준 나라)에서 왔다고 하여 서과(西瓜)라고 했다. 그렇다면 수박이 우리나라에 도입된 시기는 8~9세기였을 것이니 상당히 일찍 도입된 것이다. 중국에도 그때 아니면 그 이전에 도입되지 않았을까?

수박의 기원은 그저 추측할 뿐으로 확실한 증거가 없다. 쿠쿠미스 라나투스(*Cucumis lanatus*) 집단에서 수박이 생성되었을 것으로 추측한다. 그런데 서부 아프리카의 사바나 지역에 쓴 수박(bitter water melon)이 많이 재배되고 있다. 아프리카로 가서 처음 사바나 지역에 갔을 때, 밭에 수박이 있길래 밭 임자에게 하나 사서 잘라 보았더니 과육이 붉거나 노랗지 않고 하얀색이었다. 한 입 먹어 보았더니 과육이 매우 써서 도저히 먹을 수 없을 정도였다. 나중에 알게 된 것은, 수박씨로 에구시(egusi) 수프를 만들어 얌(마)이나 식용 바나나, 카사바와 함께 즐겨 먹는다고 들었다. 서부 아프리카를 여행하면서 에구시 수프를 얌, 카사바, 그리고 식용 바나나와 먹으면 매우 맛이 좋았다. 수박씨로 만든 에구시 수프는 귀해서 고급 음식으로 여긴다. 단백질과 고급 기름이 풍부해 영양가도 높을 것이다. 여기에서 수박은 과육을 위해 재배하지 않고 씨를 얻기 위해 재배한다. 이것이 필경 수박의 선조일 것이다. 이 쓴 수박에서 단 수박이 나왔을 것이다.

물이 귀한 사하라 사막 주변에서는 시료용 수박(stork melon)을 심어 수박이 익으면 그것을 가축, 특히 소에게 먹여 수분을 제공해 준다. 이 수박은 맛이 없어 사람들은 먹지 않는다.

나일강 주변에서 기원전 4000~5800년의 수박 종자 유물이 발견되었다고 한다. 태국 반카오(Ban Kao)의 지층에서 9,000BP 수박씨가 발견되었다고도 한다. 이집트, 근동, 인도, 태국에서 재배된 유물도 나온다.

미국의 오턴(Orton, 1911)이 아프리카 쓴 수박에서 역병에 강한 소스를 얻어 내병성 수박으로 개량했다고 한다. 또 아프리카 수박은 덩굴쪼김병 저항성이 있다고 한다(구자옥, 2015). 그리고 아프리카 수박에서 우수한 수박 저장성 소스를 얻었다고 한다(Bates, D. M., 1995).

33

대추

대추(棗, jujube, *Ziziphus jujuba Mill*)는 제1 작물의 고향인 중국·한국 센터가 원산지인 온대 과일이다. 우리나라의 5,000년 전통에서는 대추만큼 중요한 과일도 없을 것이다.

1995년 영국에서 발간된《작물의 진화(*Evolution of Crop Plants*)》에는 대추가 없다. 다른 세계에서는 대추가 중요한 작물이 아니라는 것을 말해 준다. 그런데 1929년 바빌로프 박사가 한국에 와서 식물을 탐험하고 대추에 대해 이렇게 적었다.

'한국에서의 과수 재배는 주로 감(*Diospyros kaki* L.)과 대추가 주종목이다. 후자는 중국과 한국에 널리 분포되어 있다. 생으로도 먹을 수 있고 말려서도 먹을 수 있다. 건조한 상태로는 맛이 대추야자(dates)와 같아서 흔히 중국 대추야자(Chinese date)라고 알려졌다.'

대추는 한국 전통에서 제일 중요한 위치를 차지하는 과일이다. 제사 지낼 때 제사상에 올리는 과일 중에서 제일 먼저 왼쪽에 올려놓아야 하는 과일이다. 그리고 '조율시이(棗栗柿梨)'의 순서로 올린다. 다시 말해서 제사상에 과일을 올려놓을 때 왼쪽에서부터 대추, 밤, 곶감, 배의 순서가 옳다. 이

[그림 216] 한국 전통적 제사상 차림. 과일 놓는 순서는 조율시이다. 대추가 제일 왼쪽이다.
다시 말해서 대추, 밤, 곶감, 배의 순서다. 나머지는 잡과다.

것은 전통을 지키는 한국 가정에서 거의 시행되고 있다. 그만큼 대추는 아마도 가장 오랫동안 우리 문화와 같이해 온 과일로서, 우리 전통에서 가장 중시되어 온 과일이다. 제사에서 조율시이 외의 과일은 잡과(雜果)다. 그래서 사과는 여기에 끼지 못한다. 사과는 옛날 과일이 아니기 때문이다. 대추는 한약에서도 빠지지 않는다.

조선 왕릉 제향 진설도에는 이런 순서로 과일을 진설한다. 비자(은행), 백자(柏子, 잣), 진자(호두), 건시(乾柿, 곶감), 건조(乾棗, 대추), 황율(黃栗, 밤) 이런 순서다. 여기에서도 곶감과 대추, 그리고 밤은 빠지지 않는다. 모두 건조한 과일이다. 배와 사과는 없다. 그런데 과일을 제일 앞자리에 올려놓지 않고 4번째 줄에 진설한다. 《한국과수재배각론》에서 대추는 가장 뒷자리에 위치시켜 놓아 꼴찌 자리에 앉혔다. 다른 외래 과일이 모두 앞자리를 차지하고 있다. 사과를 제일 앞자리에 위치시켜 놓았다. 서민의 제사상 차림이 매우 현실적이다.

대추는 전 세계에 널리 분포되어 있어 코즈모폴리턴 과수라고 할 수 있다. 심지어는 아프리카 마다가스카르에도 대추가 재배되고, 중미 카리브해 나라들도 대추를 재배한다. 물론 유럽과 아시아에서 많이 재배되고 있다. 그래서 대추의 원산지를 정하기 어렵지만 대략 중동과 아시아가 대추의 원산지일 것이다(위키피디아).

《동방삭전(東方朔傳)》에 대추에 대한 다음과 같은 기록이 있다.

한무제 때 상림(上林)에서 황제에게 대추 한 상자를 진상했다. 황상이 지팡이로 미앙전(未央殿) 앞의 문턱을 두 번 두드리며 동방삭을 불러 다음과 같이 말했다.

'쯧쯧, 선생 이리 와보시오! 선생은 이 상자에 무엇이 들어 있는지 아시오?'

삭(朔)이 대답했다.

'삭을 부르신 분은 황상이옵니다. 황상께서 나무 지팡이로 나무 문턱을 두 번 두드리셨는데 나무가 둘이면 임(林)이 됩니다. 황상께서 동방삭 이리 와 보시오라고 하셨으니, 곧 래래(來來)라 하겠습니다. 두 개의 래(來)자는 대추, 곧 조(棗)자를 의미합니다. 쯧쯧(입구변에 七자)하고 혀를 차셨는데 그게 바로 칠(七)자 두 개를 의미하니 49가 되옵니다.'

황상이 웃었다.

황제는 삭에게 비단 10필을 하사했다.

(구자옥, 2015)

대추, 참으로 신통방통한 과일이다. 농학을 전공한 내가 《동방삭전》을 펴볼 일이 있겠는가? 대추에 대해 알아보려고 구자옥 박사의 《식물의 쓰임새 백과》를 펼쳐 보고 동방삭의 대추 변서를 읽게 되었다.

[그림 217] 충청남도 청양의 저자 생가에 심은 왕대추

[그림 218] 하우스에서 재배한 왕대추

34

감

감(柿, persimon, *Diospyros kaki*)은 제1 작물의 고향안 중국·한국 센터가 원산지인 온대 과실수(溫帶果實樹)다.

감은 중국과 한국이 원산지로 인도, 최근에는 미국에서까지 재배되고 있다. 약 1,200여 종이 있다.

좋은 감을 재배하려면 고욤나무에 접목해야 한다(구자옥 외 옮김, 2007b). 왜냐하면 실생(씨로)으로 심으면 유전적으로 분리되기 때문에 여러 모양의 감이 나와서 기대하는 감이 열리지 않을 수 있기 때문이다. 그러나 일단 좋은 변이가 생기면, 그것을 다른 대목에 접목해 보존·이용할 수가 있다는 이점이 있다.

감은 동양인의 기호에 잘 맞는 과일이다. 너무 달지도 않고, 은은한 맛과 식감이 좋으며, 뭐라고 형용할 수 없는 맛이 있어 모든 과일 중에서 왕이라 여겨 온 과일이다. 특히 우리나라 감은 제일 맛이 좋다. 더욱이 겨울에 먹는 홍시의 맛은 일품이다. 맛이 달기 때문에 감(甘)이라 불렀다고 한다. 감은 생식도 되고 여러 형태로 가공·이용되고 있다. 그릇에 담아 두면 자연히 홍시(紅柿)가 되고, 햇빛에 말리면 백시(白柿)가 되고, 불에 말리면 오시(烏柿)가 되며, 물에 담그면 임시(물에 우려낸 감)가 된다. 곶감으로 50%가, 연시로 40%가, 나머지는 우린 감으로 이용되고 있다.

특히 감은 우리의 전통 풍습 예절에 삼색과(三色果) 또는 삼실과(三實果)로 관혼상제(冠婚喪祭)에서 중요하게 사용되어 왔다.

감은 떫은맛이 나는데 그것은 탄닌(tannin) 성분이 있어서다. 떫은맛을 제거하는 것을 탈삽(脫澁)이라고 한다. 탈삽 방법은 45℃의 따뜻한 물에 하루 정도 담가 둔다. 그러면 떫은 맛이 사라진다. 이것은 탄닌이 없어진 게 아니라 다른 형태로 바뀐 것이다.

감은 게와 함께 먹으면 상극이라고 한다. 그래서 감과 게를 한꺼번에 먹어서는 안 된다. 감은 약으로도 쓰인다. 설사와 이질에 효과적이고, 폐질환에도 좋고, 기침을 치료하고 담을 제거하는 데도 좋다. 토혈 치료에도 효과적이며 당뇨, 고혈압의 갈증을 없앤다. 비장 기능 강화제로도 쓰이고 살충 작용도 있다(구자옥, 2015).

딸꾹질을 막는 데도 특효다. 미국에서 저명한 한국인 정형외과 의사에게서 들은 이야기다. 당신(의사)의 아버지가 노년에 딸꾹질이 심해서 별의별 치료를 해도 낫지 않았는데, 감꼭지를 달여 드렸더니 씻은 듯이 나았다고 한다. 한방에서는 감꼭지를 '시체'라고 하는데, 속이 차서 발생하는 딸꾹질의 묘약으로 이용되고 있다. 감꼭지 5~7개를 물이 반 정도로 줄어들 때까지 달여서 마시면 딸꾹질이 멎고, 아이들의 야뇨증에도 효과가 있다. 감꼭지를 다른 약재와 함께 달여 마시면 임신성 구토에도 효능이 있으며, 뜨거운 물에 우려서 차로 마시면 기침에도 효과가 있다.

감은 우리 선인들을 깨우쳐 주기도 했다. 감나무에게서 5상(常)과 7절(絶)을 배웠다고 한다.

5상(常)

감잎에 글을 쓸 수 있다	문(文)
나무가 단단하여 화살촉으로 쓸 수 있어	무(武)

과일 속과 겉이 한결같이 붉으니	충(忠)
치아가 불편한 노인도 먹을 수 있어	효(孝)
나뭇잎이 다 떨어져도 과일이 가지에 붙어 있어	절(節)

7절(節)

장수하는 것	수(壽)
그늘이 많은 것	음(陰)
새 둥지가 없는 것	무조소(無鳥巢)
벌레가 없는 것	무충(無蟲)
단풍잎이 볼 만한 것	상엽가완(霜葉可玩)
열매가 좋은 것	주실(住實)
떨어진 잎이 크고 기름진 것	낙엽비대(落葉肥大)

[그림 219] 감나무 사진(ⓒ 석재규)

[그림 220] 겨울철 홍시(ⓒ이한복). 한겨울 눈으로 수북이 덮이고서도 나무에 매달려 있는 감. 참으로 가상스럽다. 사과라면 벌써 썩어 떨어져 버렸을 것이다. 이렇게 눈에 덮이면 홍시 맛이 한층 좋다. 이게 우리의 기백일 것이다.

[그림 221] 가득한 감나무(ⓒ심재후)

[그림 222] 곶감 말리는 과정(ⓒ석재규)

36

사과

사과(沙果, 苹果, *Malus domestica* Borkh. 또는 *M. pumila*, Mill. *var. dulcissima*)는 제3 작물의 고향인 중앙아시아가 원산지인 온대 과실이다. 사과는 중앙아시아 톈산(Tien Sahn)산맥 북부 산록 지방 키르기스스탄, 타지키스탄, 우즈베키스탄, 카자흐스탄이 원산지다.

오래전에 톈산산맥에서 인간이 재배하기 시작한 사과가 다른 종들과 교잡을 통해 계속 개량되어 오늘날 사과가 되었다고 본다. 사과의 선조 말루스 시베르시(*Malus sieversii*)는 지금도 중앙아시아에서 발견된다. 현대의 유전학적 연구 결과에 따르면, 사과는 과수 중에서 5만 7,000개로 가장 많은 유전인자를 갖고 있고, 현재까지 밝혀진 인간의 유전자 3만 개보다 훨씬 많다고 한다. 그러니까 사과는 매우 탁월하고, 정교하고, 스마트한 생물이다. 전 세계에 7,500개의 품종이 있다.

사과는《한국과수원예각론》에서 최우선으로 다루고 있는 과수다. 그리고 세계적으로도 가장 중요한 과수로 중국에서는 사과가 제일 많이 생산되고 있다.

사과는 서역에서 중국에 도입되었기 때문에, 중국인들은 초기에 범어(梵語)로 '핏부' 또는 '핑구리'라고 불렀다. 이것을 중국어로 음역하여 빈과(蘋果), 평과(苹果)라고 하다가 나중에는 사과(査果)라 부르기도 했다.《남강만록(南崗漫錄)》에 인조의 셋째 아들 인평대군(麟坪大君, 1622~1658)이 효종 때 중국에 사신으로 갔다가 빈과 묘목을 갖고 왔다고 한다. 그러나 이것은 대중적 사과 재배로 연결되지 못했고, 그 후의 기록도 없다. 1883년 인천 일본영사관에 사과가 심어졌으며, 영국인 선교사 플레처(A. G. Flecher)가 대구시 남산동 자택에도 심었다. 1905년에 함경도 관찰사가 일본 히로시마에서 사과 묘목 6,000주를 도입했다는 기록이 있다. 그러나 실제로 사과가 경제 작물로 재배된 것은 1904년 이후 원산, 진남포, 인천, 대구, 소사, 나주, 구포 등지에서 주로 일본 사람들이 재배하면서부터다(형기주, 1993). 그러니까 사과는 우리에게 매우 새로운 과수다.

한국의 고서《증보산림경제》에 능금(林檎) 또는 사과 번식법과 방충법이 기술되어 있다. 일제 강점기에 편찬된《조선 산(山) 열매와 산나물》은 능금나무(조선 능금)에 대해 '능금은 중국이 원산지로, 서울 부근 백악산 뒤쪽 일대가 예로부터 그 산지로 유명하다.' 라고 기록했다. 능금은 사과와 유전학적으로 구별이 명확하지 않고 매우 가까운 사이다.

유럽에는 사과에 얽힌 여러 신화가 있다. 13세기에 스노리 스툴루손(Snorri Sturluson)이 쓴《프로스 에다(Prose Edda)》라는 책에, 북유럽(Norse) 신화에서 여신 료온(Iōunn, 사과와 관련된 여신)에 대해 기술했다. 거기에 사과를 여신 료온에게 주어 영원한 청춘을 선물받았다는 내용이 나온다.

[그림 223] 여신 료온에게 사과를 주어 영원한 청춘을 선물받았다는 남자

그리스 신화에 여신 가이아가 제우스와 결혼할 때 사랑의 선물로 황금 사과나무를 주어 심게 했다고 한다. 그리고 헤라클레스가 황금 사과를 던져 세 여신(헤라, 아테나, 아프로디테) 간에 미모 경쟁을 시키는 계기가 되었다고도 한다. 헤라클레스가 헤스페리데스의 사과를 들고 있는 동상이 있다.

그리고 사과는 지식(knowledge), 불사(immortality), 유혹(temptation), 남자가 죄

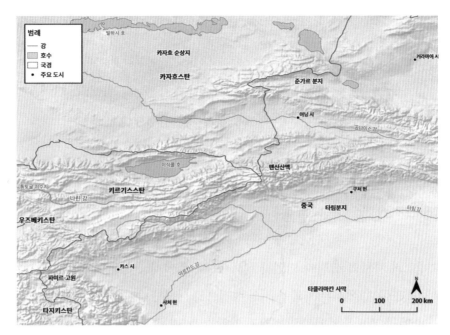

[그림 224] 톈산산맥의 사과 발원지. 상상적인 사과 발상 범위다. 톈산산맥의 동쪽으로는 사과가 발상하지 않았고 서쪽으로 발상했다고 한다.

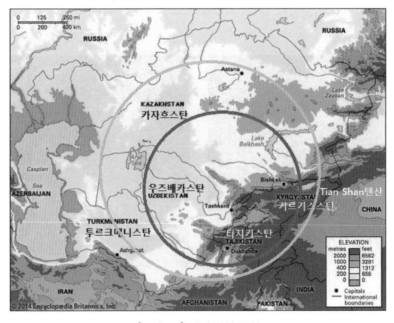

[그림 225] 사과 발상 중심

[그림 226] 톈산산맥 서부의 사과 발원지

지음, 죄 자체의 심벌이 되었다. 알버트 뒤에러(Albert Duerer, 1507)가 쓴
《아담과 이브》에서는 사과를 죄의 상징으로 나타냈다. 창세기 에덴 동산의
금단의 과일이 무엇인지 알려지지 않았지만, 기독교인들의 전통에 따르면
이브가 아담을 꾄 과일이 바로 사과라고 한다. 성서 시대의 중동에 알려지
지 않은 과일을 가지고, 라틴어 말룸(málum, 사과)과 마알룸(málum, 악)으
로 혼동한다. 실은 둘 다 말룸(malum)으로 쓴다(위키피디아).

[그림 227] 클리블랜드 박물관에 소장된 독일 작품 '아담과 이브' 목각상이다. 이브는 사과
두 개를 들고 있고, 아담은 이브가 준 사과 하나를 들고 있다. 이브가 가지고 있는 사과 둘
중 하나는 세인들을 죄에 떨어뜨리게 하기 위한 것이란다(ⓒ정웅모 신부).

320

[그림 228] 카자흐스탄 톈산산맥 아래 알마티의 야생 사과 사진(©Henry Seo). 여기가 사과 원산지의 하나다.

[그림 229] 크랩 애플(crab apple), 미국 원산. 저자가 살았던 클리블랜드에서 발견했다.

[그림 230] 다양한 사과(©Sookie Novacco)

[그림 231] 이응로 화백의 작품이다. 1988년 서거하기 전, 3년간 수덕여관에서 한국 최초의 여류 화가 나혜석과 동거하며 만든 작품이란다. 여기에 사과 두 개가 있다. 뒤에 있는 사과는 한입 베어 먹었고, 앞의 사과는 온전하다. 앞의 사과는 나혜석의 사과일 것이고, 뒤의 사과는 이응로 화백의 사과일 것이다.

[그림 232] 수덕여관에 있는 이응로 화백의 작품이다. 수덕여관에서 이응로 화백과 나혜석 씨가 사과를 먹어 가며 이렇게 알콩달콩 다정하게 지냈나 보다.

뉴턴은 사과가 나무에서 땅으로 떨어지는 것을 보고 만유인력의 원리를 발견했다. 사과나무는 과수 중에서 가장 유전자가 많고 사람보다도 많다고 하니, 많은 정보를 갖고 있어 스마트하고 매우 탁월하다는 것을 알 수 있다. 그래서 스마트폰 혁명을 가져온 애플의 창업자 스티브 잡스가 사과를 애플의 로고로 정했는지도 모른다. 이것은 나의 추측이다.

❦ 조니 사과 종자

[그림 233] 조니 애플시드

미국 농업 기술 보급에서, 또 기독교 전교에서 매우 유명한 인사가 있다. 조니 애플시드(Johnny Appleseed, 1774~1845)라는 사람이다. 그는 미국 동부 매사추세츠 주에서 태어났고, 본명은 존 채프먼(John Chapman)이다. 훗날 세인들이 그를 칭송하면서 그를 조니 애플시드라고 불러 주었다.

조니 애플시드는 펜실베이니아, 오하이오, 온타리오(캐나다), 인디애나, 서버지니아 주에서 전교하며 사과 묘목을 길러 보급하고 다녔다. 사과 묘목을 농가에 팔기도 하고 무상으로 주기도 했지만, 여기저기 다니면서 닥치는 대로 직접 심기도 하여 사과 재배를 권장·보급했다. 자동차가 있기 이전에 넓은 지역을 마차로 다니면서 이런 일을 했으니, 열정이 이만저만 대단한 사람이 아니다. 그는 말년에 활동했던 인디애나 주의 포트웨인(Fort Wayne)에서 일생을 마쳤다.

조니 애플시드가 활동한 시기는 19세기였는데, 그때 그 지역에는 사과가 심어져 있지 않았으니, 그곳에서 사과 재배는 그리 오래되지 않았다. 당시 그 지역 미국인들은 사과를 몰랐다. 어려웠던 시기에 이렇게 넓

[그림 234] 길가 농가에 심어져 있는 카사바가 병들어 있으면 조수가 그 옆에 내병다수성 카사바 줄기를 심고 갔다.

[그림 235] 농민들이 내병다수성 카사바 품종을 심어 결과가 좋으니 그 줄기를 길가에 내다 팔았다. 좋다는 소문이 여러 농가에 알려져서 스스로 번져 갔다.

은 지역에 사과를 보급·재배한 그의 공을 기리기 위해 오하이오주 어배너(Urbana)에는 조니 애플시드 박물관이 건립되어 있다. 저자가 20년간 살았던 오하이오 주 클리블랜드에서 가까운 곳에 있다(위키피디아에서 발췌 번역).

저자는 아프리카에서 조니 애플시드의 농업 기술 보급 방법을 적용해 대대적으로 성공했다. 저자가 내병다수성 카사바 품종을 만들었지만, 그 것이 농민에게 보급되어 사용되지 않으면 그런 연구는 쓸모없는 것이 되고 만다. 농업 기술 보급 체계가 잘 발전되지 않은 그곳에서 내병다수성 카사바 품종을 어떻게 농가에 보급할 수 있을까 고민하다가, 자동차에 개량 카사바 대를 싣고 다니며 시장바닥에서, 때로는 길가에서 식물 병에 걸려 있는 카사바를 발견하면 거기에 개량 내병다수성 카사바 품종의 대를 심었다. 그렇게 하여 가난한 농가에 내병다수성 카사바 품종을 대대적으로 보급했다. 이렇게 조니 애플시드의 보급 방법을 써서 저자가 개량한 내병다수성 카사바 품종을 여러 농민들에게 단기간에 대대적으로 보급할 수 있었다. 후에 셸(Shell BP)과 텍사코 회사가 개량 카사바 품종을 증식해서 농가에 보급했고, 세계은행과 국제농업개발기구에서 막대한 재정 지원을 받아 개량 카사바를 증식·보급하게 되었으며, 인근 나라에도 전달했다(Hahn, S. K. et al., 1979).

세계식량기구의 통계에 따르면, 최근 나이지리아에도 500만 정보에 저자가 개량한 내병다수성 카사바 품종을 재배하고 있다. 그래서 나이지리아 이키레 마을에서 저자를 '농민의 왕(Sereki Agbe)'이라는 칭호를 주며 추장으로 삼아 주었다. 세계은행은 1990년에 이 사실을 가지고 《아프리카의 조용한 혁명(The Quiet Revolutionaries)》이라는 책자를 발간하기도 했다.

바나나

바나나(banana, *Musa acuminata*, *Musa balbisiana*)는 제2-b 작물의 고향인 인도 말레이 센터가 원산지인 열대 과실(熱帶果實) 작물이다. 저자가 국제열대농학연구소에서 이끌었던 식용 바나나(plantain) 팀이 아프리카의 중요한 식용 바나나를 개량했다. 바나나는 동남아시아 말레이반도와 뉴기니에서 발상했다. 바나나에는 다음의 두 종류가 있다.

❦ 무사 아쿠미타나(*Musa acuminata*, AA)와 무사 발비시아나 (*Musa balbisiana*, BB)

사람이 먹을 수 있는 것은 말레이반도 지역에서 발상한 무사 아쿠미타나로부터 발전했다. 그곳의 옛사람들이 오래전에 단위 생식(처녀 생식)하고 불임성(不稔性)인 형질을 선발했을 것이다. 바나나의 이 두 형질과 3배수성 덕분에 바나나에는 씨가 없다. 바나나에 씨가 생긴다면 그 씨가 너무 단단해서 바나나를 먹는 사람의 치아가 남아나지 않을 것이다.

그리고 뉴기니에도 여러 가지 2배체 바나나가 많이 있다. 우리가 먹는 바나나는 대부분 3배체($2n = 3X = 33$)다. 3배체 바나나가 더 생육이 왕성하고, 따라서 과일을 많이 생산한다. 이 3배체 바나나에는 다음의 세 그룹이 있다.

AAA, AAB, ABB

가장 많이 재배되고 널리 판매되고 있는 바나나는 AAA 그룹에 속하는 것이다. 이 그룹에 속하는 카벤디시(cavendish) 품종에서 생산되는 바나나를 우리가 먹고 있다. 서부 아프리카에 재배되고 있는 식용 바나나는 AAB 그룹에 속한다(Simmonds, N. W., 1995a).

❖ 바나나 족보

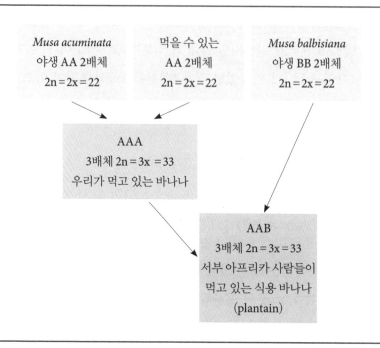

언제 어떻게 바나나가 아프리카에 전해졌는지 참으로 신기하다. 유럽인들이 항해하며 교역했던 그 시기보다도 훨씬 이전에 바나나가 아시아에서 서부 아프리카로 전해졌다. 바나나라는 이름은, 유럽인들이 서부 아프리카 시에라리온에 갔을 때 원주민들이 어떤 과일을 먹고 있기에 그것이 무엇인지 물었더니 대답하기를 '반난(Bannan)'이라고 했다. 그 후 유럽 사람들이 '바나나(banana)'라 부르게 되었다고 한다.

326

배수체(倍數體)

단위 생식과 영양계로 번식하는 생물을 제외하고, 모든 생물은 짝짓기를 해서 번식하고 유지해 나간다. 짝짓기할 때, 암수 각각 생식 세포를 만들어 그 생식 세포가 융합함으로써 새 개체가 생성되는 것이다. 이 생식 세포는 감수 분열로써 염색체 수가 반으로 된다. 곧 2n이 1n으로 된다. 짝짓기로 암수의 1n이 융합해 다시 2n 개체가 된다.

2배체 카사바 염색체 수 2n=36(18×2=36), 2x는 기본 염색체 수 18의 2
    배=36
3배체 카사바 염색체 수 2n=53(18×3=54), 3x는 기본 염색체 수 18의 3
    배=54
4배체 카사바 염색체 수 2n=72(18×4=72), 4x는 기본 염색체 수 18의 4
    배=72

씨 없는 수박은 3배체(2n=3x =33). 수박의 기본 염색체 수 n=11.
씨 없는 수박은 3배체여서 불임성이기 때문에 종자가 생기지 않는다. 매년 종자를 만들어 재배해야 한다.

❖ 배수체 정리

배수	n(배[胚] 기본 염색체 수)	염색체 배수화	2n(몸 세포 염색체 수)
2x (2배체)	n=18	18×2=36	2n=2x=36
3x (3배체)	n=18	18×3=54	2n=3x=54
4x (4배체)	n=18	18×4=72	2n=4x=72

[그림 236] 바나나의 종류는 잎줄기 모양을 가지고 구별한다. 왼쪽 모습이 2배체 바나나(2n=2x=22), 가운데 모습이 3배체 과일 바나나(2n=3x=33) 모습이고, 오른쪽이 서부 아프리카 식용 바나나(plantain 2n=3x=33)의 모습이다(© R. Swennen).

[그림 237] 서부 아프리카에 재배되고 있는 식용 바나나(plantain, ⓒR. Swennen)

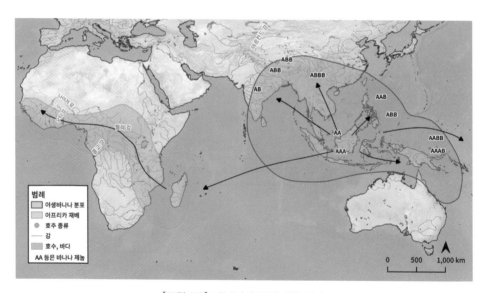

[그림 238] 바나나의 발상지와 전파

[그림 239] 바나나는 과일만이 아니라 여러 부분을 식용으로 이용한다. 특히 수꽃(빨간 것)을 채소로 이용한다(위키피디아).

[그림 240] 바나나 종자, 2배체 바나나는 종자를 생성한다(위키피디아).

[그림 241] 바나나 암꽃(좌)과 바나나 수꽃(우, 빨간 것)(위키피디아)

태평양 피지섬에서 처음으로 발견된 바나나에 생긴 심한 줄무늬병(black leaf streak 또는 black Sikatoka, *Micosphae-rella fijiensis*)은 그동안 세계 전역에 전파·발생하여 바나나 재배를 위협해 왔다. 아프리카에도 이 병이 도입되어 급속도로 전파되면서 아프리카 바나나 생산에 커다란 피해를 주었다. 그래서 저자는 연구소에서 이 병을 해결하도록 위임받아, 연구진을 구성하고 병에 대한 저항성 품종 육성을 연구하게 되었다. 연구를 주도한 과학자가 로니 스웬넌(Rony Swennen) 박사다. 이분은 현재 벨기에의 명문 루벤 대학에서 생물공학 교수로 연구·지도하고 있다. 나와의 관계를 고마워하는 분 중 하나다. 나도 무척 고맙다.

우리는 우선 바나나 유전자원을 도입하여 현지 포장에서 줄무늬병

[그림 242] 서부 아프리카 식용 바나나에 병(black Sigatoka)이 대발생해 이렇게 피해를 주고 있다(©R. Swennen).

[그림 243] 세계 전역 바나나에 발생하는 가장 중요한 병인 줄무늬병 증상. 이렇게 까만 줄무늬를 만들어 '까만 줄무늬병(black leaf streak)'이라고도 한다(©R. Swennen).

에 대한 저항성을 검증했다. 그 결과 아시아에서 도입한 2배체 바나나(2n = 2x = 22)에서 줄무늬병에 대한 저항성을 발견해, 저항성 계통을 서부 아프리카 식용 바나나(2n = 3x = 33)와 교배하여 교배 종자를 얻었다. 그것에서 배만 절제한 다음 배양하여 실생을 얻어 포장에 내어 내병성을 검증했다. 그 결과 사상 처음으로 줄무늬병에 대한 저항성 식용 바나나를 얻게되었다(Swennen, R. et al., 1988; Hahn, S. K., 1989).

[그림 244] 인공 교배. 오른쪽이 수술, 왼쪽이 암술(ⒸR. Swennen)

[그림 245] 바나나 종자(까만색, ⒸR. Swennen)

[그림 246] 교배하여 얻은 바나나를 수확해 압착기로 씨를 뺀다(ⒸR. Swennen).

[그림 247] 교배하여 얻은 바나나 씨에서 배를 잘라 낸다(ⒸR. Swennen).

[그림 248] 바나나 씨에서 배(胚)만을 잘라 낸 다음 배지에서 배양한다(ⒸR. Swennen).

[그림 249] 바나나 종자의 배를 배양해 얻은 바나나 실생을 길러 포장에 내어 검증했다(ⒸR. Swennen).

고구마

고구마(甘藷, sweet potato, *Ipomoea batatas*)는 제7 작물의 고향인 남멕시코와 중앙아메리카 센터가 원산지인 뿌리 작물이다.

고구마는 멕시코 유카탄(Yucatan)반도와 베네수엘라로 흐르는 오리노코(Orinoco)강 사이가 고향이다. 여기에서 근연 야생종이 발견되고 변이가 크다고 하며, 기원전 6500년에 작물로 순화되었다고 본다. 이곳에서부터 중남미 지역으로 전파되어 재배가 이루어졌다. 페루에서 고고학적 유물을 연구한 결과로는, 기원전 8000~1만 년에 고구마 흔적이 있다고도 한다. 매우 오래전부터 원주민들이 순화·재배해 온 작물이라고 할 수 있다(Austin, P. D., 1976).

중미가 원산지인 고구마가, 1603년 콜럼버스가 신대륙을 발견하기 이전에 벌써 뉴질랜드와 폴리네시아 군도에까지 전래되어 재배되었다는 것이다(Yen, D. E., 1974). 매우 불가사의하다.

콜럼버스가 처음으로 서부 인도(West Indies)에서 아제(aje)라는 계통의 (당근같이 달지 않은) 고구마를 유럽에 도입했다. 그 후 스페인 탐험가들이 중앙아메리카와 남아메리카에서 바타타(batata)라는 계통을 유럽에 전했고, 미국에는 17세기에(1648년), 그리고 괌과 필리핀에는 16세기(1521년)에 카모테(Camote)라는 계통을 전했다. 포르투갈 사람들이 16세기에 아프리

332

카, 인도, 동남아시아, 인도네시아에 바타타 계통을 전했다(Austin, P. D., 1988). 그러니까 필리핀에서 대만을 거쳐 일본 오키나와, 규슈를 거쳐 대마도에 전해져 우리나라에 들어온 고구마 계통은 분질(粉質)인 카모테 계통이었

[그림 250] 페루 고구마 재배 농장에서 고구마 심으려고 순을 자르고 있는 농부들(1980년대 저자 모습)

을 것이다(In: Bohac, J. R. & P. D. Austin, 1995).

　황금을 찾아 다녔던 스페인 사람들과 포르투갈 사람들이 고구마를 가지고 필리핀과 인도네시아에 왔다고 하는데, 그들이 귀중한 것을 그냥 현지인들에게 주었을 리 없다. 막대한 대가를 받았을 것이다.

　고구마는 척박한 땅에서도 비교적 잘 자라고, 생산성이 높으며, 또 한발에 강하여 가난한 지역의 농민들에게 식량을 제공해 주고 있다. 필리핀에서 태풍이 지나간 뒤에 벼는 모두 도복되어 버렸으나 고구마는 끄떡없었다고 한다. 비타민 A와 C가 풍부한 작물이며, 최근에는 다이어트에 좋다고 해서 환영받고 있다. 고구마 잎은 채소로 이용된다. 중국이 세계에서 제일의 고구마 생산국이다. 고구마는 쪄서 직접 먹기도 하지만, 전분을 추출하여 공업용이나 식용으로 이용하고 있다. 식량이 부족한 나라들에 고구마가 전래되어 어려운 사람들의 생명을 지켜 주었다. 제2차 세계 대전 직후 일본 사람들을 먹여 살린 것이 고구마라고 한다.

　중미가 원산지인 고구마가 어떻게 해서 아시아의 한반도까지 전래되었을까? 매우 궁금하다. 영조 39년(1763) 일본에 통신사로 가던 조엄(趙曮)이 대마도에서 고구마를 보고, 그게 백성의 식량으로 요긴하게 쓰일 것이라 여겨 쌀 3되를 주고 사서 시식하고 나머지를 씨 고구마로 부산진에 보낸 것

이 우리나라의 고구마 첫 도입이다. 이듬해(1764) 그가 일본에서 돌아오며 다시 대마도에 들러 씨 고구마를 구해 와서 동래와 제주도에 보급했다.

스페인 사람들이 항로를 이용해 남미에서 그들의 식민지인 필리핀으로 가면서 선심 선물로 고구마를 가지고 가서 거기 사람들에게 주어 심게 했고, 포르투갈 사람들은 스페인 사람들과 경쟁적으로 반대편 항로로 고구마를 가져가 인도와 인도네시아에 생색내기 선물로 주었다. 기록상으로는 1633년에 필리핀에서 중국으로 전래되었다고 하나, 1578년에 저술된《본초강목(本草綱目)》에 고구마에 대한 기록이 있는 것으로 보아(김종덕, 2007) 실제는 이보다 먼저일 수도 있다. 그리고 기록은 없으나 필리핀 마닐라를 중심으로 한 스페인 사람들의 통상 활동으로 보아, 대만을 거쳐 1605년에 오키나와에 전해졌고, 거기서 일본 규슈를 거쳐 대마도에 전파된 것이 1763년에 다시 한국에 전해진 것이다. 그러므로 고구마는 매우 최근에야 우리나라에 수입된 작물이다. 즉 16세기에 스페인 사람들이 필리핀에 전해 준 고구마가 200년 후에야 비로소 통신 사절단을 통해 우리나라에 처음으로 도입된 것이다.

고구마가 처음 우리나라에 도입된 것이 1763년이지만, 조선 조정에서는 고구마에 대한 정보를 이미 갖고 있었다. 현종 4년(1763) 남해에 살던 김려휘(金麗輝)가 표류하다 오키나와에 도착했을 때 고구마를 먹어 본 체험이《현종실록》에 기록되어 있다. 그러나 애석하게도 조정에서는 이 훌륭한 구황 작물을 들여다 가뭄에 허덕이던 백성들을 구하지 못했다. 무엇보다 백성을 먹이는 일을 우선으로 했어야 할 조정인데 말이다. 김인겸(金仁謙)의《일동장유가(日東壯遊歌)》에 '효자 하나 토란(고구마) 심어 그로써 구황했다'고 했다.

여기에서 효행(孝行)은 일본 발음으로 '고코'라 하는데, 일본에서 흉년에 고구마로 부모를 굶지 않게 공양했다 해서 고구마를 '고코이모(효행마)'라고 한다. 우리나라에서 고구마라는 명칭은 일본어의 '고코'와 산에 나는

[그림 251] 중앙아메리카의 멕시코 유카탄반도와 베네수엘라에 흐르는 오리노코강 사이의
지역이 고구마 발상지다.

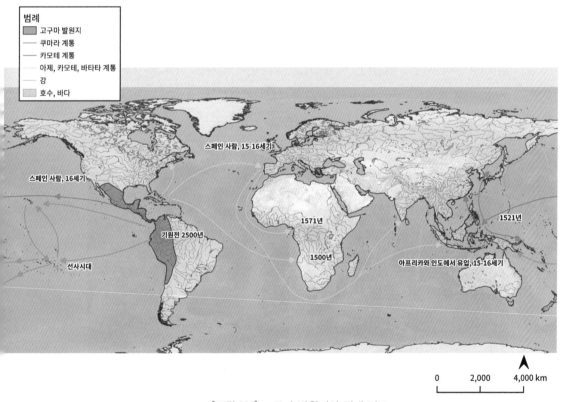

[그림 252] 고구마 발원지와 전래 경로

'마'의 합성어다.

서영보(徐榮輔)가 정조(正祖)에게 올린 별단(건의)에 '마을마다 고구마 재배 권장을 담당하는 주관자를 지정하고, 그를 통해 단단히 농민을 타일러 고구마 재배를 권장하라'고 했다. 그 후 학자들이 쓴 고구마 재배법에 대한 전문 농서가 7종이나 나왔다. 이런 일은 작물 중에 고구마밖에 없다. 그렇지만 조정의 역할은 매우 미미했다. 그런데 '고구마'라는 이름은 학자들에게 쓰이지 않았고, 주로 감저(甘藷)라 했기 때문에 감저로 되어 버렸다(김영진, 2017).

일본에서는 고구마가 오키나와에서 규슈로 가서, 거기서 도쿄 근방 '지바' 근교에서 많이 재배되었다. 전쟁 중에 쌀은 군용으로 공출되었지만, 고구마는 무게도 있고 운송 도중에 상하기 때문에 군용 식물로서는 부적격이었다. 그래서 고구마는 당시 밥 대신 사람들의 주식이 되어 주기도 했다. 전쟁이 끝나고 한국, 중국, 대만에서 돌아온 많은 인구가 도쿄 대도시에 집결되자 양식이 부족해졌다. 이때 도쿄 사람들이 끌차로 도쿄 인근 지바에 가서 구해 온 고구마로 연명하며 생존했다. 지금도 도쿄에서는 겨울철에 군고구마(야키이모)가 선호되고 있다(Hahn, S. K. & Y. Hozyo, 1984).

[그림 253] 최근에 폴리네시아 이스터섬 석상 프로젝트 팀이 석상 밑에서 바나나, 토란, 고구마 성분을 검출했다고 한다(ⓒ픽스타).

[그림 254] 폴리네시아에는 콜럼버스 이전에 고구마가 전래되었다(한국 OBS 다큐에서).

중국 산둥성에는 고구마 재배가 매우 성하다. 여기에서 고구마를 재배해 전분을 추출하여 당면으로 만들어 먹는다. 여기가 중국 고구마 주산지가 되었다(저자가 1996년 산둥성 농업 아카데미 초청으로 갔을 때 보았다).

[그림 255] 고구마 바이러스병증이 있는 것(왼쪽과 오른쪽)과 병증이 없는 것(가운데)의 비교·재배로 바이러스에 걸리면 78% 수량이 감소함을 밝혔다(Hahn, 1979). 저자는 이 바이러스 병에 대한 저항성 품종을 다수 만들어 세계 여러 나라에 보급했다. 고구마 바이러스병은 진딧물과 흰 파리가 매개해 발생함을 동료 연구원이 밝혔다. 진딧물로 이전되는 것과 흰 파리로 매개되는 두 조건이 함께 맞아야 발병한다.

[그림 256] 나이지리아 국제열대농학연구소에서 저자가 개량한 바이러스 병에 강한 고구마

[그림 257] 저자의 르완다 두 제자. 조지 은다마제(좌)와 소셉 물링당가보(우). 성공적인 고구마 개량 연구를 했고, 둘 다 르완다의 작물 시험장 책임자였다. 그런데 내란으로 두 가족이 몰살되었다고 한다. 이 두 제자가 1990년경 '한상기 상'을 받았고, 시에라리온 은잘라 대학의 학장이었던 나의 제자 다니아 박사가 두 번째 한상기 상을 받았는데, 이 제자도 내란으로 가족이 몰살당했다.

38

감자

감자(馬鈴薯, potatoes, *Solanum tuberosum*) 또는 북서(北藷)는 제8-a 작물의 고향 칠로에 센터가 원산지인 뿌리 작물이다. 감자는 세계에서 가장 중요한 주식 작물 중 하나다. 온대 전 지역에서 재배되고 있다. 소련과 동유럽 나라들이 감자의 주산지다. 감자는 주로 자국에서 생산·소비된다. 요리해 먹기 좋고, 편리하고, 영양가도 높은 작물이다. 감자는 단백질 함량이 높지는 않지만 고급의 단백질이다.

야생 감자는 원래 맛이 쓰고 알칼로이드 독성이 강하다. 그래서 옛사람들의 감자 개량의 첫 목표는 덜 쓰고 독성이 적은 계통을 모아 사람들이 원하는 형질을 가진 계통을 선발하는 것이었다. 무엇보다도 알칼로이드 성분이 적은 계통을 선발하는 일이 급선무였을 것이다. 옛사람들이 언제 알칼로이드 성분이 적은 오늘날의 감자로 개량했는지는 아무도 모른다. 그러나 고고학적 조사에 따르면, 기원전 5000년 내지 2000년에 일어났을 것으로 추정한다. 어떤 학자는 기원전 7000년이라고도 한다. 그러니까 아주 오래전에 남미의 원주민들이 개량했을 것이다.

감자의 조상이라고 보는 계통은 주로 자가 불임성이다. 제 계통끼리 수정되지 않고 다른 계통의 것들과 교잡되었을 것이다. 그러므로 자연 상태에서 교배를 통해 새로운 감자 계통이 나타나 변이가 크게 일어날 수 있다. 특기할 것은, 이렇게 변이가 큰 감자의 센터인 페루와 볼리비아에서 매우 복잡한 유전형의 계통이 남아메리카 고원지를 통해 여러 곳으로 전파되었다는 것이다. 벌써 1920년대에 바빌로프 박사에 의해 이 사실이 알려져 있다.[10]

서구인들이 감자와 만나게 된 것은, 1537년 남미 북쪽 마그달레나 계곡(Magdalena Valley)에서였다. 이때 스페인 침입자들이 여기서 감자를 처음 보았을 것이다. 그리고 1570년 스페인 사람들이 감자를 배에다 싣고 가 유럽에 처음 전했을 것이다. 이때 도입된 감자는 몇 종류 밖에 되지 않았는데 모두 안데스(Andigena)형이었다. 영국에 도입된 감자는 스페인 사람들의 감자와 별도로 1590년경에 도입되었다. 북미의 감자는 직접 남미에서 도입한 것이 아니라 유럽을 통해 1621년에 도입되었다. 이 감자는 북안데스에서 도입되었을 것이다.

그런데 감자는 일장(日長)에 매우 민감하다. 중앙 안데스는 단일(短日)이기 때문에 거기에서 재배된 감자는 장일(長日)인 유럽 조건에 맞지 않아 괴경(감자)이 형성되지 않는다. 또 꽃도 피지 않는다. 그러므로 유럽 사람들이 단일성인 안데스형 감자를 장일 조건인 유럽에 도입하여 곧바로 재배·이용할 수 없었다. 왜냐하면 감자 괴경이 생성되지 않았기 때문이다. 그리고 나서 200년이 지났다. 그러니까 1700년대에 가서야 비로소 그동안 유럽의 장일 조건에 적응한 감자 계통이 자연히 나타난 것이다. 이렇게 해서 장일 조건에 적응된 감자 계통이 유럽에 전파되어 적극적으로 재배되기

10 기본적 식물 기원 센터(Peruvian center)에 칠로에 남부 해변가의 작은 섬을 추가해 넣어야 할 것이다. 여기에서 유럽 사람들이 주로 살면서, 감자(Solanum tuberosum)와 근연종(S. andigenum, 2n = 48)을 페루 사람들에게 얻어 재배했을 것이라고 보았다. 이 감자는 유럽 아일랜드 감자(Irish potato)와 형태적으로 유사하다. 이 품종은 유럽의 장일 조건에 적합하다. 왜냐하면 오랫동안 페루 사람들이 재배하면서 거기 장일 조건에 적응할 수 있게 만들었기 때문이다. 그러나 오늘날의 페루, 볼리비아, 에콰도르에서 직접 감자를 유럽으로 가져와 곧바로 재배하면 괴경을 형성하지 않는다. 왜냐하면 그곳 감자는 단일 조건에 맞게 적응되어 유럽의 장일성 여름 조건에 맞지 않기 때문에 괴경을 형성하지 못하는 탓이다.

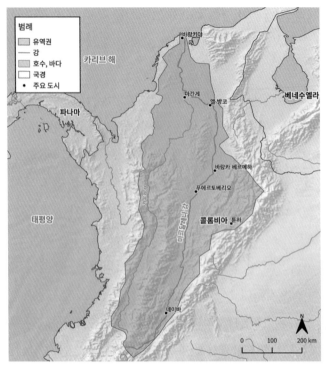

[그림 258] 유럽에 전래된 감자의 원산지인 중미 마그달레나 계곡

시작했다.

감자가 유럽에 도입된 이후 1840년경 감자에 역병이 대발생했다. 이것이 미국 케네디 가(家)가 아일랜드에서 미국으로 이민을 가게 된 동기이다. 그래서 감자 역병에 대한 저항성 연구를 하게 되었는데, 원래 안데스 도입종이 모두 역병 저항성의 재료로 쓰였다. 이 도입종들이 감자 개량에 매우 유용한 모본으로 쓰여 왔다(Simmonds, N. W., 1995).

19세기 학자 이규경(李圭景, 1788~1863)의 60권 60책 필사본인《오주연문장전산고(五洲衍文長箋散稿)》에는, 감자가 1824년과 1825년 사이에 관북(함경남도와 함경북도를 아우르는 말)에서 처음 우리나라에 들어왔다고 했다. 감자는 이렇게 북쪽으로 들어왔다고 해서 북서(北薯)라고도 한다. 여담이지만 조선 왕조 초기의 실화를 다룬 한국 드라마에서 감자를 먹는 장면을

본 적이 있는데, 사실 이것은 당치도 않은 일이다. 무지의 소치다. 한국에 감자가 도입된 것이 19세기이기 때문이다.

🌱 영국의 감자 보급

미주 신대륙 발견 이후, 18세기에 영국 농업 연구원들은 중미에서 감자를 도입해 영국에서 재배·시험하고 나서 이 신작물을 보수적인 영국 농민들에게 어떻게 보급할까 궁리했다. 그러다 하나의 방법으로 감자를 심어 놓고 그 언저리에 철망을 겹겹이 쳐놓았더니 주위에 사는 많은 농민들이 호기심을 갖고 와서 보고 갔다. 농업 연구원들이 일부러 철망 문을 활짝 열어 놓자, 농민들이 몰래 들어가서 거기 심어져 있는 감자를 캐다가 자기들 밭에 심기 시작했다. 이렇게 해서 영국 농업 연구원들은 성공적으로 새로 도입된 감자를 농민들에게 신속히 보급할 수가 있었다고 한다(어느 영국인에게 들은 이야기다).

🌱 유럽의 감자, 아프리카의 카사바, 미주의 콩의 위치

아프리카 콩고 공화국에서 저자가 개최한 카사바 워크숍에 스웨덴 스톡홀름 의과대학 교수가 참석했다. 그는 카사바에 청산이 들어 있어서 그것이 아프리카 사람들의 인체에 어떤 피해를 주는지 연구하고 있었다. 그때 그 교수가 이런 이야기를 했다. '유럽 사람들을 살린 것이 세 가지다. 첫째는 감자요, 둘째는 백신(예방제)이요, 셋째는 스팀 엔진이다.'

감자는 유럽인들을 굶주림에서 해방시켜 주었다. 감자가 유럽에 도입되기 이전에는 유럽인들도 식량 부족으로 허덕였다. 프랑스 혁명도 배고픈 사람들이 주동이 되었다. 그런데 감자가 신대륙에서 도입되어 널리 재배된 이래로 유럽에서 굶주림이 사라졌다.

[그림 259] 반 고흐의 〈감자 먹는 사람들〉

그래서 저자는 이렇게 말했다. '아프리카를 살린 것은 카사바입니다. 카사바가 브라질에서 아프리카에 도입되기 이전에는 아프리카에 식량 작물이 거의 없었습니다. 카사바가 16세기 말에 브라질에서 콩고 공화국에 처음 도입된 이래 아프리카 여러 나라에 보급되어, 아프리카 사람들의 주요 작물로 사람들을 먹여 살려 지금과 같은 인구 증가를 가져왔고 지금도 수십억 인구를 먹여 살리고 있습니다.'

제2차 세계 대전 후, 미국은 콩의 중요성을 인식하여 콩 재배를 크게 늘렸다. 콩은 원래 한국·중국이 원산지이다. 미국은 한국과 중국에서 콩을 도입해 심기 시작하여, 현재 세계에서 가장 많이 콩을 재배해 한국, 일본, 중국으로 역수출하고 있다. 외국산 작물을 도입해 성공한 사례 중의 하나다. 그리고 저자가 1972년에 브라질 캄피나스 농업연구소에 갔을 때, 거기 연구원이었던 일본인 2세 미야모토 박사를 만났다. 미야모토 박사는 일본에 가서 콩 연구에 대해 배운 후 콩을 브라질에 가지고 가서 그곳 기후와 토질에 맞는 콩으로 육성해, 오늘날 브라질에서는 네덜란드 면적의 땅에 콩을 재배하여 외국에 수출하고 있다.

이뿐만이 아니다. 옥수수와 벼는 세계적 작물이 되어 널리 재배되고 있다. 이렇게 신대륙에서 감자가 유럽과 아메리카에, 또 카사바가 아프리카에, 그리고 아시아에서 콩이 미국과 브라질에 도입되어 인류에 커다란 공헌을 했다.

🌱 남아메리카 볼리비아 감자

　남아메리카 볼리비아는 감자 원산지의 하나다. 고지(3,000m)에 잘 적응된 감자가 주식 작물이다. 무척 많은 재래종이 있다. 남아메리카 볼리비아에 한국농림축산식품부 ODA 프로젝트를 만들어 현지 감자 품종에서 무병종서(無病種薯) 생산을 지원하고 있다.

[그림 260] 남아메리카 볼리비아 3,000m 고지 감자 재배 농장(ⓒ조원대). 이런 고지에 감자가 자라 인류에게 양식을 제공한다. 참으로 고마운 작물이다.

[그림 261] 한국농림축산식품부 ODA 프로젝트가 볼리비아에 건립한 '감자무병종서생산연구소'(ⓒ조원대). 저자의 사위인 식물 병리학자 조원대가 볼리비아 '감자무병종서생산연구소' 건립에 조력했다.

[그림 262] 한국농림축산식품부 ODA 프로젝트가 볼리비아에 6개 동의 온실을 건립하여 감자 무병종서 생산을 돕고 있다.

[그림 263] 한국농림축산식품부 ODA 프로젝트가 볼리비아에 건립한 '감자무병종서생산연구소'가 생산한 무병종서로 심은 감자(ⓒ조원대)

[그림 264] 무병종서로 심은 감자 한 포기에서 나온 수확물(ⓒ조원대)

[그림 265] 3,000m 고지에 무병종서로 심은 감자 포장(©조원대)

[그림 266] 볼리비아의 전 대통령인 모랄레스 대통령이(하얀 옷 입은 사람) 한국농림축산식
품부 ODA 프로젝트가 볼리비아에 건립한 '감자무병종서생산연구소'를 방문(©조원대)

[그림 267] 무병종서로 심은 여러 감자 품종과 구근 작물의 뿌리(ⓒ조원대)

[그림 268] 볼리비아 감자(ⓒ조원대)

[그림 269] 볼리비아 야생 감자(ⓒ조원대)

39

얌(마)

얌(마, yam, *Dioscorea* spp.)은 새로 추가한 제9 작물의 고향 서부 아프리카 센터가 원산지의 하나인 뿌리 작물이다. 저자는 서부 아프리카 나이지리아에 세운 국제열대농학연구소에서 23년간 얌 개량에 대해 연구하면서 최초로 얌 교배 육종을 했다. 여기에 실은 내용은 저자와 동료 연구원들의 연구 결과를 토대로 한 것이다. 특히 테라우치(R. Terauchi) 박사의 연구 결과가 매우 좋았다 (Terauchi, R. 외, 1992).

얌은 세 대륙, 즉 아시아, 아프리카, 아메리카에서 각각 독립적으로 발생·순화된 뿌리 작물이다. 식물학적으로는 다년생 식물이지만, 작물학적으로는 일년생 작물이다. 얌의 자연 교배를 돕는 것은 아주 작은 곤충 (thrip, *Larothrip detipes*)임을 저자가 처음으로 밝혔다.

인간이 기원전 3000년에 얌을 순화·재배하기 시작했을 것이라 보고 있다. 그러나 아프리카의 오랜 역사로 미루어 볼 때 이보다도 훨씬 이전일 것이다. 얌은 전통적으로 서부 아프리카에서 식량 작물로 가장 중요하게 여기는 뿌리 작물로, 이 지방에서 가장 많이 재배·생산되고 있다. 여기서는 얌 수확 후 매년 얌 축제를 연다.

얌은 인류 문명이 시작된 서부 아프리카에 흐르는 니제르강 주변에서 원주민들이 야생 얌을 선택하여 재배하기 시작했을 것이다. 특히 이 지역의 임야 지대와 사바나 지역이 만나는 곳에서 작물로 순화했을 것이다.

얌의 속은 600종이 보고되었으나, 오직 7종만이 식량 작물로 재배되고 있다. 아프리카에는 흰 얌(white yam, *Diosorea rotundata*)과 노란 얌(yellow yam, *D. cayenensis*), 세 잎 얌(trifoliate yam, *D. trifoliate*), 그리고 두메토룸 얌(*D. dumetorum*)이 주로 재배되고, 동남아시아에 물 얌(water yam, *D. alata*), 차이니스 얌(Chinese yam, *D. esculenta*)이 재배되며, 중앙아메리카에 트리피다 얌(trifida yam, *D. trifida*)이 재배되고 있다. 이 중에서 가장 많이 재배·생산되는 얌은 서부 아프리카의 흰 얌이다.

❖ 얌의 족보

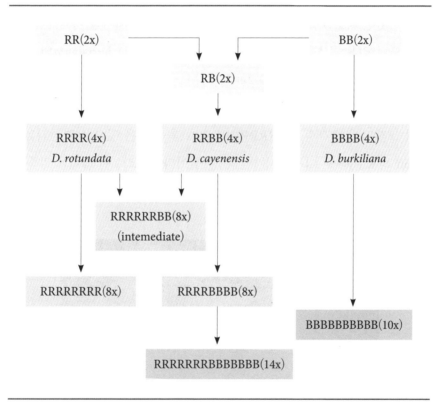

*D. cayenensis*는 *D. rotundata*의 선조 RR(2x)와 *D. burkiliana*의 선조 BB(2x) 간에 자연 교배되어 RB(2x)를 낳았고, 그것이 자연적으로 염색체 배가 되어 RRBB(4x)인 노란 얌이 되었고, 그것이 RRRR(4x)인 흰 얌과 자연 교잡되어 중간형, 곧 RRRRRRBB(8x)를 만들었다고 보고했다 (Hahn, S. K., 1995).

재배되고 있는 얌은 다중(多重) 배수성(polyploidy) 작물이다. 염색체 수 n＝10을 기본으로 하는 다중(多重) 배수체 작물이다. 흰 얌의 염색체 수는 2n＝4x＝40에서부터 2n＝8x＝80까지 있다. 그런데 노란 얌의 염색체는 2n＝4x＝36, 2n＝6x＝54, 2n＝8x＝80, 2n＝14x＝140까지 보고되어 있다. 길고 긴 진화의 역사를 알릴뿐더러 많은 염색체를 갖고 있어 가장 스마트한 작물이다.

처음에 보고된 바로는, 흰 얌은 노란 얌(♀)과 *D. Praehensilis* 또는 *D. abyssinica*(♂)와의 교배로 생긴 것이라고 했다. 저자가 얌을 연구하다 보니, 노란 얌은 암놈이 없고 수집된 것 모두 수놈뿐이었다. 그래서 이 가설을 의심했던 차, 연구를 거듭하여 결국 얌의 족보에 제시된 바와 같은 결론에 도달했다. 곧 노란 얌은 흰 얌의 선조 RR(2x)와 *D. burkiliana*의 선조 BB(2x) 간에 자연 교배되어 RB(2x)를 낳았고, 그것이 자연적으로 염색체가 배가되어 RRBB(4x)인 노란 얌이 되었으며, 그것이 RRRR(4x)인 흰 얌과 자연 교잡되어 중간형, 즉 RRRRRRBB(8x)를 만들은 것으로 결론지었다 (Hahn, S. K., 1995). 이것은 내가 세운 가설이다. 앞으로 이 가설을 입증 또는 기각하는 연구가 나오길 기대한다.

[그림 270] 흰 얌 뿌리. 바닥의 작은 씨 얌을 심어 뒤에 있는 큰 얌을 생산해 이용한다.

[그림 271] 씨 얌이다. 이 씨 얌이 1정보의 땅에 심어질 양이다. 그만큼 씨 얌이 필요하다.

[그림 272] 얌을 심기 위해 숲의 나무를 잘라 말리고 건계가 끝날 무렵 불을 지른다. 타다 남은 나무는 받침대로 이용한다. 이렇게 해서 땅에 거름을 주고 잡초를 제거한다.

[그림 273] 토질이 사질이면 괭이로 땅을 파고 그 속에 씨 얌을 심는다.

[그림 274] 땅이 점질이면 두둑을 만들어 그 위에 씨 얌을 심는다.

[그림 275] 서부 아프리카에서 두 번째로 중요한 노란 얌 넝쿨. 지주에 얌 넝쿨을 올린다.

[그림 276] 차이니스 얌(*Dioscorea esculenta*)

40

카사바

카사바(cassava, *Manihot esculenta*)는 제8-b 작물의 고향 브라질·파라과이 센터가 원산지인 뿌리 작물이다.

카사바는 세계 8대 작물 중 하나로 25개국, 주로 열대지방 가난한 나라 8억 인구의 주식작물로 재배되고 있다. 카사바는 저자가 아프리카 나이지리아의 국제열대농학연구소(IITA)에서 1971년부터 1994년까지 23년간 연구한 작물이다. 카사바의 원산지는 브라질이다. 16세기에 포르투갈 사람들이 브라질에 진출하여 사탕수수 재배 등 여러 농업 활동을 하면서 노동력이 필요해지자, 지금의 아프리카 콩고강 유역에 가서 그곳 사람들을 노예로 데려왔다. 그리고 배를 항해할 때 아프리카 사람들의 노역을 빌려 배를 저어 무역 활동을 했다. 이때 열대 지방에는 포르투갈 사람들이 먹고 살아갈 식량이 없어, 밀 대신에 브라질 현지인들이 먹고 살아가는 카사바를 식량으로 이용했고, 카사바를 아프리카 노예 근거지인 콩고에 가져다 심어 아프리카 노예들의 식량으로 썼다. 이렇게 해서 카사바가 포르투갈 사람들을 통해 아프리카에 도입되었고, 동시에 카사바 가공 방법도 전해졌다. 카사바에는 청산이 들어 있어 청산을 제거하는 가공 방법이 필요했다.

비가 많이 오는 아프리카 지대에 카사바가 도입되기 이전에는, 식량 작물이라야 고작 얌과 식용 바나나 정도뿐이었다. 포르투갈 사람들이 카사

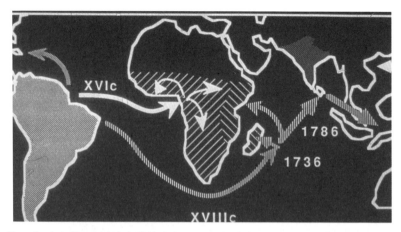

[그림 277] 카사바는 브라질이 원산지다. 포르투갈 사람들이 16세기에 브라질에서 아프리카 콩고강 유역으로 카사바를 도입했다. 그리고 18세기에 동부 아프리카에, 그리고 인도와 동남아시아에 전해졌다.

바를 아프리카에 도입하자, 아프리카 사람들이 카사바를 식량 작물로 재배하게 되었다. 카사바는 아프리카 사람들의 교역로인 해변을 통해 서부 아프리카와 동부 아프리카 전역에 널리 전해져 아프리카 사람들의 주요 식량 작물이 되었다. 카사바는 아프리카의 기후 풍토에 알맞고, 더욱이 아프리카 사람들의 식성에 맞을뿐더러 재배가 용이하여, 아프리카 사람들에게 매우 적합한 작물로 오랫동안 재배되어 왔다. 그리고 척박지에서도 잘 자라고 가뭄에 강하여 아프리카 사람들에게 구황 식물로도 중요했다. 또 카사바의 잎은 채소로도 이용된다(Hahn, S. K. et al., 1979).

이렇게 가난한 아프리카 사람들에게 매우 소중한 작물에 두 가지 병이 발생해서 식량 생산을 심하게 위협해 왔는데, 이 문제를 해결하는 것이 국제열대농학연구소에서 나의 연구 과제였다.

1973년 가난한 아프리카 사람들의 주식 작물인 카사바에 바이러스 병과 박테리아 병이 심하게 발생했다. 카사바에 의존해 하루하루 겨우 먹고 살아가던 가난한 아프리카 사람들의 주식 작물인 카사바마저 죽어 가니, 아프리카 농민들은 심한 식량난에 봉착하게 되었다. 특히 나이지리아의

[그림 278] 카사바는 가뭄(한발)에 강하다. 오른쪽의 옥수수는 가뭄에 약하지만 카사바는 끄떡없다.

[그림 279] 아프리카 사람들은 카사바 뿌리를 전분 식품으로 쓰고 카사바 잎은 채소로 활용한다.

[그림 280] 카사바 잎이 오글오글한 것은 바이러스 병에 걸렸기 때문이다. 이 병이 아프리카 전역에 발생하여 심한 피해를 준다. 카사바 바이러스 병은 흰 파리(white fly)을 통해 전염된다.

[그림 281] 카사바 박테리아 병은 카사바에 심한 해를 가한다. 앞줄에 있는 카사바는 나이지리아 여러 재래종이다. 바이러스 병과 박테리아 병에 걸려 매우 약해져서 거의 죽어 가고 있었다. 뒤에 있는 카사바는 저자가 개량한 내병성 카사바 계통이다.

[그림 282] 카사바에 카사바 바이러스 병과 박테리아 병이 창궐해서 사진처럼 카사바에 심한 피해를 주었다.

[그림 283] 1974년 나이지리아 국영지 전면 톱기사에 이렇게 적혀 있다. '세계는 식량 기근에 직면하게 되었다. 왜냐? 카사바가 죽어 가고 있어서다.'

비가 많이 오는 지대와 콩고에서 그 피해가 더욱 심했다. 더욱이 나이지리아에서 석유가 나는 델타 지역의 피해가 컸다. 카사바를 많이 재배하는 나이지리아와 콩고 정부의 위정자들이 식량난의 심각성을 인식했고, 심지어는 외국 대사관에서까지 걱정하게 되었다. 이에 콩고 농림성에서는 '즉각적인 해결(solution immediat)'을 요구했다.

나이지리아에는 1967년부터 1970년에 걸쳐 100만 명 이상의 인명이 희생된 내란이 있었으며, 내란을 일으킨 비아프라의 패전으로 끝났다. 그런데 패전의 이유가, 나폴레옹이 대군을 이끌고 러시아에 쳐들어 가서 패전한 이유가 식량 부족이었듯이 나이지리아 정부의 해안 봉쇄전략으로 식량의 외부공급이 차단되어(구자옥, 2011) 식량난으로 200만 명이나 아사했기 때문이라고 한다. 더욱이 이곳에서 가장 중요한 식량 작물인 카사바가 이렇게 심각한 두 병으로 죽어 가고 있었기 때문이다.

극심한 내란이 종식된 1970년, 나이지리아에 설립된 국제열대농학연구소(International Institute of Tropical Agriculture, 약자로 IITA, 통일벼를 만들어 낸 필리핀의 국제미작연구소와 자매 연구소)에 가서 일하기로 결정하고, 다음 해 1971년 5월에 가족을 데리고 갔다.

저자는 우선 나이지리아에서 지방 재래종 카사바를 수집했다. 100여 개의 카사바 재래종이 모두 이 두 가지 카사바 병에 취약해 주저앉았다. 콩코에서는 카사바 뿌리만 이용하는 게 아니라 카사바 잎을 중요한 채소로 이용하기 때문에 피해가 더욱 심했다. 그래서 저자가 카사바 개량 연구를 하고 있던 국제열대농학연구소로 카사바 병을 해결할 방법을 찾아달라는 긴급한 요청이 들어왔다.

카사바 병에 대한 저항성을 찾기 위해 나이지리아 재배종 카사바를 수집하기 위한 연구 전략을 세우고 본격적인 연구를 시작했다. 그러나 저자가 생전 보지도 못한 카사바 작물에 무서운 병이 발생했으니, 병에 대한 저항성 유전자원을 발견하기란 참으로 어렵고 어려운 연구 과제였다. 카사바에 대한 지식도 없었고, 그에 대한 이전의 연구가 거의 없었던 터라 더욱 막막했다. 그래서 찾을 수 있는 문헌을 모두 조사하고 나서, 카사바 원산지인 브라질 캄피나스 농업연구소의 놀만이아 박사(E. S. Normanha)라는 농학자가 카사바에 대해 연구한 것을 알게 되어, 박사를 만나기 위해 1972년에 브라질 캄피나스 농업연구소로 갔다. 하늘이 도와서인지 천만다행으로 카사바 박사를 만나게 되었다. 놀만이아 박사는 매우 친절하고 훌륭한 카사바 학자였다. 박사에게서 카사바에 대한 정보를 많이 알게 되었고, 많은 것을 배웠으며, 또 무엇보다도 좋은 카사바 육종 재료를 종자로 받아 가지고 연구소에 돌아갔다. 이 재료가 나를 살렸고, 아프리카를 살렸다. 돌아와서는 즉시 놀만이아 박사에게 배운 대로 종자를 발아시켜 실생을 만들었고 계통을 만들었다. 이때 또 행운이 있었다. 나이지리아 이바단 농업시험장인 무어플랜테이션(Moor Plantation)에, 오래전에 케냐에서 활동한 영국의 대생물학자 스토리 박사(Dr. H. Storey)의 연구진이 카사바와 브라질에서 도입한 카사바 야생종 간의 종간 교잡으로 얻은 계통을 보존한 것에서 카사바 바이러스 병과 박테리아 병에 저항성인 것을 발견했다. 이것을 브라질에서 얻어 온 카사바와 교배하여 수천 개의 계통을 만들었다. 이 계통 가운데 두 병에 강하고 수량이 많은 카사바 계통을 선발하여 수량과 지역 검정을 거쳐, 1976년에 내병다수성 카사바를 만들어 냈다. 카사바 내병성 품종 육종 연구를 시작한 지 5년 만이었다(Hahn, 1978, 1980).

내병다수성 카사바를 만들어 냈지만 농민들에게 보급되어 재배되지 않는다면 허사였다. 그래서 다음의 도전 과제는 농업 지도 체계가 잘 되어 있지 않고 농업 기술 보급 체계가 잘 되어 있지 않은 나이지리아에서, 저자가 만들어 낸 내병다수성 카사바 품종을 신속히 증식해서 농민들에게 보급하는 것이었다. 이것이 오히려 내병다수성 카사바를 만들어 내는 것보다 더 힘든 일이었다. 그래서 개량 카사바 줄기(카사바는 종자로 심는 것이 아니라 줄기로 심는다)를 차에 싣고 다니다가 길가에 병에 걸린 카사바가 있으면 그

[그림 284] 1970년대 아프리카 나이지리아에서 가난한 아프리카 사람들의 주식 작물인 카사바에 심한 바이러스 병과 박테리아 병이 발생했다. 그 문제를 해결하기 위해 병에 대한 저항성을 찾고자 카사바의 근연 야생종(오른쪽 키 큰 나무)을 카사바의 원산지인 브라질에서 도입했다. 근연 야생종을 지방종 카사바(왼쪽 키 작은 것)와 교배하여, 두 병에 대한 저항성을 성공적으로 도입해 내병다수성 카사바를 만들었고, 나이지리아 농민들에게 대대적으로 보급해서 식량난을 해결했다.

[그림 285] 카사바 종간 교잡 종자. 위 왼쪽이 재배종 카사바 열매와 종자이고, 위 오른쪽이 카사바 근연종의 열매와 종자다. 밑에 있는 것이 이들 간에 교배된 것의 열매와 종자다.

[그림 286] 내병성 계통을 재래종 카사바와 대대적으로 교잡하여 두 병에 대한 저항성을 재배종 카사바에 도입함으로써, 내병다수성 카사바 품종을 만들어 카사바 바이러스 병과 박테리아 병에 강한 품종을 만들어 카사바 병 문제를 해결했다.

[그림 287] 뒤에 있는 카사바가 저자가 개량한 내병다수성 카사바이고, 앞의 것들이 나이지리아 전역에서 수집한 여러 카사바 재래종이다. 이것들은 바이러스 병과 박테리아 병에 매우 약해 모두 죽어 갔다. 이렇게 개량종 카사바의 내병성은 현저히 달랐다.

들 틈에 내병다수성 카사바 품종을 심어 주었고, 또 시장에 가서 내병다수성 카사바 품종을 여러 사람들에게 나누어 주었다. 그리고 카사바 병이 대발생한 지역에 위치한 석유 회사와 협력하여 내병다수성 카사바 품종을 대대적으로 증식하여 농민들에게 보급했다(Hahn, S. K. et al., 1979).

그 후 세계은행에서 막대한 자금 지원을 받았고, 유엔 기관에서 재정 지원을 받았으며, 석유 회사의 지원을 받아 개량 카사바 품종을 증식·보급할 수 있었다. 또 농민들이 개량 카사바를 심고 나서 효과가 나타나자 그 줄기를 시장에 내다 팔기도 해서 급속도로 농민에게 보급되었다. 그렇게 해서 당시 나이지리아에 카사바를 100만 정보 정도 심었는데, 최근에는 카사바를 500만 정보의 땅에 심어 나이지리아 가난한 농민들의 식량을 확보했고, 농민들에게 식량 안정을 선물해 주었다.

[그림 288] 개량한 내병다수성 카사바 품종의 줄기를 농민들에게 보급했다. 매우 많은 농민들, 특히 부녀자들이 아우성치며 개량 카사바 품종을 서로 받으려고 했다. 카사바는 가족을 먹여 살려야 하는 부녀자의 작물이다. 개량 카사바 품종을 받으려는 사람들은 모두 부녀자였다.

[그림 289] 저자가 나이지리아 지방종 카사바와 브라질에서 도입한 야생종을 교잡시켜 지방종에 카사바 바이러스 병(CMV)과 박테리아 병(CBB)에 대한 저항성을 동시에 도입했다. 그렇게 개량한 내병다수성 카사바 품종을 농민에게 대대적으로 보급해서 나이지리아, 카메룬, 베닌, 토고, 가나의 식량 안전 생산에 기여했다. 내병다수성 카사바 품종은 나이지리아에만도 500만 정보에 심어져 있다. 최근 생물공학적 방법으로 카사바 바이러스 병과 박테리아 병에 대한 동시 저항성(dQTL)을 밝혔다. 전 국제열대농학연구소 소장 하트만스(Hartmans) 박사가 개량 내병다수성 카사바를 심은 농부의 농장을 방문한 사진이다.

[그림 290] 최근에 보고된 내병다수성 카사바다(IITA). 50년간 계속 내병성을 견지하고 있다. 이런 일은 작물육종상 매우 드문 일이다.

[그림 291] 개량한 내병다수성 카사바 품종의 수확물

[그림 292] 1976년 나이지리아 국영지 전면 톱기사에 '더 많은 가리를 여러분들에게. 왜냐? 국제열대농학연구소의 한상기 박사(Dr. S. K. Hahn)가 더 빨리 자라고, 내병성이고, 수량이 더 많은 카사바 품종을 만들어 냈기 때문이다'라고 실렸다. '가리(gari)'는 카사바의 가공 식품이다.

[그림 293] 저자가 개량한 내병다수성 품종에서 수확한 카사바 뿌리(좌). 카사바 뿌리를 가공해 '가리'를 만들어 길가에 내다 판매한다. 더운 물에 가리를 넣고 저으면 떡과 같이 된다.

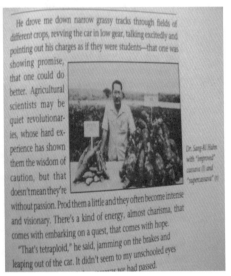

[그림 294] 세계은행(World Bank)에서 1990년대 《조용한 혁명(The Quiet Revolutionaries)》이라는 책자를 냈다. 저자와 저자의 연구진이 아프리카 가난한 사람들의 주식 작물인 카사바에 바이러스 병과 박테리아 병이 심하게 발생하자, 그에 대한 저항성이고 수량이 많은 카사바 품종을 만들어 보급하여 가난한 농민들의 식량난을 해결했다는 업적을 알리는 책자다.

[그림 295] 1983년 나이지리아 이키레 마을의 추장 '농민의 왕'이 되다.

[그림 296] 초등학교 생활의 길잡이 3-2 교과서와 국어 읽기 6-1 교과서에도 저자에 대해 소개했다.

[그림 297] 웅진출판사에서 발행한 《까만 나라 노란 추장—농학박사 한상기 이야기》라는 책이 2001년 출간된 이후 50쇄나 발간되었다.

🌱 농업전심(農業專心) 원칙재천(原則在天)

'농업을 전심으로 하다 보니 원칙이 하늘에서 내렸다.'

내병다수성 카사바를 만들어 농민들에게 보급해서 가난한 농민들의 식량 안전에 기여된 이후, 카사바를 연구한 지 15년 되었을 무렵 나의 눈에 특별한 카사바가 잡혔다. 바로 4배체 카사바($2n=4x=72$)였다(Hahn, S. K. et al., 1990, 1992).

[그림 298] 국제열대농학연구소에서 오랫동안 카사바($2n=2x=36$, 좌)를 연구하다가, 4배체 카사바($2n=4x=72$, 우)를 육안으로 발견했다. 후에 현미경으로 염색체를 조사·확인했다.

[그림 299] 카사바 한 그루에 4배체 카사바(좌)와 2배체 카사바(우)가 생겼다. 2배체 카사바에서 4배체 카사바가 자연적으로 생긴 것이다.

[그림 300] 2배체 카사바와 4배체 카사바를 교배하여 3배체 카사바(2n=3x=54)를 얻었다. 2배체 카사바 뿌리(좌)와 3배체 카사바 뿌리(우). 3배체 카사바가 수량이 월등히 많았지만 전분 함량이 적었다.

    나는 1961년에서 1971년까지 서울대학교 농과대학(지금의 농업생명과학 대학)에서 조교수로 근무했다. 1970년 내 앞에는 두 갈래 길이 놓였다. 하나는 영국 케임브리지에 가는 것이고, 또 다른 하나는 가난한 아프리카 사람들의 식량 안전을 위해 당시 나이지리아에 설립 중이던 국제열대농학연구소(IITA)로 가는 것이었다.

    1970년 당시 최단 거리로 나이지리아 라고스를 경유해서 영국 런던으로 가는 비행기표를 샀다. 우선 나이지리아에 있는 국제열대농학연구소에 가서 인터뷰를 하기로 했다. 서울 김포공항을 출발해 홍콩에 가서 하룻밤을 자고, 다음 날 태국 방콕을 경유해 인도 뭄바이 공항에서 하룻밤, 다음 날 예멘 아덴을 경유해서 에티오피아 아디스아바바에 간 다음 비행기를 환승해서 케냐 나이로비에 가서 하룻밤을 자고, 그다음 날 우간다 엔테베를 거쳐 나이지리아 라고스 공항에 도착했다. 그곳 연구소 영빈관에서 하룻밤을 자고 다음 날 자동차로 100km 거리에 있는 이바단 연구소가 있는 곳으로 갔다. 그때는 나이지리아의 극심한 내란인 비아프라 전쟁이 종식된 바로 다음 해서, 군데군데 파괴된 탱크들이 길가에 서 있었다. 이윽고 출발한 지 꼭 5일 만에 종착지인 이바단에 도착했다. 연구소가 건립 중이었으므로 연구소 영빈관으로 못 가고 이바단 대학 영빈관에서 머물렀다. 다음 날 국제열대농학연구소 임시 사무소에서 연구소 소장(전 미국 노스다코타 대학교 총장 역임)과 부소장(전 미네소타 대학교 쿠루크스톤 분교장)을 만났다. 다음 날 세미나 발표를 하고 연구소 소장과 만나 인터뷰를 한 뒤, 연구소 설립 현장을 보고는 무척 감명을 받았다. 그래서 국제열대농학연구소에 가기로 결정한 후 영국 케임브리지 행을 포기하고 곧바로 귀국해서 나이지리아로 가는 수속을 밟았다.

이것은 나의 일생에서 커다란 도전이었고 전환이었다. 그곳에 갈 때 '일왕불퇴(一往不退) 일진불퇴(一進不退)'라는 마음이었다. 그리고 죽어서 시체로 돌아오는 한이 있어도 가겠다는 각오로 갔다. 이런 생각으로 아프리카에 가서 23년간 여러 어려움을 견뎌 내며 오직 하나 농학 연구의 길을 걸어갔다. 이것은 자기 희생의 길이었고, 가족 그리고 아이들에게도 이루 말할 수 없는 희생의 길이었다.

아프리카 국제열대농학연구소에서 저자가 연구 대상으로 한 작물은 가난한 아프리카 사람들의 주식 작물인 카사바, 얌, 고구마, 식용 바나나였다. 이전까지 영국과 프랑스 사람들은 그들의 아프리카 식민지에서 공업 원료가 될 수 있는 환금 작물인 목화, 오일팜, 땅콩, 고무, 초콜릿을 만드는 카카오에 대한 연구는 했지만, 아프리카 사람들의 주식 작물에 대해서는 연구하지 않았다. 그래서 저자가 진행한 아프리카 사람들의 주식 작물에 대한 연구는 개척적이었다.

아프리카에서 일하며 지구를 20번 이상 돌았다. 많은 산, 많은 강, 많은 나라, 많은 땅, 많은 사람을 보았다. 그리고 그 많은 사람들의 생활 풍습과 전통도 보았다. 그러면서 한 사람의 농학인으로, 곳곳에서 사람들이 살아가며 먹고 살기 위해 땀 흘려 농사짓는 모습을 수없이 보았다. 지역마다 농사짓는 사람도 달랐고, 모습과 방법도 달랐고, 기후와 토질과 작물도 달랐다. 각 지역마다 기후와 토질, 그리고 문화와 전통에 따라 지역 주민들이 재배하고 있는 작물도 달랐다. 각 지역에 재배되는 작물들은 거기 기후, 토질, 문화, 전통에 알맞은 작물들이다.

이 작물들은 오랜 세월 각 지역에 정착해 살아온 사람들이 그 지역의 기후, 풍토, 문화, 전통에 알맞은 식물을 선발하여, 그런 조건에 알맞은 것으로 만들어 낸 자연과 인간의 합작품이다. 식물의 진화는 자연 상태에서도 이루어지지만 인간도 거기에 끼어들어 식물 진화의 방향과 속도를 조절해 왔다.

　지구상의 식물은 주사위를 땅 위에 던진 것처럼 만들어진 것이 아니다. 지구상의 만물은 원인이 있어 태어난 결과물이다. 인간이 헤아릴 수 없는 높고 높은 이치로 만들어진 것이다. 왜 그곳에 그 작물이 생긴 것일까? 그 작물은 언제 어떻게 우리에게 왔나? 이렇게 물을 수밖에 없다. 나는 이런 질문을 토대로 이 책을 썼다. 철저히 기록하려고 했지만 많은 작물들이 누락되어 있다. 그리고 본문 중에 오기가 있다면 훗날 재판될 경우 정정하고자 한다.

참고 문헌

고영섭. 2012.《한국 불교사 연구》. 한국학술정보㈜.

구자옥. 2011.《우리 농업의 역사 산책》. 한국학술정보(주).

구자옥. 2015.《식물의 쓰임새 백과》. 상하권. 자원식물연구회.

구자옥. 2016.《농사, 고전으로 읽다》. 농촌진흥청.

구자옥·김장규·홍기용 옮김. 2007a.《범승지서氾勝之書》. 농촌진흥청.

구자옥·홍기용·김영진·홍은희 옮김. 2007b.《제민요술齊民要術》. 농촌진흥청.

김영진. 2017.《한국 농업사 이모저모》. 농우회.

김종덕. 2007.《한의학에서 바라본 먹거리 I, II권》. 한국학술정보㈜.

김찬규. 2019.《자연과 문화》. 이론과 정책. 학아재.

노영준. 2006.《역학사전》. 경덕출판사.

머니투데이. 2018. "인삼 발원지는 한반도다. 10년 연구 끝에 인삼 유전체 정보 전체 해독하였다." 서울대 양태진 교수 보도자료(2018. 05. 25).

서학수. 2003.《보물을 찾아서》. 서학수徐學洙 박사회갑기념호. 두렁산고 7집.

신용하. 2018.《고조선 문명의 사회사》. 지식산업사.

이성주. 2009.《발칙한 조선인물실록》. 추수밭.

이은섭·정태영·정동희. 1983.《보리》. 한국농업기술사.

이종훈, 太田保夫. 1994.《벼와 쌀의 지혜》. 한국방송통신대학교출판부.

조장환. 1983.《밀》. 한국농업기술사.

피터 프랭코판. 2017. 이제항 옮김.《실크로드 세계사》. ㈜도서출판 책과함께.

하인리히 E. 야콥(Heinrich Edhard Jacob). 2005. 임지원 옮김. 빵의 역사. 곽명단.

한상기, 1999.《아프리카 아프리카》. 생활성서사.

한상기. 1959.〈수원 지방에 있어서의 경지잡초 조사연구〉. 서울대학교 석사논문.

형기주. 1993.《농업지리학農業地理學》. 법문사.

Ann, W. S. 1996. *Genetic erosion of crop plants in Korea. In: Biodiversity and conservation of plant genetic resources in Asia.* Japan Sientific Society Press.

Bates, D. M. 1995. Cucumbers, melons and water-melons, Cucumis and Citrullus (Cucurbitaceae). In: *Evolution of Crop Plants* (Smartt & Simmonds, 1995), Longman Scientific & Technical.

Bohac, J. R. & P. D. Austin. 1995. Sweet potato, Ipomoea batatas (Convolvulaceae). In: *Evolution of Crop Plants*(Smartt & Simmonds, 1995), Longman Scientific & Technical.

Cesarini, G. and G. Kundborg. 1995. *The Plough.* Guerra Edizoni.

Challoub, B., Denoeud, F., Liu, S. et al. 2014. Early allopolyploid evolution in the post-Neolithic *Brassica napus* oilseed genome. Science 345: 950-953.

Chang, T. T. 1995. Rice, *Oryza sativa and Oryza glaberrima* (Gramineae-Oryzeae). In: *Evolution of Crop Plants*(Smartt & Simmonds, 1995), Longman Scientific & Technical.

Dobzhansky, T. 1951. *Genetics and the origin of species.* Columbia Univ. Press.

Feldman, M., Lupton, F. G. H. & T. E. Miller. 1995. Wheats, *Triticum* spp. (Gramineae-Triticinae). In: *Evolution of Crop Plants*(Smartt & Simmonds, 1995), Longman Scientific & Technical.

Hahn, S. K. & Y. Hozyo. 1984. Sweet potato. *The Physiology of Tropical Field Crops.* John Wiley & Son Ltd.

Hahn, S. K. 1978. Breeding cassava for resistance to bacterial blight. PANS 24(4):480-485.

Hahn, S. K. 1979. Effect of viruses (SPVD) on growth and yield of sweet potato. Expl. Agric. 15: 253-256.

Hahn, S. K. 1980. Breeding cassava for resistance to cassava mosaic disease. Euphytica 29: 673-683.

Hahn, S. K. 1989. Review of research on breeding of banana and plantains.

In: M. N. Alvarez and S. K. Hahn ed. Root Crop and Low Input Agriculture. Third Eastern and Southern Africa Regional Workshop on Root and Tuber Crops. Proc. IITA, Ibadan, Nigeria. pp. 47-57.

Hahn, S. K. 1995. Yams, *Dioscorea* spp. (Dioscoreaceae). In: Evolution of Crop Plants (Smartt & Simmonds, 1995), Longman Scientific & Technical.

Hahn, S. K. et al., 1990. Tetraploids, triploids, and 2n pollen from diploid interspecific crosses with cassava. Theor. and Appl. Gen. 79: 433-439.

Hahn, S. K. et al., 1992. Spontaneous somatic tetraploids in cassava. Japan. J. Breed. 42:303-308.

Hahn, S. K. et. al. 1979. Cassava improvement in Africa. Field Crop Research 2: 193-226.

Hahn, S. K. 1968. Resistance of barley to cereal leaf beetle (*Oulema melanpus* L.). Crop Science 8:461-464.

Harlan, J. R. 1975. Crop and man. American Society of Agronomy, Crop Science Society of America, Madison, Wisconsin. PP. 3.

Harlan, J. R. 1995. Barley, *Hordeum vulgare*. In: *Evolution of Crop Plants* (Smartt & Simmonds, 1995), Longman Scientific & Technical.

Heiser C. B. Jr. 1995. Sunflowers, *Helianthus* (Compositae). In: *Evolution of Crop Plants* (Smartt & Simmonds, 1995), Longman Scientific & Technical.

Heiser, C. B. Jr. 1995. Peppers, *Capsicum* (Solanaceae). In: *Evolution of Crop Plants* (Smartt & Simmonds, 1995), Longman Scientific & Technical.

Hymowitz, T. 1995. Soybean, Glycine max (Leguminosae-Papilionoideae). In: *Evolution of Crop Plants* (Smartt & Simmonds, 1995), Longman Scientific & Technical.

IBPGR. 1997. Fivecontinents. Expeditions led by N. I Vavilov between 1916 and 1940. 세계식물자원 위원회(IBPGR)가 바빌로프 박사 탄신 110주년 기념 으로 출판한 책.

Kim, C. K., Seol, Y. J., Perumal, S., Lee, J., Waminal, N. E., Jayakodi, M., Lee, S. C., Jin, S., Choi, B. S., Yu, Y., Ko, H. C., Choi, J. W., Ryu,

K. Y., Sohn, S. H., Parkin, I. & T. J. Yang. 2018. Re-exploration of U's Triangle Brassica Species Based on Chloroplast Genomes and 45S nrDNA Sequences. *Scientific Reports*. 2018. 8: 7353.

Knowles, P. F. & A. Ashri. 1995. Sunflower, Carthamus tinctorius (Compositae). In: *Evolution of Crop Plants*(Smartt & Simmonds, 1995), Longman Scientific & Technical.

Koh, J. C. O. et al. 2017. A multiplex PCR for rapid identification of *Brassica species* in the triangle of U. Plant Methods Vol. 13, Article no. 49.

Liu, S., Snowdon, R., & B. Chalhoub. 2018. *The Brassica napus Genome*. Springer.

Sauer, J. D. 1993. Historical geography of crop plants. CRS Press.

Simmonds, N. W. 1995a. Bananas, *Musa* (Musaceae). In: *Evolution of Crop Plants*(Smartt & Simmonds, 1995), Longman Scientific & Technical.

Simmonds, N. W. 1995b. Potatoes, *Solanum tuberosum* (Solanaceae). In: *Evolution of Crop Plants* (Smartt & Simmonds, 1995), Longman Scientific & Technical.

Smartt, J. & N. W. Simmonds. 1995. *Evolution of Crop Plants*. Longman Scientific & Technical. Longman Singarpore Publishers Ltd., Singapore.

Stebbins, G. Ledyard Jr. 1950. *Variation and Evolution in Plants*. Columbia Univ. Press.

Suh, Hak Soo. 2008. Weedy Rice. Wild Crop Germplasm Center, Yeungnam Univ.

Swennen, R. & S. K. Hahn. 1988. Constraints on plantain ad starchy banana research and production in Africa. *IITA Meeting Report Series*, 1988/2:16.

Terauchi, R. et al. 1992. Origin ad phylogeny of Guinea yam as revealed by RFLP analysis of chloroplast DNA and nuclear ribosomal DNA. Theor. Appl. Gen. 83:743-751.

Thomas, H. 1995. Oats, *Avena* spp. (Gramineae-Aveneae). In: *Evolution of Crop Plants* (Smartt & Simmonds, 1995), Longman Scientific & Technical.

Vavilov, N. I. 1951. *The Origin, Variation, Immunity, and Breeding of Cultivated Plants*, Translated from the Russian by K. Starr Chester. The Ronald Press Co., New York.

Wang, M. et al. 2014. The genome sequence of African rice (*Oryza glaberrima*) and evidence for independent domestication. *Nature Genetics* vol. 46, 982-988.

Wendel, J. F. 1995. Cotton, *Gossypium* (Malvaceae). In: *Evolution of Crop Plants* (Smartt & Simmonds, 1995), Longman Scientific & Technical.

Whitehouse, D. 2003. "World's Oldest Rice Found". BBC Science Online News, 21 October.

Yen, D. E. 1974. The sweet potato and Oceania. Bishop Museum Bull., Honolulu 236 1-389.

지은이 **한상기**

세계적인 식물 유전육종학 박사이자 영국 생물학회 및 미국 작물학회 펠로우.
서울대학교 농과대학(농생대)에서 학사와 석사를 마치고, 미국 미시간 주립대학교
에서 식물 유전육종학 박사학위를 받았다. 서울대학교 농과대학 교수, 나이지리아
소재 국제열대농학연구소(IITA) 구근작물개량 소장보로 재직했으며, 미국 코넬 대
학교와 조지아 대학교에서 명예교수로 지냈다. 또한 국제구근작물학회 회장, 세계
식량기구(FAO) 고문 등을 역임했으며, 영국 기네스 과학공로상, 브라질 환경장관
공로상, 대한민국 대통령 표창 등을 받았다.
저서로는 《과학도를 위한 통계학》, 《신비의 땅 아프리카》, 《아프리카 광야에서》,
《나는 나이고 싶다 1~5권》 등 다수가 있고, 국제 학술지에 약 170여 편의 연구
논문을 발표했다.
23년간 나이지리아의 국제열대농학연구소에서 아프리카 사람들의 주식 작물인
카사바, 얌(마), 고구마, 토란, 식용 바나나의 품종을 개량해서 아프리카의 식량난
을 해결한 공로를 인정받아 나이지리아 이키레 마을 추장으로 추대되기도 했다.
저자의 삶을 바탕으로 한 그림책 《까만 나라 노란 추장》은 2001년 출간 이후 지
금까지도 독자들에게 꾸준히 사랑받고 있다.